云南大学非洲研究丛书

人类学与非洲

Anthropology and Africa

马燕坤 著

中国社会科学出版社

图书在版编目（CIP）数据

人类学与非洲／马燕坤著 . —北京：中国社会科学出版社，2019.8
（云南大学非洲研究丛书）
ISBN 978 - 7 - 5203 - 4632 - 0

Ⅰ. ①人…　Ⅱ. ①马…　Ⅲ. ①人类学—研究—非洲　Ⅳ. ①Q98

中国版本图书馆 CIP 数据核字 (2019) 第 124433 号

出 版 人	赵剑英
责任编辑	马　明
责任校对	王福仓
责任印制	王　超

出　　版	中国社会科学出版社
社　　址	北京鼓楼西大街甲 158 号
邮　　编	100720
网　　址	http://www.csspw.cn
发 行 部	010 - 84083685
门 市 部	010 - 84029450
经　　销	新华书店及其他书店

印　　刷	北京明恒达印务有限公司
装　　订	廊坊市广阳区广增装订厂
版　　次	2019 年 8 月第 1 版
印　　次	2019 年 8 月第 1 次印刷

开　　本	710×1000　1/16
印　　张	19.25
字　　数	306 千字
定　　价	89.00 元

目　　录

第二篇　助力非洲

导　　论

一　人类学与非洲的关系维度

"人类学"作为一门以探讨人及其文化为重的相对独立的学科，在近现代历史进程中，其形成背景与演进轨迹，爆发出一定的戏剧性色彩。

严格意义上来说，作为一门具有一定边界的学科，人类学是在近代才出现的。而以人类学的手法来观察、记载或描述人类社会及其文化现象却早于近代。作为现代学术语境下所谓的系统化、专业化、理论化的"人类学"学科，一般还是被认为起源于西方所谓的"地理大发现"及"新航路开辟"之后。这一特定历史时机的面世，"使得西方人有了获得文化资源的机会，而这些资源正是人类学学科的基础"①。

自此之后，西方便以自身的理念、文化和知识为准则，凭其价值观及价值标准来认识、定位或区别其他人群，并以"实证主义"方法论建构起关于这些人群的知识谱系。特别是进入 19 世纪以后，随着西方殖民主义势力不断进入并加深着对亚洲、非洲、拉丁美洲等广大地区的控制及奴役，这一情势随即得到前所未有的强化。在此过程中，一种源自于人类学手法、被称之为"民族志"或"人种志"的知识谱系应运而生。

鉴于此，可以认为，产生于西方并在非西方社会得到发扬光大的"人类学"学科，其实是由这样一群研究非西方社会的西方人通过对非

---

① ［英］凯蒂·加德纳、［英］大卫·刘易斯：《人类学、发展与后现代挑战》，张有春译，中国人民大学出版社 2008 年版，第 31 页。

西方世界的定位（比如，对原住民的定位就较为典型①）、审视、判断而确立起来的关于非西方世界的知识谱系。其间，西方理念与非西方理念不可避免地相遇，西方价值观与非西方价值观难以回避地产生交锋。

人类学作为一门学科，其一度以研究主体（研究者）是西方人、研究客体（研究对象）是非西方人的事实呈现出来。而此种事实却俨然表明了主体与客体之间的分离性。尽管人类学在之后力求尽可能地以当事人的身份去思考和考察研究对象，但是，主体与客体之间一开始就产生的难以弥合的罅隙，最终不得不使得人类学在近现代发展过程中不可避免地经历了独特的学科命运。

除了研究主体与研究客体之间的分离性，知识与政治之间的交融性，同样是人类学难以回避的命题（其实，借助研究主体是西方人、研究客体是非西方人的事实，就能够一定程度地表明不同的身份属性中包含着的自然属性与社会属性，而在不同的社会属性中却体现着一定的国民背景或政治意图）。非洲沦为西方殖民地的历史经历，使人类学从一开始就穿梭于作为科学性的学科与作为利益工具的政治之间。即便殖民主义统治体系瓦解后，在非洲对主体性的追求及对本土知识的重构过程中，仍然穿插着学科与政治互动的逻辑。一直以来，人类学在努力追求成为一门真正意义上的"科学"的时候，它在非洲大陆依然被当作人们制定公共政策与发展政策的重要依据，同时，也被当作是实施公共决策及社会治理的重要手段。

在实际探索研究过程中，作为学科的人类学并没有也不可能做到真正的"价值无涉"或"价值中立"，因为人类学家的选择和期待受制于他的知识结构、价值判断，甚至他的国民背景、族群身份或社会地位等。尽管也有人类学家部分地做到了对上述范畴的超越，但是，人类学浓厚的西方渊源性、研究对象的"他者"性，以及聚集主流观念的社会性，却难以抹去其至少在历史上就是政治妥协、政策协商，以及学科

---

① "与人们通常以为的不同，'原住民'并非指称一种原初和真实的存在状态。相反，正如我们在梅因那里看到的，'原住民'是殖民国家创造出来的：在被殖民状态下，原住民被定位，被地方化，被文明遗弃和成为被遗弃者，被限制在习俗之内，然后又被界定为这种习俗的产物。"参见〔乌干达〕马哈茂德·马姆达尼《界而治之》，田立年译，人民出版社2016年版，英文版前言第8页。

创建者们小心维护的边界色彩。

　　长期以来，人类学与非洲的关系始终处在影响人们认识的交叉口上。这既牵涉到学科与政治独立性的问题，也牵涉到学科与政治交融性的问题；既牵涉到知识创造的问题，也牵涉到科学技术怂恿的问题。

　　随着时空的不断推进，对人类学与非洲的关系从政治文化化、文化政治化的切入点来探索，已是认识和理解非洲现代化进程中不可或缺的核心内容。人类学与非洲的关系研究已愈来愈是非洲走向国际化，以及国际社会与非洲交往过程中提升人们价值与素养的一门重要学问（对于那些与非洲有着交往的国家、民族、地区或个人来说，具备人类学视野下非洲及其社会文化的相关知识，无疑能一定程度地减轻其在与非洲国家或社会各主体交往过程中产生的阻力及障碍）。

　　这样，人类学就像是一副透镜。借助这副透镜，能够发现西方的价值观念、资本主义技术民主及理性政治在深入非洲时所造成的偏执、狭隘，是如何使得非洲"道法自然"的社会格局遭到异化的。并且，借助这副透镜，还"能够让人懂得，在民族志描写所特有的细节关注"，以及"要求根据这种描写构建起来的模型所具备的效力和普适性之间，不但没有矛盾，而且有直接的关联"①。人类学与非洲之间必然演绎出一段复杂而又紧密的关系进程。

　　关于人类学与非洲的关系探索，鉴于既定的历史渊源性及特定的社会轨迹性，对于一项基础性研究而言，一定意义地需要将科学研究当作政治主题来加以探索，以达到理解非洲社会历史进程而非因果解释非洲社会历史事实之目的。

　　在本书中，将人类学学科的形成与发展置于非洲大陆的历史及社会背景下来进行梳理和考察，旨在探索人类学是如何以非洲大陆为基础而锻造出一定的知识谱系以及人类学与非洲大陆的内在关联性是如何影响人类学本身的发展进程的，同时鉴于人类学知识的广泛传播，洞察其又是如何影响世界对非洲的认知的。

①　［法］克洛德·列维－斯特劳斯：《结构人类学》，张祖建译，中国人民大学出版社2006年版，第299页。

（一）科学与政治的互动及演化

在人类历史上相当长的时间里，知识、文化一直相随于人们的生产、生活、生计以及行为实践过程之中而不断延续和拓展着，并呈现出自然化、生活化及朴素性、习性性、有机性的特点。人类古老的传统因之得以传承和推进，人们之间的行为关系亦形成一定的模式，社会形态随即呈现出相应的禀赋性特质集合的征候。这一切无不是知识、文化发挥黄金本位作用的核心体现。

然而，随着人类社会的持续推进，自然科学所取得的成就在推动人类迈向更深邃未知领域的同时，也加剧了人类瓦解自我世界的步伐。自然科学的发展逻辑及研究机制，影响了人们探寻生活世界的人文方法论（比如，自然科学领域实证主义研究方法的出现，不仅影响了社会科学的发展，丰富了社会科学研究的方法论，更为重要的是，还使得人们身边所发生的事项变得具有可量化性）。以至于原先属于人类自醒自觉的知识结构、文化模式，衍生出了超有机体的意义谱系，变成了能够被量化、符合某种规范、遵循某种准则的机械性产物。知识、文化一改原初的本真态，沦为与人为定制逻辑、实证主义机制相适应的"存在"，丧失了应然的生长机制。

历史上，自然科学在方法论上所取得的实证主义成就，确实使得社会科学研究从中获得新颖的知识论和方法论见解，以及最终促成社会科学借鉴自然科学的研究方法，以从事相关领域的探索和研究。实证主义在社会科学研究领域的崛起，很明显就是社会科学汲取自然科学养料并获得突破性创造的有力见证（比如，"结构研究在社会科学中的兴起是现代数学的某些发展的间接产物；这些发展赋予质的观点以愈来愈大的重要性，同时避开了传统数学的量的角度"①）。

一时间，因自然科学诱发而滋生的实证主义像发酵的面粉一样再也无法抑制高温之中的膨胀，而在社会科学研究领域取得了前所未有的突破性进展。传统的知识和文化，在此番时新且"理性"的知识论和方法论的诱导下，在些许保留或完全超离本真态的境况下获得貌似生机勃

_____

① ［法］克洛德·列维－斯特劳斯：《结构人类学》，张祖建译，中国人民大学出版社2006年版，第301页。

勃的发展景象。人类社会由此变得既能够体现客观存在，也能够创造客观存在；既能够体现自身与他者的差异，也能够创造自身与他者的差异。

在这一过程中，呈现出多种具有根本性效力的作用力。其中，国际政治经济的发展与变迁，就是重要的因素之一。国际政治经济的发展与变迁，使得人们的知识视野从关注远离身体的神秘自然界被拉回到对生活世界的重视上来。这一变动的结果，使得人们开始关注自身的主体性：自我并非是抽象的，也并非是定型不变的，而是能够表述内在、具备自主之韵、拥有内生动力及秉持固有轨迹的客观存在。

为追逐自主性及主体性，人类随之发起了漫长而艰巨的拉锯战。

对于此，社会科学并未置之度外，而是毫无保留地卷入到这种具有政治性、身份性或地位性诉求的主体性及自主性的探索进程中来。社会科学研究承认人的主体性诉求既是人本身内在的、固有的诉求，也是外界社会给予的身份及角色认定。由于所牵涉到的是外界给予的身份及角色认定，那么，关于主体性的获得就难免不是外力作用下的结果。

在实际过程中，社会科学研究在承认知识来源于生产劳动、来源于社会实践的同时，并没有否认知识高于人类（能够指导实践，具有实践指导性）、能够被书写或被缔造的客观事实。一定意义上，似乎可以得出这样的认识：社会科学在对人类主体性诉求展开探索的背后却制造出人类整体分化的现实。毕竟，人类社会是由不同的主体构成的，而不同的主体又具有不同的主体性诉求。分化，显然可见一斑。

假若社会科学确实缔造出了人类整体分化的现实，那么，这一情形似乎将会随着时代的持续推进以及理性因素与非理性的较量而不断得以强化。毕竟，从理论层面上看，"理性因素"要求"科学""实证主义"与之匹配，而"非理性因素"呼吁"非科学""诗性"与之联袂。这样下去，人类整体至少在理性因素与非理性因素的撕裂之中，将不可避免地遭遇着分化的风险。

这一情形再往后延伸，甚至在之后的很长时间里，结果便是，社会科学研究看起来更像是一种构思精巧的写作"诗学"，而较少具有研究对象作为主位的自述之韵。想象、文饰、美感、会意等系列具有话语力量的主词，在经过媒介加工之后便理所当然地登上社会科学研究的大雅之堂，最终演化成惯性的认识逻辑和推理模式。再后来，尽管社会科学研究确实某种意义地练就了一身深厚的科学涵养，但是，剔除这一现象后，仍能发掘其在发展进程中的知识依附性及政治寄生性，而很少能够在实际研究中做到真正的价值中立或价值无涉。

社会科学的这一研究状况，可追溯到人类发展史从神学到世界主义的戏剧性变更的进程中来。这一变更，由此不仅增补了生机而多舛、繁荣且危机重重的国际政治内容，而且还使得社会科学研究的标准出现地方习俗与普遍文明、地方性与世界性、形式理性与实质理性等维度对立统一的矛盾性特质。据此，可导出此番认识：社会科学可能是与研究对象相贴切的，也可能是与特定环境相匹配的，还可能是应合时代趋势和社会推理的产物，甚至可能是出于某种主观臆断而想象性编排的结果。

若再将研究视野向前推移，仍能洞见国际政治经济格局已较早地为知识、文化发展预设了前行轨迹。溯源国家之起源，能够发现国家机器的建立使国家之间分享了普遍化身份——都同样具有主权独立性。但是，国家之间也因为边界/疆界的确立，而体现出与他国之区别或不同。通过边界/疆界，国家确立了地理意义上的领土范围，政治意义上的主权归属，以及文化认同上的角色身份。国际政治/国家间关系，也由此便是这些既类同又区别的国家之间所向披靡构成要素辐射的结果。这些构成要素包括国家的认识、认同、理念、价值观、知识谱系、意识形态，等等。而当不同国家的研究者带着这些与母国息息相关的情愫进入社会科学研究领域时，所缔造出的研究结论也分明会大相径庭。也就是说，某种可称为国家主义、民族主义或本位主义的内容，会不设防地作用于研究者的研究过程和结果之中。社会科学研究中从而映射出由某种权力因素主导或支配的深意。就此而言，科学与政治确实交融并生、难分彼此。

现实发展则充分表明，国家能够以操纵一切的行为体角色，在国家权力与知识、文化之间画上联系的同时，也能够以国家主义或民族主义或本位主义而切断国家之间在更多方面可能或必然发生的联通机制。总体上，在国际化进程中，国家始终扮演着决断一切动机和行动的主要行为体角色。（设若没有国家这一重要的行为体，国际政治便是缺乏内容的空洞存在；国家之间的关系，也会因为权力博弈的缺乏而略显平实。）

　　随着国家作为行为主体日益成为普遍事实后，昭示着特定的国际交往的出现。如何与其他国家顺利（进攻型或防御型）交往，其身份是作为个体代表单个国家或国家自身，还是作为集体代表所有国家或国家共同体而概念化及实践化，始终是国家不得不在国际化与自主性之间面对的重大议题。尽管此种情形并不能完全较好地体现国家固有的诉求和内在价值，但是，却产生了国家间关系跨越个体的、单数的形式而朝着超国际性的、共同体的方向迈进的事实。总体上，随着时代的推进，由一个国家来决定国际走向及前景的情况，已越来越不具有现实必然性。不同国家的人们彼此之间的关系亦越来越不再是随心所欲人群之间的自由流动往来，而是在国家主体统领下行为意义的整合及社会结构的组合。可以说，国家作为重要的行为体，始终在决断及影响一些事件上发挥着重大的支撑性作用。

　　在此情形下，各国家、各民族对本国及本民族知识、文化的认同度或自信心不可避免地会被强化。这显然是国家主义、民族主义或本位主义作用其间的结果。与此同时，这也因此而暴露出较为尴尬的一面：处于强权地位的一方国家或民族势必会对权力地位与自身格格不入的国家或民族形成强制或胁迫态势。历史上，部分国家，特别是那些试图以其他国家之物力、人力，而提升自身财力（生产力）并寄希望于创造发展奇迹的资本主义国家，毫不掩饰其动机和欲望，摒弃了国家间最初以"盟誓"订立下的契约，而动用了军事力量和政治暴力，采取僭越他国主权的侵略行动，在使自身获得满足感（物质与精神方面）的同时，却将像自身一样拥有独立主权的国家的主体性剥夺了，最终致使受奴役的国家在丧失自我的同时，失去一切，包括失去对本国及本民族知识、文化学习、传播、继承或控制等方面的能力。20世纪中下叶，民族国家的普遍建立，一再纠正着国家发展史上的这一偏差。被殖民的国家的反抗，以及独立主权的最终获得，就是能够较好地纠正这一偏差的具体行动。以至于被殖民国家的知识、文化，曾经由某一强权势力主宰的局面遭到有史以来最为罕见而深度的叩击。被殖民的国家独立主权的最终获得，迎来了该国民族文化知识或本国文化知识自觉及自信发展的曙光。

　　客观地看，西方作为基督教文明的渊源之地，一直以来并未因为其拥有一套神学上的道德规范、严厉教规及普遍公约的严格限制，而使其以炮剑侵占别国的动机有所缓和或休止。相反，在资本主义工业革命突飞猛进的时代，西方通过战争及武器向非西方宣泄充沛精力（标榜其价值观、文明观、物质观及利益观等的优越性）以期利益最大化的动机和行动，却由此而被推到人类历史的巅峰。即便西方始终大放厥词打着拯救非西方的旗号，并随时捉襟见肘地试图为其武力扩张寻找道德上的庇护，但是，西方庞大的国家机器升华有产阶级好战天性的嗜好，却没有得到任何收敛。并且在这一过程中，西方在将其价值观推向非西方时，也使凶残野蛮的强制手段和侵略行为与民主、正义、理性、科学搅和在一起，最终不可避免地破坏了人类文明进程本身固有的内涵和精髓。

随着 20 世纪独立主权成为普遍事实后，西方国家的权力性质似乎发生了一定意义的转变：强制性被蕴藏起来，鸣锣开道的却是其以新的姿态来标榜的理性、民主、科学之旗号。尽管非西方已获得独立自主权，但是，无论其求变的心愿如何强烈、行动何等坚定，却并未能因此而根本地改变国际权力（其实是由西方国家权力主导的国际主流趋势）发展的惯性，以及国际权力所保持的令人惊奇的连续性：殖民主义统治体系崩溃后，国际权力依然与这些手握军事力量、执掌经济优势和享有声望美誉的国家联系在一起，并随着国家军事力量、经济优势和声望美誉的增进而不断强化着。而西方国家就是这一重要的主角。西方国家始终以其习惯性的强制方式塑造着国际性的普遍权威；西方国家的权力话语被一再置于普遍的国际公共权威之上，成为能够满足西方自身欲望的颇具煽动力的工具。国际政治由此演化成为似乎就是更具有实力、更富有权力的国家（具有政治、经济、文化优势的国家）一意孤行的战略展演，而并非是满足感各异、内在诉求不同、价值取向迥然的国家之愿望与行动结合的整合性体现。

加之，由于理性主义横行的幌子，西方对人类公共权威的暴力垄断，比通常认为的那样更加执拗、复杂而难以计算。在西方主导世界趋势的过程中，西方的物质利益和精神气质杂糅在一起进攻，造成对非西方钳形夹击的包围之势，明显地塑造出西方想象中的规范意义上的"他者"，并使"他者"丧失本应具有的制度性结构及有机性生长模式。

西方理性主义的本质由此变得耐人寻味。由此延伸出的结局便是非西方受制于西方，变成西方的注脚。在具体方式上，非西方却通过"效忠""服从"维持着与西方的关系秩序，在等级和差别明显存在的客观情况下维系着"和平"。面对非西方的"失语"，西方便以千禧年般的欣喜认为已推动了政治现代化及理性民主的发展，实现了对普遍价值及一致认同的推广，革除了阻碍人类发展进步的顽疾及障碍（西方所达到或破除的这些内容，在西方看来，恰恰就是非西方难以胜任、比拟的那类东西）。然而，在实际的具体操作过程中，却制造出西方与非西方之间反讽韵味十足的距离，结果激起非西方不再被动接受西方系统再分配"公共物品"的意识及实践。反殖民主义运动的发起、扩大以及最终取得的胜利，由此顺理成章地成为必然的态势。

由于长期以来西方以凌驾之势控制着非西方（这种控制最为突出的是表现在主权及政权的控制上），以至于源自西方历史经验的社会科学研究，也变相地成为与西方政治行动相适应的存在。随着此番凌驾性态势逐渐被打破（此番逐渐被打破，既有反殖民主义运动的贡献，也有近现代以来第三世界不断发展壮大的贡献，尤其是当前发展中国家所取得的政治经济发展成就的积极作为。这一系列条件，无疑对西方国家一直秉持的凌驾性态势具有一定的颠覆性），源自西方历史经验的社会科学不得不开始对追求幻灭后的自身社会展开重新审视。

在经过一系列自我反思性探索之后，西方发现自身政治动机及秩序生产方式背后隐藏着的非理性（西方认识到自身拥有的并非就是理性，非理性并非也只属于非西方，西方同样具有非理性的意识及行为），以及所追逐的类似蚂蚁型经验主义的数据搜集与作茧自缚的蜘蛛型纯理论的知识逻辑亦存在着极度的牵强性。进入新的历史时空，随着非西方的日益崛起，西方社会科学逐渐警觉到西方中心主义视角下唯现代主义信仰试图深入非西方机制的努力，只会削弱西方社会的伦理道德结构，诋毁西方倡导的民主自由价值，同时也破坏了社会科学作为科学学问的工作准则。为此，至少可以重整社会科学的研究范式，就能些许地遏制这一发展颓势。

（二）西方社会科学经历的转变

西方社会科学，是一种与西方的价值体系、发展机制及社会结构等一脉相承的知识谱系。这一知识谱系的编织，历经了几个重要的发展环节：神本性向人本性的转变；由知识建构论向实在论的转变；从思考西方人自己转移到对域外非西方社会的关注；由自我价值追求到自我价值外推；等等。经由这一系列转变，西方人及西方社会观瞻世界的视野开阔了，研究内容丰富了，社会科学内涵提升了，学科价值目标亦日渐清晰了。

1. 由神本性向人本性的转变

西方社会科学经历过一个宗教与科学较量的发展过程。在启蒙运动以前，宗教一直支配着社会运转。一切思辨和探索基本围绕宗教活动展开。宗教成为牵引人们认知、行为及实践的价值准则。由于宗教处于支配性地位，因而，即便存在超越神学的研究（其实这样的研究即便可能，也难登"大雅之堂"），在根本上也不过是服务于宗教之需而存在的内容。这一时期是宗教驱逐人性的"黑暗时期"。人性或以人为本的行为实践遭到最为彻底的叩击。

而在这之后，启蒙运动的兴起，则成为捅破这一黑暗牢笼的重要尝试。本质地，启蒙运动使得社会的价值观、价值理念及标准发生根本性的转变：人们试图逃脱宗教信条的束缚，打破宗教奴役的枷锁，重新发现作为社会主体的人的内涵及价值意义所在。各种作为威胁宗教神圣性的世俗力量的纷纷崛起，使得宗教的传统价值观及价值理念遭到前所未有的挑战。顺应实证主义潮流而展开的社会科学研究，捍卫了进化论思潮，驳斥了宗教神学所宣扬的以神为本的逻辑思路。"科学"在人类历史上开始对传统思维、认识、理念及行为等做出极力叩击。社会科学则以关注以人为本的社会发展轨迹为重，同时，其所倡议并重视的人本性探索得到了应时性的凸显。社会科学借此力图通过各种视角"论证人脱离动物界进入'人界'、并最终进入文明社会的过程"①，以期从中发现人并不是上帝的创造，能够主宰人类的也不是上帝，而是人类自身。加之，物理、化学等自然科学通过实验不断取得一系列的成果，更加剧了人们对宗教言说及其动员机制产生质疑，更促动了人们树立起对人本身的自信心及信任感。总之，由神本性向人本性转变，不仅加速了人自身

———————

① 王铭铭：《社会人类学与中国研究》，广西师范大学出版社 2005 年版，第 4 页。

及其社会的解放，而且还促使西方社会科学在研究范式上走向发展和取得突破。

2. 由知识建构论向实在论的转变

西方社会科学诞生于西方特殊的历史背景及语境之下，以至于其一开始就不可避免的是以西方中心主义为主轴的。西方工业革命的扩张，在促使西方将非西方沦为原材料产地、产品倾销地及被奴役对象的同时，也使得非西方成为屈尊于西方知识及文化背景的异化角色。基于此，西方亦因此而些许地解决了殖民主义统治过程中的治理难题。在具体环节上，殖民主义统治者亟须对研究对象做出考察、探究和"关怀"，以期服务于殖民统治之需。随着殖民主义统治者对非西方世界侵略的不断加深，这种需求在社会科学研究领域亦得到前所未有的强化。于是，西方视野下的非西方社会从而成为一种西方意志支配下的产物，成为一种根据西方价值标准推演出的应景性结果。这一切能够充分表明的是：非西方不过是西方建构的产物；本应以客观性存在的非西方，在其形象或身份特质等方面不过是沾满了西方主观臆断的色彩。

一直以来，尽管在西方看来结论上是"确凿"的事实（比如，非西方是西方的前现代），但却不能由此真正体现出西方自然科学成就战胜神本性的历史价值与真正意义；尽管社会科学所建构的研究对象业已被某种程度地认可或接受，但却很难说明其就是客观事实的真切体现，更难说明其就不是单纯知识、外来文化附会的结果。

随着殖民主义统治体系的崩溃与非西方的崛起，人们开始对社会科学建构的研究对象的"客观性"及其民主进步的断言产生怀疑：难道社会科学的技术或方法论总能提升人类的价值？总能确保人们的利益？鉴于此，从客观实在论的角度重新发现曾被当作研究对象之本来面目，已是社会历史在经历震荡之后的必然诉求；从客观实在论的角度对"他者"展开重新考察和探索，已是避免西方中心主义主导下科学研究曾力主的可靠性标准造成不良影响再次爆发的必然选择。这种由建构论向实在论的方法论转变，不仅使得社会科学研究方法发生了转型，而且还使得研究对象能够被"客观、真实"地呈现出来，从而一定程度地拉回一切曾远离于人本身的过往历史。

3. 从思考西方人自己转移到对域外非西方社会的关注

西方社会科学在关注对象上经历了从"近身"到"远我",又从"远我"到"近身"的变化过程。学科诞生的地域渊源性决定了西方社会科学在研究视域上一开始会以西方社会自身为关注焦点。而在后期,当其对非西方给予关注的时候,除了具有学科本身的发展诉求之需外,还有西方发展野心的驱动之由。殖民主义统治体系瓦解之后,西方社会科学再次将研究视野从非西方转移到自身,开始对自我的过往及现实行径展开深刻反思。

客观地,西方社会科学从一开始就被深深地烙上了西方的元素。其是西方人根据所置身的环境及所经历的实践而做出的融意识、理念、思维及智慧等为一体的体现。因而,当这样的学科在对"远我"进行探究时,难免会产生受"本位主义"左右的情形。

西方社会科学经历了从"近身"到"远我",以及从"远我"到"近身"的变化,能够说明在社会化进程中其研究对象必然会冲破地域、民族、国家等边界,达到广泛且普遍探索研究的效果。但是,尽管如此,这一广泛而普遍的研究在根本上是受制于西方利益动机的驱动的。也就说,西方之所以将研究触角深入到非西方而进行的所谓的广泛而普遍的探索研究,明显的是在一定利益动机的驱使下来完成的。

西方社会科学经历的此番转变,甚至可以认为恰恰表明了这样一种逻辑:人类社会所面临的共同或不同问题整合了科学研究的系列行动。历史地看,在经历了中世纪黑暗的封锁后,西方渴求自由平等及文明发展的愿望致使西方人不得不关注所面临的社会问题。比如,18 世纪法国资产阶级启蒙思想家孟德斯鸠就以《论法的精神》对神学笼罩下的社会宣战,并认为"一切社会现象全是有规律可循的,全是能用自然科学的方法去探讨的"[①];杜尔干通过《社会分工论》《论自杀》等,展示了思想家对社会问题的见解。这不仅是法国自身的问题,也会是其他处于上升阶段的其他国家的问题,甚至也会是那些正在展演西方过去的非西方在未来即将面临的问题(因为进化论观念已毫不掩饰地提供了一条线索,即某种现存的落后、愚昧、野蛮都是现存的先进、智慧、文明

---

① 贾东海、孙振玉主编:《世界民族学史》,宁夏人民出版社 1995 年版,第 75 页。

的历史或过去）。可以说，审视和解决自身社会问题，并将其推演到对非西方社会的认识和理解方面，一时间成为思想家们的探索旨趣。随着西方工业革命的世界性普及与殖民主义的扩张，西方对非西方问题的"科学性"研究随即如火如荼地展开。

总之，特殊的历史进程使得西方在对自身社会有所研究之后，又势必转向对异域非西方社会的探索，西方社会科学发展史经历了一个始于自己，而于别人身上突破，又从别人回到自我的往复过程。

4. 由自我价值追求到自我价值外推

西方经历的中世纪、启蒙年代、工业革命等阶段，塑造出了一套与西方历史逻辑相匹配的价值机制。也正是在这一价值机制塑造成型的同时，西方经历了从对自我价值的追求到将自我价值推及别人的过程。

在黑暗的中世纪，西方是宗教信仰主宰一切的王国。随着世俗社会向宗教权威展开宣战，西方提出人本身作为社会主人翁应拥有的主体性和自主性的时代诉求。启蒙运动将这一诉求推到时代前沿，并拉开了西方寻求作为社会主人翁的人应有的价值的序幕。经过这种由黑暗到启蒙的抗争，西方最终颠覆了宗教的权威性而立起了人本性的大旗。"理性""民主""自由""人权"等随即一跃成为西方标榜自身文明、进步、先进的热词。随着社会发展进程的不断推进，这些热词很快演化成为西方的代名词。

与此同时，随着西方工业革命世界性普及步伐的加快，西方并未满足于这些代名词只属于自身"禀赋"的限制，而是毫不避讳地将其推向与自身"格格不入"的其他国度，以妄图其他国度，尤其是非西方国家学习、接纳西方自身所拥有的这一套"禀赋"。借助这一套源自西方而被概念化的"禀赋"性量化标准，西方对非西方国家进行定位并定性。当非西方缺乏西方所具有的这一套"禀赋性"特质时，西方便将非西方看作是缺乏有机性的、缺乏生命力的、与西方存在差距的、有待西方拯救的对象。此种做法，不仅为西方奴化非西方找到了理据，而且使得西方社会科学研究由此成为抗拒客观事实的想象性知识建构。

（三）西方对非西方的探索研究：霸权加异化

在学科发展史上，社会科学在西方较早地建立了某种知识体系。这既可归结为是西方理性、科学先觉性的产物，也可归结为是西方向外寻求发展动机主导的结果，更是非西方遭遇被动性局面的体现。

这一过程中，西方的文艺复兴，为社会科学"以人为本"的研究范式确立了指针和方向。文艺复兴的出现，使神界让位于人界，人的主体性得到极大复归和张扬。自然科学在各领域取得的成就明证了人作为世界主体的价值及意义所在。随着自然科学研究地位的不断巩固，社会科学因此获得相应突破，在方法论上也有所斩获。实证主义的问世，明显地拓展了社会科学的研究视野。

如同自然科学一样，社会科学同样寄希望于通过对不同社会或人群进行研究而发现其间的普遍性规律及普适性机制。

工业革命的发展，巨大的流水线作业和发展指标的急速膨胀，使得西方呈现出异于非西方的社会发展格局。对于西方的前现代模样，西方人充满了好奇和联想。在线性思维的导引下，西方认为人类社会发展历史是单线的，必然地经历着从低级阶段向高级阶段的顺势跨越，西方正在经历的"文明"与"发展"阶段，一定是某个野蛮、落后社会必经的未来。现行的西方模式一定就是过去草率历史阶段更新和完善的结果。现实中的西方一定能够在那些异于西方的国度，尤其是那些在发展上与西方大相径庭的国度中觅到起点和依据。本质上，这种逻辑，无疑有利于为人类知识的寻根问祖找到部分的考据性资料，但是，由于西方是在基于自身与"他者"现时代差异及差距之中来确立这种认识的，是以极大的优越感来彰显这种不平衡性的，以至于西方将地区主义、民族主义、国家主义或自我中心主义等植入到学科建设过程中就成为难免之事。

在这种背景下，源自西方的社会科学对非西方的研究，其学术兴趣主要"在于通过跨文化的社会形态排比，展示作为生物物种和文化物种的人类的宏观历史"①。此番研究在包含和彰显一定深层次结构性内容的同时，却对"他者"进行了诗学般的话语体系创建，生产出了一种未经批判便接受的范式。通过对非西方进行"考古学"式的探索，即便是有关史实的记述或描写，也难以消解意识形态作用其间的成分。更妄谈那些具有主观情结、民族烙印的学科难以克服的瑕疵与狭隘。

---

① 王铭铭：《社会人类学与中国研究》，广西师范大学出版社 2005 年版，第 4 页。

　　直观看来，被一种特殊的知识谱系所标榜的西方，似乎就能以其所秉持的真理对人类社会整体进行"合理性"的构思和概括，从而维持西方对非西方的主导性和支配力。然而，在实际过程中，尤其是随着殖民进程的不断加剧，西方对非西方的科学研究却在霸权（以政治操纵见长）基础上增生了异化，严重背离了"社会科学"的本质"就在于尝试从政治或道德的角度发现造成人们生活发生变化的东西孰好孰坏"①之精髓。

　　在政治武器的强制作用下，西方社会科学以简单的推定方式作为认识论原则，将任何另类于西方的非西方社会归入人类连续性历史的过去某个早期阶段（相对于现行的西方社会来说，这是前工业时代）。现行的西方社会便是人类最为先进、最为文明、最高本质及最后阶段的浓缩及体现。由西方价值理念、意识形态主导而"想象性地"缔造出的非西方社会形态，俨然西方物质文化与精神文化扭曲同构之产物。

　　随着西方向外寻找资源和资本市场的欲望不断加剧，起源于西方的社会科学力图在理性、真理与科学的逻辑中为人性划出一块以道德和善美为基础的空间，但却在冥冥之中将权力决定一切的历史毫无保留地摆在了突出的位置。结果造成社会科学既不能从全面的角度来理解人类发展的合理性内涵，也不能从统治利益的角度创造出非西方政治生活改善的条件。在整个过程中，这种情形不仅以霸权的形式剥夺了非西方的资源和国格，而且还使非西方的主体性和自主性毫无余地可言，更为重要的是，参与其中的西方社会科学研究也由此而经历了自身价值依托的一次危机：理论理性与实践理性某种意义地被割裂开来。

二　非洲人类学与国际政治

　　客观上，学科在内涵上是要对人类知识和文化进行中肯、中立的审视和探索。然而，学科在社会发展进程中，却转换成为某种利益集团的代言人，丧失了普世性和共享性的关怀旨趣及价值诉求，沦为主导或辅助政治治理的工具。

---

　　①　［英］安东尼·吉登斯：《全球时代的民族国家：吉登斯讲演录》，郭忠华编，江苏人民出版社 2012 年版，第 6 页。

　　任何学科都源自社会，又反作用于社会。学科是人们在社会生产过程中智慧的系统性浓缩，又是人们用来推动社会发展、指导劳动实践的实用型工具。学科有其社会属性。学科的社会属性决定了学科在不同历史阶段有着不同的侧重点或关注点，并由此能够形成与社会发展格局相适应的研究命题及话语体系。科学的学科是与时代相贴切和适应的。这是学科发展的辩证逻辑所在，也是其生命力延展的有力注脚。

　　与其他学科相较而言，人类学的发展历程似乎格外不同凡响。近现代特殊的社会历史进程，为人类学服务于社会、创造功利性价值提供了可能、创造了条件。长期以来，作为以研究人及其文化和社会为主题的学科，人类学实现了对非主流民族或边缘群体想象性及事实性的探索和研究，留下了关于其社会经历和意义符号的信息。同时，人类学又在不同时段形成自身的关怀旨趣，凝练出了一定的解释范式。非洲人类学研究，作为特定历史阶段的特殊事件，显然为这一发展逻辑做了较好的表征。

　　关于非洲人类学研究，不能忽视客观的国际背景（比如，"国际政治中传统上存在的男性中心式的隐喻，不仅忽视而且事实上阻碍了对其他种类的政治和认同的思考"[①]）。正是这样的客观的国际背景，极大地影响了非洲人类学研究重点的转移及其多元性内涵的滋生。同时，非洲人类学才不只是停留在对某一具体时段或某种个别事态的关注上；在研究对象上，不仅涉及历史上的非洲，而且包括现实中的非洲；在研究领域上，不仅关注非洲的历史文化，而且关注非洲的社会结构；在研究内涵上，不仅彰显有机体的非洲，而且还挖掘维系非洲社会运转的每一个细部。这样的多维效果图根本上是源自多重动因之作用力。比如，随着西方社会科学的发展、殖民主义的发动、非洲的崛起，以及全球化进程的推进等现象的发生及发展，非洲人类学研究也随之而动，随着时代的推进而与时俱进地扩展研究范围及充实研究内容。

　　在对非洲大陆及非洲社会发展和建设的过程中，西方借助人类学拓展了知识视野、延伸了行为力量。作为一门特定的学科，人类学无疑具

---

　　① ［美］温都尔卡·库芭科娃、尼古拉斯·奥鲁夫、保罗·科维特主编：《建构世界中的国际关系》，肖锋译，北京大学出版社 2006 年版，第 127 页。

有一套特殊的认识和理念，即以关注"他者"为研究旨趣。这一点在殖民时期"不谋而合"地迎合了殖民主义统治者的切实需求。

透过非洲人类学的发展历程及所呈现出的特征，"能够发现最为集中地体现人类学在早期主要为殖民主义服务的深刻本质"[①]。姑且不论人类学对殖民主义究竟做出过多少有意义的具体贡献，但是，殖民主义确实在人类学发展上起着不可置疑的推助作用。殖民主义者动用人类学家开展调查，了解土著社会状况，旨在发现维系非洲社会的行为及意义机制以利于殖民主义统治。经历这一过程之后，结果却使得人类学对"他者"的解释走向教条化。随着殖民主义统治瓦解后，人类学的这种教条性解释也就失去支撑而面临着被瓦解的危险。尤其当人类学进入深度反思后，这种教条性解释逐步失去存在的基础，陷入到遭唾弃的风险之中。尽管这是人类学史上不太光彩的一页，但却能够彰显出人类学在历史进程中随国际时局而转变研究范式的发展趋势。

在殖民主义统治瓦解后，非洲确实面临着多重发展困境，人类学由之又演变成为推动非洲摆脱发展困境的指导专家及专业顾问。发展人类学的出现，极大地彰显了人类学在新时代中功能与价值的再造及重现。本质地，人类学需要对人类共享知识的呈现做出积极建树，然而，在国际社会发展进程中，人类学却在殖民主义者"不在场"的情况下同样难以避免其功能、价值被人为开发和取用的事实的发生。也就是说，随着时代更迭，人类学的功能、价值充满着不断被发明、被创造的可变性。

随着独立主权的获得，非洲力求在学科上摆脱西方价值模式的控制、实现学科本土化的期待及诉求也随之增强。本质上，此种学科本土化期待及诉求与西方的愿望是相背离的。随着非洲发展进程的日渐推进，对学科本土化，尤其是人类学本土化的探讨已成为一股难以抗拒的汹涌洪流。人类学本土化诉求，很大层面上是非洲试图以本大陆各民族、部落的思想与知识体系实现本土学科建构及发展的关键所在。

非洲的众多人类学家试图通过研究非洲本土社会，而为建构起有非洲特色的人类学做出不懈的探索。但是，作为人类学母国的西方，却力

---

① 贾东海、孙振玉主编：《世界民族学史》，宁夏人民出版社 1995 年版，第 75 页。

压非洲大陆的"本土化"诉求，竭力冲淡非洲人类学"本土化"研究的韵味。比如，在文化人类学甚嚣尘上的美国，人类学家不过在视角上从"他者"转向自我显得很彻底，而价值偏执非但没减轻而是加剧了。从理论上，他们认为并没必要建立本土化的人类学学说。他们所期待的则是美国研究模式的普适性解释及学科国际化发展成为普遍趋势。这可能是美国能够预料到的，或许也是学科发展进程中水到渠成的事态。所以，当今世界的人类学研究，明显地呈现出一种强烈的反差局面：第三世界，尤其是像非洲这样的国度，极力希图本土化，建构学科的民族化范式；而以美国为首的西方国家却并非此种趋势的顺应者，相反则扮演着倒戈角色。以至于当今世界的人类学研究越来越难以摆脱二元结构并置的矛盾态势。西方与非西方在政治经济体制、发展诉求、价值取向等方面存在的差异，则是助长这种态势延展的推手。

尽管像非洲一样的广大第三世界国家在获得独立自主权后，从情感和行动上都极力拒斥西方再将自己当作"原始民族"来对待的看法和做法，但是，当前整个第三世界却并未能基于本国政治经济实况而自主地开设学科及进行独立的学术研究，也缺乏对本土以外的社会进行实地调查和深刻透视的经历，从而难以获得能够与主流（即西方化或西方性）相抗衡的学术话语权以最终避免或摆脱西方模式的操控。这无疑给雄心壮志的人类学本土化泼上了一盆冷水。

殖民主义统治时期，西方一直垄断了非洲人类学研究的话语权。此时期的非洲人类学研究无疑是西方欲念和利益动机推动下的产物。殖民主义统治瓦解后，非洲国家独立自主权的获得，以及国家间政治经济关系的改善，使得非洲人类学研究也就不再仅限于是西方人之能事。西方垄断的研究局面被打破。除西方在借助人类学对其殖民行动有意无意地进行反思外，非洲人自己也开始从人类学角度来表达声音及呈现自我。一时间，从事非洲人类学研究的角色主体呈现出多元化局面，其研究成果亦呈现出迥异的意义倾向及价值区别。

尽管西方一再为其"过失"做着学理上的辩护与更正，但是，西方在对非洲的研究中却无法回避"文明""发展"烙上的深刻印记，以及自命不凡的学科品格与定位。西方对非洲的研究，显然遵循着一定的套路，并以某种工具性价值的创造为旨归。由此使得非洲以追求本土化学科建设的期待受到一定的冲击，其捍卫自身作为行为主体的生存价值和意义系统并不能真正产生应有的实际效果。

西方还借助科学技术所具有的生产性来提升人类学的内在价值。美国人类学历史学派的创始人"博厄斯曾努力想把人类学从哲学的倾向引导到自然科学方面"，并且在"当今人类学的研究中此种倾向有增无已"。[①] 自然科学意义上的人类学方法论显然已被看成是科学的人类学的必然诉求。这种科学的人类学越来越以统计、问卷、图表、数据等方式来呈现。人类学对"他者"数理意义上的测算或丈量，俨然沦落成为西方理性知识的一个注脚。

另外，人类学学科史上产生过的不同流派亦并非附庸和固守某种行为教条的知识派别，也不是主宰不变成规的坚定捍卫者，而是始终在根据国际时局变化、针对不同研究对象而塑造相应认识和理解方式的发明人。

总而言之，人类学在学科发展史上较为幸运，不仅续接上了涌动的社会思潮，而且还顺应了国际政治空前蓬勃的强大态势。人类学是应国际环境而产生并随时代推进而发展的一门学科，其研究成果是国际社会运动的产物，研究范式是国际局势变迁的体现，研究主体是国际主题转移的结果。正是此番流动性特质，使得人类学研究更具发展生机、更有时代节律、更富科学性及价值性。可以说，人类学是一门与时俱进的学科，并不会因时局更迭而被淘汰。相反，在新的时空中，人类学越来越体现出鲜活的面容，对于其他学科忽视的领域或问题能够给予独到的关怀、分析、理解和诠释。当今的社会发展和国际趋势也越来越离不开人类学的研究视野和分析维度。人类学很明显的不再仅是一个囿于人及其社会领域的学科，而更是一个始终与时俱进的学科。

三　非洲人类学研究的重点及意义

（一）关注重点

一直以来，人类学以关注"他者"为旨趣，从而建构起自身的研究范式与理论模式。表面上，对"他者"的文化及其社会进程进行挖

---

① 贾东海、孙振玉主编：《世界民族学史》，宁夏人民出版社 1995 年版，第 189 页。

掘就是人类学的研究旨趣。人类学研究范式与理论的塑造一定程度地受制于"他者"属性的影响及牵制。

事实上，作为一门随历史进程推进而不断发展的学科，人类学并未维护着由"他者"来决定学科品质的特性。人类学被赋予的西方中心性，说明其研究完全不是基于"他者"特质的，而更是充斥着外在因素的建构性产物。由此，要考察人类学的发展历程，绝不仅是考察人类学与研究对象的问题，而且是需要考察影响人类学研究发生、发展的情境因素的问题。

在此，挖掘人类学作为一门学科与一定区域、社会、民族或国家等的关系，无疑能够彰显出决定人类学知识体系产生的内生动力和嵌入因素，同时，发掘人类学作为一门学科是如何在国际化进程中达到"风险管理"效果的（即不为时代所唾弃）。

鉴于人类学发展的历史过程，既需要对其所呈现或使用的具体材料进行解释，也需要兼顾到在对不同地域、民族或国度的"他者"的探索中细微而有趣的差别而不是压倒一切的相似性展开探索。

本书所探讨的内容主要是西方的非洲人类学研究。所涉及的材料也主要是西方国家的非洲人类学材料。借此希望发现西方人类学与非洲的知识遭遇，彰显出人类学范式生成与转换的过程与结果。在涉及具体材料时，本书更多地阐述了这些国家及其人类学家的非洲经历与研究成果。这既能综览非洲人类学研究概况，同时还能洞察人类学作为一门学科，其理论及研究范式是如何借助国际局势或国际政治之发展变迁而更替意义的。

通过考察历时的非洲人类学研究，能够有利于今后人类学的发展朝着更为理性、科学的方向挺进。非洲人类学研究已是当今世界各国与非洲合作发展过程中有着重要指导作用的一种知识工具。通过对非洲人类学研究进行考察能够更好地认识和了解非洲，并打开一种新的交往模式，塑造出更为精致细密的国际体系（即，兼顾不同身份国家之诉求及利益的体系），最终使得同非洲有交往的国家、组织、机构、团体或人员等在与非洲互动的过程中能够在社会环境与行为关系的互构上达到尊重对方的效果。

本书重点考察的是人类学与非洲之关系。之所以选择这样一个主题，是因为无论历史上还是现实中，人类学在探索和研究非洲时，都不可避免地塑造了关于非洲的形象，赋予非洲一定的身份，并在以非洲为研究对象的过程中获得发展。这样做，不论对人类学本身的发展，抑或是对非洲大陆自身的发展而言，极大程度地会是局限条件下的一个最优选择。

本书所考察的人类学与非洲之关系，说到底是在考察将人类学当作工具的西方与秉持自我历史文化特点的非洲之间的社会化关系，也是在考察善待知识与促动发展之间的张力性问题。

总体上，本书是一个老话题，可谓是一个关于人类学在非洲研究中的学科史探索。但是，由于本书将学科与社会互动的逻辑注入到内容分析中，以至于这种"老话题"产生了新意蕴。长期以来，以人类学视野关注非洲，或对非洲人类学研究进程做出考察，都很受人们的青睐。另外，从学科本质出发考察人类学何以在非洲取得发展，以及非洲如何因为人类学的表述而被塑造出一定的身份及形象，则依旧是一个比较薄弱的环节。为此，本书更愿意将人类学的发展看作是一个类似"有机体"生成的过程，探索重点则是紧紧围绕着这个有机体是如何在非洲产生、发展及流变的；作为一个历史文化丰厚的大陆，非洲又是如何在人类学的推动下走出"蒙昧"的"封闭"空间的。基于此，能够很好地从学理上理解人类学的各种概念，能够发现人类学在研究内容上不过是社会结构与各种事件的总成，能够彰显出人类学在价值上是一种根植于特定时代背景，并有助于塑造及限定某种价值观（意识形态）的有效工具。更为核心的是，能够从中发掘人类学理论的建构并不是远离世界的高度抽象，而是立于一定事实和经验逻辑、组合诸多事件和知识碎片的结果。正是这样的结果，由之而赋予人类学隽永的生命力。

（二）探索意义

伴随国际局势不断变化的必然性及正向性，科学面向社会的对话也越发显示出非凡的生命力。当神学大一统局面被打破后，新兴崛起的学科探索不仅影响了技术流程、经济制度和社会结构，而且还塑造出了国际政治生活中的日常经验、有意识的行动及无意识的依赖。

传统意义上，国际政治的塑造，有赖于国家间军事和政治力量的作用，而较少体现在因国家发展进程推进及社会变迁而兴起的学科上。作为基于国家发展进程推进及社会变迁而兴起并经过人的智力发挥而提炼出的学科,人类学在国际政治塑造上具有极强的隐性价值。人类学的政治化、政治化的人类学,俨然给社会与科学的对话提供了动力。

尽管相较于军事、政权、主权等而言,知识、学科等在塑造国际政治格局上具有极大的柔和性,但由此却能发掘当代历史的塑造是如何导源于知识、学科所具有的激发力的。社会如何牵引知识创造与学科发展,并以此塑造出一定的互动机制,其所具有的价值深意客观上不会因为时代的变迁而有所褪色。

人类学的西方渊源性及全球化实践,成为科学与现代性紧密相扣的典型。人类学知识在“应用的情境中”被彻底地激发出来,其研究更是一种社会性活动。在殖民主义统治时期,当政客指望人类学家能够提供可以帮助他们克服或避开不利因素的知识时,人类学便以婢女的身份履行着义务。这时期,西方认识和了解非西方的讯息显然出自人类学“专家”群体之手。并且,由于对国家的忠诚与对民族中心主义的坚守以及组织上的隶属关系,致使人类学“专家”群体的核心作用始终被牵制性地发挥着。即便在殖民主义统治体系瓦解后,这一情势仍然继续延展着。人类学研究作为一种社会活动也依然保持着某种历史延续性。尽管人类学家不得不屈服于由“科学研究”的成功而导致的某种后果,但是,当人类学继续以新有概念和范式捕捉不断变化的现实时,这些概念和范式也就不胫而走地渗入到国际政治实践中并帮助整理了世界秩序。

一直以来,西方对非西方做出的政策决定(比如,剥夺被奴役对象的主权、政权、独立性或自主性等),目的在于控制政治治理进程中的不确定性(即达到多重结果与期待相符合的目的)或风险。随着这一目的性的被强化或不断推进,“意味着不断扩大的领土不仅要成为政治控制对象,而且要成为直接的经济剥削对象”[①]。

西方与非西方所开展的磋商、谈判、妥协或抗争等在促使某种政治共识达成的同时,也使得政治治理更加复杂而艰巨。在对非西方做出政

---

① ［美］温都尔卡·库芭科娃、尼古拉斯·奥鲁夫、保罗·科维特主编:《建构世界中的国际关系》,肖锋译,北京大学出版社2006年版,第42页。

策决定时，也许西方在某个特殊的行动过程中存在着并非忠于所有可能的选择，但是，自殖民主义统治时期始，人类学就反复配合着此种局势，加剧着西方与非西方之间的对立。进入新的历史时空，人类学在发展进程中的时代烙印、发展弊端、意识偏激等，随着反思性浪潮的涌动而不断得以清算。

总之，一直以来，人类学并非囿于一个遗世独立的时空中。人类学与国家、地区、国际社会进程始终存在着明显的牵制关系。人类学所缔造的意象，即作为政治制造及知识生产的角色，尽管在历史过程中存在着负面性，但其在国际环境中凝练出的形式、内容、信仰、规范和观念所产生的价值却是方兴未艾的。透过人类学研究发展变化的历程，能够为理解和认识国际政治提供可资借鉴的参考因素，能够彰显出知识生产背后国际社会环境的良性改善。

四　非洲人类学研究的条件

（一）文化资源

非洲具有丰富的历史和文化。千百年来，非洲人凭此建构认同、模塑认知，形成既定的价值准则和行为机制。

诸多探索研究业已表明，非洲是人类文明的发源地。进入近现代，随着考古学、语言学、人类学等学科研究的不断推进，非洲的这一地位日益得到证实。人们越来越注意到非洲在人类文明史上的先河地位。非洲并不是荒寂而野蛮的大陆，非洲的价值意义也并非帝国主义输入西方文明后才产生的，其历史同样并非在西方文字的表述下才成为事实的。现实发展已表明，非洲在其他大陆的文明出现之前，就已开启自身的文明发展之旅。今天人们所看到的非洲深厚的历史及丰富的文化，俨然就是其在历史长河中不断沉淀和反复锤炼的文明精髓。非洲所拥有的这一切，显然给人类学研究予丰饶的沃土和养料。

自远古时代始，非洲就启动了自身文明的进程。考古学对众多古遗址的发现，使非洲的历史进程远远提前了（相较于西方所认为的非洲历史而言，更为提前了）。这一发现，一定程度地纠正了西方秉持的固见和偏执。

一直以来，"西方国家认为，在欧洲人来到非洲之前，非洲没有

'历史'"①。此番认识致使外界对非洲历史的看待极大地脱离了非洲人在既定生产结构中所创造的空间含义。各项考古一再明证:"早在欧洲人来到非洲大陆之前,这里就有了人类繁衍生息,而且这里的人民创造了丰富多彩的文明。"② 非洲不仅拥有古朴繁荣的历史文化,而且承载其历史文化的载体及因素(比如舞蹈、音乐、技艺等)也明显地呈现出多元化特质。

经考古学家探索研究发现,非洲远古文明繁盛而多样。比如,尼罗河中上游的古代文明(即,包括努比亚文明、库施文明、阿克苏姆文明等);西非早期时代的铁器文明(即,包括洛克文化、萨奥文化、西非早期铁器时代遗址文化等);班图人的迁徙与黑人文明;伊斯兰教在东非的传播与斯瓦希里文明;伊斯兰教在西非的传播与豪萨文明;等等,都比较有代表性。在这些深富本土特质的文化圈内,不仅可发现非洲大陆的历史过程、社会结构,而且还能发现组成这一文化圈的各种文化碎片及知识谱系。借此,不仅能够梳理出非洲文明的发展脉络,而且还能发现非洲与外部世界通勤交往的情感记忆。在这些文化圈内存在着各式各样的表述非洲历史文化的丰富载体。一系列的考古成果,如化石、建筑、雕像、瓷片、钱币等的发掘无疑展示出非洲历史文化的器物性;壁画、雕刻、宗教信仰遗物等的面世无疑传达出非洲历史文化的思想性。可以说,非洲文明就是人类整体文明的缩影。

非洲除了繁盛的远古文明外,还存在着丰富的近现代文明。近现代以来,非洲人民延续古老质朴的传承习惯,继续推动着其文明走向发展和繁荣。新时空条件下的政治经济、文学艺术、宗教信仰、伦理习俗、哲学思想、科学技术等继续丰富着非洲的文化内涵。特殊的生产方式、社会结构和物质资源,为非洲文明的未来发展局面奠定了新的逻辑基础。

殖民主义统治时期,由自然经济向商品经济转换的生产方式,使得非洲的生产力与生产关系呈现出新的特点。这一过程中,尽管非洲由自然经济支配的生产结构由于西方的介入而使其内部过程遭到冲击,发生

---

① 克里斯迪娜·罗姆:《还非洲历史的真面目》,《科技潮》2000 年第 6 期,第 87 页。
② 同上书,第 86 页。

了趋殖民主义意向的转变，但是，非洲的文明进程却因此呈现出不同于先前的体制性特征。同样，非洲的社会结构在殖民主义统治者介入后，变成了包含国家权力机构与亲族组织、部落联盟交叉（国家权力机构是西方性的，部落则是以地域为基础的集团），以及移住民与原住民同在、文明与自然共生①的混合局面。

在殖民主义统治者带来的科学技术的指引下，非洲的人口分布、城市、道路、住宅等也呈现出了新的时代特征。这样的格局，必然会造就出特定的社会文化，人们之间的交往逻辑和行为机制从而相应地体现出一定的时代特质，社会维系机制亦呈现出新的时代特征。这一切，显然都是非洲在近现代社会发展过程中锻造而成的崭新的文化基因。

非洲有形与无形的历史及现实文化，无疑为人类学研究提供了丰富的素材。其中，下面这个生动且形象的比喻就能将历史文化素材在非洲人类学研究中具有的重大性价值彰显出来："文化研究领域的争论已经成了一场'争夺遗物、争夺尸体的斗争'。"② 在这些丰富的历史文化素材的基础上，人类学确立了研究范式，重构了价值理念，丰富了学科内涵，提升了学科素养。作为一门起源于 19 世纪的学科，一直以来人类学以历史文化素材为关注重点，并采取特定的研究方法以确保学科持续的不竭生命力及创造力。

从一开始，人类学就对"他者"的文化生活与社会结构表现出浓厚兴趣。对于历史文化较为丰富的非洲（这种突出性体现在与西方工业文化的区别上），诚然为人类学的探索研究提供了充足的养分。加之，非洲特殊的近现代历史脉络，以及其新近文明的出现和发展，同样为人类学的探索和研究做出了重要的补给。这一系列传统与新近文化资源并

---

① "梅因将移住民（the settler）与原住民（the native）加以区分，提供了原住民主义（nativism）的基本原理：移住民是现代的，原住民则不是；界定移住民的是历史，而界定原住民的是地理；历法和制裁界定现代社会，习惯性服从界定原住民社会。持续的进步是移住民文明的标志，而原住民习俗职能被看作是自然的组成成分，是固定和没有变化的。'原住民'是处于危机中的帝国的各位理论家发明创造出来的。"参见 ［乌干达］马哈茂德·马姆达尼《界而治之》，田立年译，人民出版社 2016 年版，第 3 页。

② ［澳］马克·吉布森：《文化与权力——文化研究史》，王加为译，北京大学出版社 2012 年版，第 12 页。

置的优势，对于其他学科来说是难以望其项背的。人类学能够充分利用这些文化资源上的优势，并以独到的关怀视野对非洲的整体形象、角色身份等提供建设性的塑造。

在针对非洲展开探索和研究的过程中，并不能否定其他学科的作为及所取得的研究成就，不能忽视其他学科对认识和理解非洲而做出的有益建树。比如，历史学，其就做到了按照严格的史学标准对关于非洲的大量材料（尤其是文字材料）及信息进行筛选和甄别，从而较为深刻地铸就了非洲宏大而宽泛的历史。与之相比较，人类学却将关注重心投注在对非洲各种具体事件、社会关系、社会类型、文化群体等方面的探索上。人类学的此番做法，无疑能够超越历史学所要求的以材料，尤其是以文字材料为研究支撑的事实，而从非洲人生产、生活、生计的具体细节上去发现非洲之所以为非洲的客观历史及现实。人类学的此番研究关怀，的确具有一枝独秀之效。

（二）历史进程

非洲与外界，尤其与西方的遭遇为人类学研究铺就了有趣的路径。

19 世纪是西方与非洲遭遇最为深刻、最为尖锐的重大时期。早在 19 世纪中叶前，传教士、海员、旅行家、殖民官员等就对非洲展开描写及记载，此举无疑为之后的非洲人类学研究做出了知识素材及研究技术的储备。这一系列铺垫性的知识素材及研究技术储备，在接下来的时间里便顺理成章地转换成为了人类学家研究过程中的"开胃菜"。

随着西方工业资本主义的发展不断改变着世界的交往模式（西方工业资本主义的发展，使得"世界各族人民之间的联系不仅获得了普遍的加强，他们之间的相互认识和了解也不同以往而愈益获得了深入发展，尤其是在有关西方政府或人士的推动下，因为殖民主义统治和殖民主义利益的需要，对殖民地国家或地区各族人民的认知和了解愈益具有迫切性"①），人类学探索非洲社会的维度也被相应地拓展开来。

由西方工业革命引发的殖民主义，是西方工业资本经济发展进程

---

① 贾东海、孙振玉主编：《世界民族学史》，宁夏人民出版社 1995 年版，第 39 页。

中一种向外索取资源、占有市场的扩张战略。通过这样的扩张战略，西方满足了利益诉求（夺取原材料，找到销售市场），并实现了对非西方社会的控制和奴役。殖民主义统治者远道而来到非洲，在这个异己的国度里，他们是外来者，是陌生人，是被奴役人民眼中的"他者"。为了对这些异于自我的民族实现统治，他们需要了解被统治对象的日常信仰、生活状态、风俗习气，甚至行为惯性，等等。对于殖民主义统治者来说，被奴役对象所秉持的生活方式或文化习性是一种截然不同于西方中心主义视角下的东西。由于殖民主义者一直习惯于认可和接受的是以西方为中心的文化模式，当然就难以做到对被统治对象的精神文化、行为惯性、社会生活、社会结构等给予公正的认同和客观的立场。

在殖民主义统治进程中，殖民主义者意识到：只有对被统治对象的物质及精神层面的内容做出细致的认识和了解，才能从根本上达到更好的治理效果。同时，通过认识和了解被殖民对象，殖民主义者才能避免身份尴尬，才能扭转角色，达到反客为主，将自己变为"主人"和"熟悉者"，及最终兑现殖民主义扩张的初衷。

殖民主义统治瓦解后，西方开始将新的问题意识重新植入非洲。新时期的非洲发展困境（比如，政局动荡、经济贫困、瘟疫天灾等），在部分地反映非洲真实情况的同时，也成为了西方重新"进攻"并深入非洲的一个重要口实和依据。当下，尽管传统的西方殖民主义色彩业已消弭，但是，在非洲依然存在着西方对殖民时期旧有形式进行改造性发挥利用的举动。由此看来，当下的非洲，尽管已获得独立主权，但是，其同样并非仅是囿于封闭圈子内自觉运转及自行决断的角色。

在历史上的很长时间里，非洲大陆与外界一直存在着频仍的互动交往。再后来，西方却以一种强大的话语权支配了非洲的历史进程，并坚持认为非洲的历史只能由西方来创造，西方人才是当之无愧的非洲历史及社会的创造者。事实上，这是有悖于历史逻辑及客观现实的，但却由之塑造了人类学在特定时段的解释模式和研究范式。殖民主义统治体系瓦解后，人类学打破了原有的研究模式及范式而呈现出新的发展格局。通过反思，重构研究对象的主体性及自主性就是主要体现。固然，前殖民时期、殖民时期、后殖民时期等重要阶段一并拼就了非洲的线性历史，但也因此创造了非洲人类学特定历史阶段中的特定研究议题。人类学在非洲历史进程中获得发展生机，非洲历史也因为人类学的介入而更富深意及饶有趣味。

第一篇

临摹非洲

第一章

阶　　段

根据知识与社会紧密相扣的互动逻辑，非洲人类学研究在不同发展阶段明显地呈现出不同的阶段性特质。本书将非洲人类学研究大致分为三个阶段：拼图时期的非洲人类学、学科时期的非洲人类学及反思时期的非洲人类学。这三个阶段的非洲人类学各具特质。对此做出考察，可发现人类学理论是如何在社会运动中创建的，人类学家又是如何以其知识结构和文化背景诠释非洲的。各种关于非洲的人类学文本则从一个较为宽广的范畴上展示了作为研究对象的非洲之身份流变及其知识生产过程。作为书写主体的西方，则将其所秉持的价值判断置于非洲之上，附会性地采取放弃还原论而代之以叙事方法的策略来阐述非洲政治历史的"客观性"，一定程度地掩饰了其利益动机。

第一节　拼图

人类对由人组成的社会的探索充满了趣味性。人类为了超越身体的局限，动用了丰富多彩的智慧而发明了各种各样的技术。随着人类不再打算维护某种传统边界而试图达到渲染某种绝对美好的目的的增强，针对某一群体对象做出考察探究以力图其文化本质展开探索的诉求也随之增强。而对于那些坚持认为世界已走向一体化的人来说，任何从本国国家认同的政治视角来构拟研究对象（尤其是那些异于自身的社会），都显得与时代格格不入。诚然，利益或价值无涉下的纯粹研究，俨然包含着知识、学问至高无上的原生机制。作为拼图时期的非洲人类学，部分地维系了这一良好境界。

一 知识背景

随着人类迈出神界的域限向生活世界展开进军，科学、理性由之一展风姿，而将神本性歇斯底里造成的偏差和误读抛到历史外围。在科学、理性的驱使下，西方由之奠定了时代领跑者的角色，开辟性地通过航海、贸易、探险等活动，为一部分人打开了认识另一部分人的窗口。

19世纪中期以前的很长时间里，人类一直处在跃跃欲试的改革萌动中。为了促进生产劳动和社会进步，人们发明了科学技术，扩大了机械生产，创建了民众教育，改善了人文环境。这一切，无不为之后的学科探索和研究夯实了坚固的基石及创造了有利的条件。

这一时期，科学技术产生的实用价值的普及，以及商业扩张带来的成功，一再鼓舞着人们爆发出将整个世界联系在共同生产链与市场链上的愿望期待和实践行动。劳动和产品随之得以社会化或国际化。在生产关系改变的情况下，生产力也相应得到了极大的提高。作为利益追逐者和主要受益者的西方，"连续不断的呼唤就是'去发明！去生产！'，荣誉、奖赏、与众不同的生活，摆在那些能发明出比以前更好的东西的人的面前"[1]。

在这种背景下，人们，尤其西方人日益强化着只有自身才是能够掌握人类命运的主人的意识。统治人类几千年的宗教思想在过去取得成就，但并不意味着它将一直垄断着并将长期垄断着人类的今天甚至未来。凭科学、靠理性、用智慧无疑是能够主宰人类命运的根本。

并且，可以认为，科学技术的发展与相应生产力的提高，从根本上把人从神那里赎了回来。如果说，启蒙运动时期，人们是靠一些隐晦且间接的手法，比如，艺术、文学、诗歌等去表达内心试图脱离神主导现实的努力，那么，在新的时期，科学技术的进步及生产力的提高则成为人类大胆向神本世界宣告脱离，以及人界对神界依附性关系宣告破产的利器。

---

[1] ［美］克拉克·威斯勒：《人与文化》，钱岗南、傅志强译，商务印书馆2004年版，第9页。

伴随科学技术发展而不断崛起的航海、探险、科考等活动，不仅展示了人类以自身力量穷极宇宙的决心，而且由此奠定了两极性知识对立的格局：西方与非西方、文明与野蛮、先进与落后、科学与迷信、自我与他者、"我们"与"他们"等二元性内容成为反映世界构成的重要维度。

尽管西方始终力主人类知识是具有普世性和共享性特质的，然而，西方以自我中心主义视角审视别人时却没有抑止住一种先入为主的知识定位。在这样的架构下，似乎非西方的文化就是一种不具有生命力、活力及自我更新能力的东西，而那些被西方认为是主流的文化（尤其是西方自身的文化），才是一切科学及理性的代名词。正是在此番情势下，整个世界"休戚与共"的关系表象才得以临摹出来。

总体上，随着人的主体性走向复活，某种由神垄断的社会组织秩序被打破，人作为生命体的社会含义、特性和形式得到改善，人的自我意识从一个极大的层面得以提升，人与人之间的交流日益具备宽松的思想环境，同时，知识的普及和开放也达到一定程度。并且社会发展作为一个综合性的命题，所涵盖的多维度内容越来越得到实质性的体现。尽管以上这种情形是在冲决神界历史的基础上萌生的，呈现出特定的时代发展征候，但是，对于科学研究发展而言，这样的氛围酷似能够塑造某个思想、某类学科，甚至某种新政治经济秩序的试验场。

二　文风：身体与抒写

人类学作为一门科学，是受到达尔文1858年出版的《物种起源》的影响才逐渐具有体系性的。在这之前，各种关于部落氏族、文化族群、异域他乡等的记录材料确切来说并非属于真正的人类学作品，而不过是一种由拼图构成的准人类学作品。尽管这些作品确实是针对不同部落、族群的历史文化、风俗物产、民情地貌等而做出的记载或书写，但是，本质上，这些成果严格意义上说并非以人类学方法论而呈现出来的。

非洲有着古老的历史和社会发展脉络。其灿烂而悠久的社会历史文化，一直是非洲大陆维系社会运转的支轴。如同所有的其他大陆或社会一样，非洲人也试图使丰盛的历史文化成为祖祖辈辈禀赋的生命源泉，并让所有的非洲人都能从中有所受益。于是，非洲人惯于以精彩纷呈的方式将那些能够惠助人们成长的历史文化"绣制"或嵌入到能够体现不同意义的各种符号上。诸如舞蹈、音乐、雕刻、手工艺品、信仰仪式、住宅民居等系列符号背后蕴藏着的象征意义，一并记录和折射了非洲大陆持续向前的历史进程，最终使得非洲的历史风貌呈现出区别于以"文字"来刻画或撰写的其他民族历史之风格。

作为世界文明发祥地的非洲，人类在此经历了古猿、森林古猿（Dryppithecus）、腊玛古猿（Ramapithecus）、南方古猿（Austra pithecus Africianus）、能人（Homo habilis）、直立人（Homo eretus）、智人（Homo sappiens）到现代人的产生、过渡、转换及进化过程。嵌入其间的从石器文明（早期石器时代、中期石器时代、晚期石器时代）到铁器文明的发展过程，催使一系列古老而闻名的王国及帝国问世：库施王国（约公元前8世纪—公元4世纪）、阿克苏姆国家（约公元1世纪以前—公元7世纪）、加纳王国（3—10世纪）、马里帝国（13—15世纪）、桑海帝国（15—16世纪）、豪萨城邦（约16世纪—19世纪）、卡内姆－博尔努国家（？—1846）、僧祇城邦（？—15世纪末），等等。

这一系列王国及帝国的问世均一再表明：有什么样的生产力，就存在着什么样的生产关系。原始信仰、伊斯兰教、基督教等宗教信仰，从精神上层的高度持续维系了这一系列王国及帝国的运转。在此穷极生命并被文明长河烙上深刻印迹的氏族、部落、族群，比如尼格罗人（属于这一人种的包括努比亚人、丁卡人、努埃尔人、希卢克人、巴里人、图尔卡纳人、阿乔利人、马赛人、卢奥人、图西人等）、尼格利罗人（又称俾格米人。属于这个人种的包括班布蒂人、阿卡人、埃菲人、宾加人、克维人等）、科伊桑人（属于这一人种的包括布须曼人、霍屯督人、达马拉人、金迪加人等）等，长期以来他们在社会生产实践过程中形成各具特色的生产模式和社会组织方式。他们以自己的身体、行为和语言，孕育、承载并表述了精彩纷呈的生活世界，创造了属于特定时间阶段和区域空间上的系列文化（如，狩猎——采集文化、原始畜牧文化、沙漠畜牧文化、苏丹边远地带的农业文化、中苏丹农业文化、东非畜牧文化、几内亚湾沿岸热带雨林地区农业文化、东部与南部非洲的农牧混合型文化等多样性文化）。在此番多元文化共存的背景下，可以认为，非洲人的历史文化是以他们自己的"身体"抒写的方式而得以传承和发展的。这无疑为非洲人的自我及主体性呈现创造出一种自发、自觉的原生性机制。

作为在地理位置上具有相对独立性的大陆，非洲丰富多彩的传说、谚语、神话、歌舞、技艺、仪式、宗教、图腾、民居等一直是承载其厚重历史文化的重要符号。非洲人的历史记忆、生命脉络和社会轨迹镶嵌于其中。非洲人始终在以一种适宜自我的方式沿袭及传承其历史文化，并在实践中凝练出文化精髓。这样的策略，同样是特定而独到的。

长久以来，非洲人所置处的既定自然环境与地理条件，培育了他们不是直白的、非容易显露的隐喻性情操。非洲各种各样的口述历史、长篇史诗和手工技艺等背后较为深刻地蕴藏着非洲人内在的、固有的情操和素养。

可以说，非洲人所掌握的记忆符号和表述方式极大地承载了其深远的历史过程。透过这些记忆符号和表述方式，可发现非洲人一直在有形与无形之中不断穿梭，始终在将其过去与现在汇聚成一幅流动的图景，从而谱就恢宏雄壮的历史文化篇章。在这样一个近似文化拼图的历史时期，非洲人无疑缔造出了人类学的原始轮廓。此轮廓，在西方工业革命世界性扩张尚未触及之前，其一直在非洲人的行为及知识结构中自行地衍生着，是非洲人用自己的身体抒写出的真迹。

对这种拼图般准人类学范式的打造，除了非洲人自己的自觉及自发行为的贡献外，还包括满载利益动机而来的西方人的作为。这些西方人所怀揣的某种寻幽探奇的热烈心愿，激起了他们将非洲的逸闻趣事记录下来的冲动。他们将在非洲的所见所闻整理出来，形成了关于非洲的文本材料和文字篇章。西方人能够来到非洲（相较于那些更多的、未能到非洲的人而言），显然使其早于其他未来到非洲的人获得了某种经历和优势。他们因此能够对非洲的历史文化做出垄断性的"专业"撰写，其在之后产生的作品（包括游记、日志等）相应地成为人们追捧的不可多得的阅读对象。这些作品在早期基本被广泛接受，一时间变成了具有特殊权威性的"科学论断"和"指导专家"，其因此也成为激发更多西方人走向非洲的动力源。

客观看来，尽管这些作品一定程度地成为西方开启对非洲掠夺之门的诱饵，在道德层面上无疑具有不光彩的一面，但是，这些作品却无意间保留了非洲的历史文化及社会发展信息，为拼图时期的非洲人类学做出了不可磨灭的贡献。当然，对于当前的人类学研究来说，在使用这些材料时，无疑需要剥离掉附着于其上的不良因素，真正做到科学而辩证地取用相关材料。

与此同时，中国也留下关于非洲的大量文本资料。古代的中国很早就与非洲建立了交往关系。尤其是明朝时期较为突出。在这一历史时期，中国的航海家、政治家、旅行家等，留下大量的关于非洲的书籍、实物等，其一方面见证了历史上中非交往的相关事迹，另一方面亦折射出非洲的历史文化是怎样在超越身体局限、国家边界或疆域范围的情况下被抒写和呈现出来的。历史上中非交往的经历，显然也为拼图时期的非洲人类学之建构做出难能可贵的贡献。

第二节　学科

19 世纪后半期，进化论取得的科学研究成就为人类学学科体系的创建奠定了基础。1858 年，《物种起源》一书的出版，加快了西方搜集各类资料和信息以证明人类社会由低级阶段向高级阶段迈进轨迹的探索步伐。与西方现代化及工业化存在区别的原始社会或非西方世界一时间成为西方人搜集各种资料和信息的重点对象。西方试图从中找到自身社会已经经历的发展阶段在现实其他社会中留存的痕迹。这样做，一方面能够彰显出西方确实优越于非西方（西方所认为的）的道理，另一方面也能够体现出西方已进入到现代文明之高级阶段（在西方而言，标准即是西方的科学技术及其带来的相应成果）的事实，最终确立起具有普适性价值的"普遍主义"，以形成对非西方社会政治及文化领域的强制性影响。

随着科学技术领域日益走向发展突破，西方产生了以自身的物质成果和产业技术优势定位非西方社会发展状况的期待。与物质基础雄厚和产业技术发达的西方相比较而言，非西方的物质基础和产业技术不是匮乏，就是缺位。在西方看来，非西方所面临的现实状况，正好是西方社会传统历史及过往岁月的真实写照。

在西方眼里，通过对非西方社会展开考察探索，能够发现西方的过去，证明西方引领潮流的现在，及展望属于西方的未来。在此番理念的左右下，人类学力图提供相应知识谱系以支持西方主义认识论和本体论，并竭力从世界各个角落和不同民族之中寻觅民风民俗、惯习规约等以佐证西方确实优于非西方的发展节律。通过对这一背景下的非洲人类学研究展开考察，能够发现起源于西方的人类学具有的西方中心性与政治性并置的特点，同时发掘作为学科的人类学其实并未能回避受某种民族主义、国家主义或地区主义定格的危险。1860—1960 年间的非洲人类学研究，极大地揭示了这一情势。

一 知识背景

在非洲大陆发展史上，1860 年到 1960 年是一个较为重要的阶段。在人类学学科发展史上，这也是一个较为重要的时期。这一时期，充满了矛盾和博弈：殖民主义达到了高潮，也滑向了低谷；最终走向崩溃，却似乎又有"东山再起"的兆头。这一时期，也充满了螺旋式的前进时序：人类学学科由传统的准研究范式实现了向科学研究范式的跨越和转型。科学的人类学研究自此形成，并经历了最为悖论性的学科革命历程：因为殖民主义，人类学研究范式得以确立；因为殖民主义，旧的人类学研究范式遭到更迭；因为人类学，殖民统治得以加强（这里具有两重性，对于被统治对象来说，是消极而惨烈的，对于殖民统治者来说，却是积极、优良而便利的）；同样因为人类学，后殖民社会主体性的重建拉开了帷幕。

殖民主义统治时期，殖民主义者基本受到相同的科学、技术和政治经济利益的驱使，以至于他们在被殖民对象身上表现出了极度一致的狂热性和肆虐性，并在具体的行动中经过技术与决策的争鸣，最终塑造出西方自诩的、引以为豪的民主国家之理性实践及政治文明。如果说，西方民主国家的理性实践及政治文明是一场可以普及并泛化使用的"公共知识"，那么，在西方看来，整个非洲大陆的不堪命运，似乎完全就能够依赖于这一"公共知识"的推广、普及从而达到善治。

1415 年葡萄牙率先以武力征服了非洲。非洲丰富的自然物产资源是吸引他们眼球的重要方面。"仅金砂一项，在 1511—1513 年三年间，使葡萄牙国王获得了 4236927 葡币的收入。"① 紧接着，"1595 年，第一批荷兰商船来到了几内亚湾。……到 1637 年荷兰在西非的据点已有 16 处之多"②。与此同时，16 世纪中叶，英国和法国也来到非洲，并将非洲人大量贩卖到美洲做奴隶，从中赚取巨额利润。自此以后，就连贵重的黄金贸易都一定程度地萎缩了，其"在列强对非洲的贸易中已不再占首要地位，而是血腥的奴隶贸易成为殖民统治者经营的主要内容"③。

进入 19 世纪，比自然物产资源掠夺更为"惨烈"的是西方殖民主义者展开了对非洲的政治奴役和主权控制。非洲的人口、经济及社会发展等因此一并操控在西方人的手中。对西方殖民主义者来说，这无疑能够获得比原先靠掠夺资源和贩卖人口更多的、直接而可观的价值和利益。

如果说之前的贩卖奴隶行为只是部分地满足了西方殖民主义者的利润动机及愿望，那么，从政治奴役和主权控制的高度下手，则能够从根本上反映出西方试图将非洲转换成为西方附属对象的野心已达到登峰造极的地步。西方殖民主义者将非洲变成生产力与生产关系或社会关系（权力关系）创建的基地而采取的相关策略又是何等的出类拔萃。西方殖民主义者要索取的不仅是非洲丰富的自然物产资源，而且还要侵犯和颠覆非洲大陆的民族性和国格。西方殖民主义者的一切举动，旨在将其自认为的"普世性"价值观推向非洲，改造非洲的发展节奏，缔造出西方想象中的"理想"非洲模式，以成就西方民主实践广被四海的夙愿。

然而，西方殖民主义者的一切举动却畸形地制造了人类共享知识的伪善氛围（也就是说，非洲与西方表面看来是在共享某个东西，其实却是表里不一、名不副实的）。"民主""理性"，便顺理成章地成为西方优越性的形象代言，成为西方眼里衡量一切的价值尺度。而非洲由此所遭遇到的不过是不折不扣的"二难困境"：在西方"民主""理性"强

---

① 葛佶主编：《简明非洲百科全书》，中国社会科学出版社 2000 年版，第 74 页。
② 同上书，第 75 页。
③ 同上。

制性输出的过程中，非洲所直面的不仅是古老传统是否需要维系和延续的价值选择，而且也是西方"文明种子"（民主、理性）该不该在非洲古老机体内孵化和继替的沉重决断。

殖民主义为追求实现国家目标的绝对效果，发明并动用了各种各样可能或必需的方式。其中，采取支援人类学家深入非洲实地的做法，就是要求人类学家根据殖民主义统治者政治治理的需要，将所见所闻以及有利于殖民统治的真实情况充分传达出来，以提供最具利用价值及可操作性的知识和标准，最终便于制定殖民政策、解决政治治理冲突及推动殖民主义统治管理等（当然，对早期由探险家、旅行家、海员、传教士等收集和撰写的日志及资料的使用，也大大开阔了殖民主义者的眼界，增强了殖民主义者的认识）。人类学与殖民主义之间的关联性就这样被直接地建构出来，一种背离知识理性而试图驯服"他者"的现代联盟由之应运而生。

可以认为，在整个殖民时期，人类学学科发展显然很难摆脱受政治环境熏染的境遇。"19 世纪的时候，尽管人们越发重视科学的研究方法，但是强烈的民族主义情绪却不可避免地掺杂到了科学的阐释之中。"① 科学主义与民族主义、国家主义掺和在一起。白热化的进化论产生的影响也同时被制度化到政治秩序之中。所造成的结果却是：冥冥之中确有知识及存在知识信仰的部分人群（比如，西方人），却将另一部分人群异化为"陌生人"，将另一部分人群彻底地变成对立面，另一部分人群也因此成为部分人群的对立面。这一部分人群显然难以在理性与民主的祭坛上真正做到以尊重人类意志的态度去解决实际问题并兑现真实价值，也同样难以以具有作用力的规范化标准将异趣于本我的民族及其文化当作是既有物理（物质）价值，也有意义价值的客观对象。此种悖论性困局，显然背离了民族化的思维、本土化的逻辑才是一个群体生活世界、生命轨迹可持续性延展的关键所在的箴言。

整个殖民主义统治时期，西方以其所标榜的政治理性来比照与之遭

① ［美］维克多·特纳：《戏剧、场景及隐喻：人类社会的象征性行为》，刘珩、石毅译，民族出版社 2007 年版，第 60 页。

遇的对象——非洲——所面临的发展缺陷，并拟定出相应的问题框架，顺带将其征服、奴役、剥削行动赋予作为"是一种从文化中心的正常的向外投射"①，从而将西方秉持的价值逻辑优化为合情合理的普世性方案。这样的将西方价值观凌驾于非洲的做法，达到了以经验事实支撑西方文明化使命的目的，为工业资本主义社会并不可观的利益动机创造出了一个鲜活的反证。结果，致使非洲最终被严严实实地塑造成为西方理性的展示场域及践行主角。

在西方看来，非洲社会确实需西方的启发。在西方此番认识的作用之下，非洲一直传承的历史记忆及文化脉络陷入到被更换和取缔的风险之中。非洲面临着代之以西方"理性""文明"指导发展及实践的尴尬境地中。加之，又由于工业革命和流水线产业生产拒绝等待，要求尽快行动起来追逐利润的汹涌势头，一并促使原本属于田园牧歌式的非洲社会被推入到权力博弈、利益争夺、生存抗争纷繁交织的境地，其社会和经济发展走势也被一并卷入到由西方拟定的规制化轨迹之中。西方对乌托邦理想社会的种种期待及各种愿望，因此得到一定程度的倡导，并些许地露出一线"生动"。

二 范式：身份与话语

在西方殖民主义者入侵的前夜，非洲一直保持着传统的社会模式和生产结构。随着殖民主义侵略的不断加剧，非洲发生了异于传统而趋殖民意向的改变。由自然经济维系的生产结构被取代就比较典型。

进入 19 世纪，帝国主义的侵略，使得非洲由自然经济维系的传统生产结构遭到冲击。源于西方的商品经济介入非洲，颠覆了非洲固有的自然经济模式，引发了非洲生产结构的变迁。比如，尽管美国在历史上是一个对非洲没有进行直接殖民奴役的国家，但是，美国却通过各种可能的商业途径及手段，成全了美国扩张过程中国家利益至上主义的条件与过程，会同西方其他国家一道瓦解了非洲的传统生产结构，最终引发了历久弥新的政治后果。

---

① ［美］克拉克·威斯勒：《人与文化》，钱岗南、傅志强译，商务印书馆 2004 年版，译序第 3 页。

1860 年后，随着殖民主义奴役的空前高涨，非洲沦为殖民地的范围及深度达到了无与伦比的地步。整个非洲大陆无处不遍布着殖民主义者的行迹。西方在海外扩张的愿望终究在非洲身上得到了较好的兑现。与此相随的是，非洲在资源、人口结构的经营和控制上受制于西方而丧失自主决断的能力也首次达到了空前的高度：非洲大量的物资被源源不断地运往欧洲或美洲；非洲人口被当作商品大量地贩卖到欧洲或美洲。西方基于非洲开启了实验性的霸权尝试，并将扩张的野心明目张胆地表露出来。资源丰富并具自身运转机制及内生动力的非洲，俨然成为西方人开展工业革命及推行产业扩张的试验田。西方所进行的不间断的一系列努力，无疑起到了奇迹般的号召作用。一直以来，满怀"开拓韬略"的西方人，"尽管他们了解前人所经历的不幸，但他们仍愿意怀揣前人的理想，去经历他们经历的考验并重复他们的错误"。① 尽管由西方发起的绝大多数动员行动早已充分表明："一切冒险的结局都是不幸的"，但是，蕴藏在西方思维逻辑背后的行动却揭示出"这是一个不可回避的规律"② 的真命题。

一定意义上，整个殖民统治时期，殖民主义者所施展的一切历史行动，可谓是一部以国家利益而非超越国家利益为重心的"编年史记"。殖民主义者以狂热的激情肆意地追逐着梦想，从而使得西方的工业社会经济得以充实，并因此而巩固和塑造了自身作为政治行动者的身份及角色，成就其所期所愿。与此同时，殖民主义者的狂热行动也使得非洲最终沦为遭受物质掠夺与精神剥蚀而无力表达自我或缺乏自述之韵的主体，沦为资源、资本、话语和权力同时贫瘠的无声客体。

这种背景下，西方所赞赏的科学、理性、民主、文明，不过昭示着一方获得另一方必然失去的非零和博弈而并非双方都能够相得益彰的结局。作为产生于工业经济过程中描述社会变革的词汇，比如，当产生于西方的"文明"或"发展"等概念用来描述其他非西方的时候，其在意义上就与非西方的客观实际产生对立性。客观看来，"文明"或"发

---

① ［法］让－克里斯蒂安·珀蒂菲斯：《十九世纪乌托邦共同体的生活》，梁志斐、周铁山译，世纪出版集团上海人民出版社 2007 年版，前言第 4 页。

② 同上。

展"的优点及便利自不待言，而当将其肆意嫁接到其他主体的身上时所暴露出的弊端及不足难免具有藏头露尾的韵味。尽管如此，西方对人类尊严及人类价值的担忧、对社会公正及机会平等的焦虑似乎并未有些许的减缓。

当西方将这些源于自身本土知识的概念，及由此推导出的逻辑和机制用于非洲身上时，某种程度地确实达到了"可以轻而易举地从已知事物通往未知事物"[①] 的效果，最终从自身的知识和经验中发现或塑造了非洲。西方显然是以自身的知识（社会科学的数据性和实证性）和经验为标杆，从而顺理成章地抑制了非洲"道法自然"的本土知识和当地经验的生长。西方的此番行径及做法，无疑遭受着非洲客观事实的叩问："初步的探讨发现，非洲在遭受殖民统治之前的科学和技术实际上完全足以维持人类的生命，特别是在农业、兽医、医疗以及诸如食品保存、冶炼、发酵和制作染料、肥皂、化妆品及其他洗涤用品等工业加工方面，更具有相当的水平。在殖民时期，这种知识和技术受到蔑视，被认为是不科学的，甚至是迷信。但是这类科学和技术还是在各种情况下通过口头方式在群众中传播"[②] 着。

在整个殖民主义统治时期，不仅大量的非洲人被移送到西方，充当了为西方工业生产赚取经济利润的"机器"链条之角色，失去了作为生命有机体应有的权利，而且非洲固有的文化边界亦由此遭遇着人为政治的冲击而面临着跨越不同政体的身份认同与角色异化的矛盾。可以说，西方给非洲带来的是史无前例的破坏，非洲的文化边界驶离了原生态，基本人性遭遇扭曲，个性发展受到挫败。

与此同时，在非洲与西方相遇的这一进程中，也生长出了一种新的知识体系。借助这一知识体系，不仅能够发现国家或群体组织之间的不对称性交往所造成的不均衡性与不平等性，而且还能够发现非洲人的身份及其社会结构（被殖民主义奴役的非洲人之身份及其社会结构）的塑造和运行导源于西方中心主义决定论与控制论的理论逻辑。

---

① ［瑞士］吉贝尔·李斯特：《发展的迷思——一个西方信仰的历史》，陆象淦译，社会科学文献出版社 2011 年版，第 24 页。

② 葛佶主编：《简明非洲百科全书》，中国社会科学出版社 2000 年版，第 29 页。

可以说，整个 1860—1960 年期间，是西方殖民主义统治在非洲高潮迭起与低谷涌现的交错时期。这个时期的人类学对"异文化研究成果往往很少反映异文化本身的现实情况，更多的是西方本土观念的表达"①。此番情势，俨然促成了西方的非洲人类学研究范式的转型与成型。西方的非洲人类学研究范式的产生和发展与殖民主义统治的兴起和衰落密切关联着。本质地，作为学科的人类学是为了人类知识的探索和研究而产生和发展的，但是，特殊的近现代历史进程并未使人类学偏居一隅而变成一个纯然理性、静态思索的学科。相反，由于与殖民主义统治的遭遇和阔别，人类学及其研究因此呈现出一定的生命力及发展生机。

在 1860 年到 1960 年这长达一百年的漫长岁月里，人类学发生了由维持早期强烈的殖民主义色彩倾向到后来力图摆脱由殖民主义定格的巨大转变。人类学内部明显地挑起了深富戏剧性的知识革命和范式转型，从而经历了从满足殖民需求与检验西方价值观到扬弃、淡化或否定西方中心主义价值观的转变历程，并由此进入到力主将曾被视作"他者"的对象当作价值主体及意义主角的过渡时期。这一时期，人类学既经历了建设性的革命，也奠定了新的研究主导趋势：反思势必当仁不让地成为一种崭新而独到的探索轨迹。

第三节　反思

1960 年后，国际局势发生重大变化，爆发出崭新的重组格局：整个国际政治局势朝着有利于非西方权利诉求及利益维护倾斜。在此期间，非西方既谱写了抗击殖民主义奴役的历史篇章，也发出了声势浩大的复归主体性的强烈呼声。更为重要的是，非西方通过具体行动明证了霸权主义及非正义行动不过是一个寄生性的毒瘤，终将为时代主流价值所唾弃。与此同时，剥夺主权与争取主权的交锋在此期间达到胶着的状态，帝国主义对非西方的主权剥夺与非西方对独立主权的抗争几乎达到

---

① 黄剑波：《文化人类学散论》，民族出版社 2007 年版，第 21 页。

同样的热度。西方与非西方在此同台竞技，竭力助推着各自所追求的理想、愿景及目标的兑现和总成。

随着国际局势呈现出向好的变动趋势，作为在武力征服与文化殖民互为补充中发展起来的人类学开始步入反思，针对之前深受进化论影响的学科范式展开大检讨。人类学在殖民主义时期所创造出的将局部社会现象普遍化的做法，进入到深度的压抑期，开始着手于低调而艰难的转型。人类学家警醒到：某种局部的视角或研究方法并不足以代表普遍或形成普遍化的象征。目睹和经历了殖民主义体系的瓦解，人类学家从中日益洞察到曾被否定的土著民族文化及其社会结构具有的不息生命力和创造力。比如，人类学家通过考察研究发现，"在互相对比时，爱斯基摩人与霍屯督人在文化上要比英国人与法国人竞争时具有远为突出的独创性"①。随着知识机构化（专门化）及知识公共职能化趋势的逐渐增强，人类学家也越来越倾向于从学科本质和人文关怀的角度出发，就其研究如何在新的历史时空中继续朝着科学化与学理性方向迈进做出积极而有益的探索。

人类学家通过一系列的考察研究，发现了非洲各民族、部落多元文化背后饱含的价值逻辑及意义机制，并对此给予公正、客观、理性的审视。通过探索考察，人类学家发现非洲人的价值观、生活世界、生命轨迹同西方人的一样，其正是建立在自身多元文化基础之上的。客观地，非洲文化确实有其属于自身的特定性。比如，"从越鲁巴语这样的声调语言到科萨语这样有倒吸气音的语言，从阿姆哈拉语和阿拉伯语这样的闪米特语到辛德贝莱语和奇切瓦语这样的南班图语"②，就是非洲文化独特性的重要体现之一。当然，这些独特性的语言，不仅使非洲成为"世界上绝无仅有的语言研究实验室"③，而且也是塑造非洲人思维模式不可替代的重要载体，甚至还是破解西方人始终寄希望于将自身文化传播到世界每个角落以拯救"他者"的动机的有力武器。

---

① ［美］克拉克·威斯勒：《人与文化》，钱岗南、傅志强译，商务印书馆2004年版，第5页。

② 葛佶主编：《简明非洲百科全书》，中国社会科学出版社2000年版，第33页。

③ 同上。

随着不断步入理性的学科发展进程中，科学的人类学必将预示着：摒弃白人缔造的研究框架和学科范式，也一定能够找回非洲社会及非洲人所属的真正位置。这一切，毫无疑问地与人类学研究理念的改善及研究策略的优化有着很强的关联性。正如有人指出的那样，殖民主义体系瓦解后，人类学所面临的"是一个破除学术霸权（Academic Hegemony）的时代（Sherry Ortner，1984）。新的理论不断出现，不但在学术圈中排挤功能主义，还对功能主义作为一种历史加以理论上的反思，试图在反思功能主义和引进新概念、新方法的过程中推动人类学的发展"①。与此同时，人类学关注的焦点和核心也呈现出鲜明的阶段性分类特质："60年代的主题是符号、自然、结构；70年代的主题是马克思主义；80年代的主题是实践，即研究人的主动性和社会实践；90年代以来的主题是后现代、世界体系和文化离散"②，等等。

随着非洲不断摆脱殖民主义势力的奴役和控制，国际社会对非洲大陆的关注也呈现出前所未有的高度。

20世纪60年代，殖民主义体系在非洲土崩瓦解，非洲各民族、部落由此摆脱束缚其身的沉重枷锁。尽管殖民主义统治遗留下的阴影未能在短期内挥散殆尽（比如，殖民主义统治时期留下的地理区域划分、社会文化空间割裂、身份认同差异、部落族性定位扭曲等，始终存在于非洲社会之中。即便旧的殖民主义统治体系事到如今业已瓦解，但是，新的势力的涌入，对非洲资源及发展机会的抢占，无不表明新时期的新势力正在参照旧的殖民体系而上演着一出隐形的惊心动魄的无烟火较量），但是，一种由非洲人自觉发出的自主性声音却被广泛传播开来。

特殊的时代条件催生了特定的人类学，特殊的时代条件也因此而改变了一度定型的人类学。随着非洲独立主权的获得，非洲各民族、部落要求成为历史主体、社会主人的呼声变得越发强烈和坚定。西方社会的现代化困境也在极大程度上致使一度以探知"野蛮民族"为业的人类学家开始从"他者"的适存方式中来反思本我社会。通过边缘透视中

---

① 黄建波：《文化人类学散论》，民族出版社2007年版，第29页。

② ［美］罗伯特·C.尤林：《理解文化：从人类学和社会理论视角》，何国强译，北京大学出版社2005年版，译序第11页。

心、通过非主流洞见主流一跃成为后殖民时代人类学的热门议题。人类学经历的整个殖民过程以及人类学的人文初衷由之得到深度的剖析及最为激烈的反思。

于是，反思性的研究观念及行为实践一并催使了新的研究领域和研究范式的诞生。后殖民主义时代，人类学在研究视野和策略上做出的"非殖民化"或"去殖民化"的结构性尝试，极大地构成了对极权主义和霸权主义的挑战，同时使得曾经被压缩成为单调而枯燥的一致性被彻底地释放出来。这样，后殖民时代的人类学就因之而确立起自身的研究本务：所要面对和处理的是如何在真正的人文关怀视野下对地方性知识达到精准完好的呈现及科学理性的解读。

总体上，自殖民主义统治瓦解始，非洲人类学研究便呈现出纷繁迭出的特点。透过这些特点，可认识和了解近现代历史上非洲的一个侧影。这些斑斓驳杂的研究基本出自于英国、法国、美国等多国的人类学家之手。这些出自不同国度的人类学作品在方法论和理论上既各有千秋，又都具有高度的同质性。就此，有人甚至将这些出自西方人类学家之手的作品戏称为"从巴黎拿菜谱，从莫斯科拿调料"的研究总成。但是，当为了成就这些作品而在这些不同的国度发起相应的研究时，除了具有相容性、同构性或被接纳的必然性外，整个研究过程及结果同样难免与这些国家长期积累的记忆、经验，甚至政治运动等存在着冲突或对立的可能及必然。在当前，当细品慢嚼这些人类学作品时，仍能够发现其间蕴藏着的国家主义、民族中心主义、自由主义、个人主义等之间存在着深刻的"党同伐异"。比如，法国对理论和总结的痴迷，英国对常识和经验主义的沉醉，"美国，相对来说就基本上再没有理论著作了。文化的研究者全都忙于搜集美国土著民族即将消失的材料，并且为世界的其他地区树立榜样"①，等等。现实中，尽管对此番饱含较量的差异性难以做到丝毫不顾而完全摒弃，但也可以说，这正是人类学在公众知识创造与应用上体现出的国别化经历及实践。

---

① ［英］拉德克利夫－布朗：《社会人类学方法》，夏建中译，华夏出版社 2002 年版，第 11 页。

第二章

定　位

　　社会化进程中，任何一个主体在彰显自我、进行自我表达的同时，脱离不了被外界给予社会定义而面临着身份意义叠加的现实。以至于这样的主体，最终不过是某种内在的固有机制和外来力量共同作用的产物。作为区域性实体，非洲有着自身内在的、固有的本土性特质，然而，一直以来，作为处于各类交互关系网络之中的社会角色及行为主体，非洲却不可避免地遭遇着外来势力的支配和操纵，以至于最终所展示给外界的非洲无外乎就是一个饱含内生动力与外源力量的综合性构成。于此，对非洲展开探索和研究，俨然就是一个需要同时兼顾非洲自身内部因素与外部势力共同作用的双重过程。

　　非洲"遥远"的地理位置以及古朴的民族文化，致使非洲域外的人们亲临观瞻的念头及行动几乎搁置了。然而，传递非洲信息的各类知识工具，显然为外界提供了一个认识和了解非洲的渠道。这一渠道在展示非洲大陆博大精深社会历史文化内涵的同时，却暴露出了一个颇具深意的探知非洲社会的方法论问题。一个原生的"自述"的非洲社会和一个社会化了的"他述"的非洲社会在共融期间一道抒写出了非洲的处境与形象。

　　事实上，非洲社会既非仅是神话传说、巫术迷信、广袤荒寂的"有产者"，也并非就是知识腐化、经济滞后、科技欠缺、懒散困顿、挨饥受饿的"无产者"。然而，正是由于"有产者"与"无产者"的身份叠加与意义累积，却共同铸就了一个更多地属于想象层面而非真实体现客观实在的非洲。非洲被变味般（或异化般）地传递了出来（就这一点而言，对于当下与非洲有着交往的国际社会来说，诚然亟须重振对非洲的认识，做到客观、真实、全面地认识非洲，并需要进一步使得与非洲的交往行为更具合理性和科学性。当下，与非洲有着交往的各类行为主体已愈来愈意识到对非洲大陆及其社会文化进行重新认识的重大价值及意义。无论是与非洲交往的政治主体或民间团体，还是从事科学研究的研究人员，抑或开展经济活动的商业人士，都需要重新对非洲做出科学、合理、理性的认识。在具体交往环节上，他们既需要具备人文良知，也需要兼顾行为理性，只有这样，方能以最低的交往成本赢取最高的收益及成效）。

第一节 自述

科学的伟大，一再向人们展示着非洲作为人类文明发源地的无可厚非及实至名归。具有物质文化遗产考古和知识逻辑考据性质的人文学科将这一不折不扣的历史机制与客观事实推向历史的巅峰：非洲不再是一座荒芜的"历史孤岛"，或一片毫无价值可言的文化荒原，而是步入人类真理殿堂及探索人类社会发展进步真知的云梯与宝库。一直以来，非洲各民族在朴素、简约的生产和生活实践中，以自我表述的原生手法不断地践履和丰富着祖祖辈辈悠远传诵着的知识、智慧和行为。各种各样的谚语、神话、仪式，以及蕴藏在农牧、农业生产中的丰富情节和多元内容，一并将非洲的原生性特质与自主性诉求刻画得入木三分。非洲各民族、部落，在亲自蹚过的历史长河中一步步地夯实着坚固的精神家园。

一 谚语中的生命规程

谚语是人们在生产、生活、生计中凝练出来的，并得到了实践的检验，是正确的认识或反映。其也是人们对自然和社会的朴素认知及适应的结果，它反过来又指导着人们的社会活动及生产实践，人们在社会活动及生产实践中遵循着它，其在本质上是一套潜意识的行为逻辑和生命规程。非洲人在自身的地域空间和文化圈子中凝练出了属于自我的生命机理及生活机制。众多的谚语以质朴的表达方式将非洲人的心境与周围的环境紧密地联系在一起。

比如西非加纳有句谚语叫作"穷人口中的谚语传不远"。从中可了解到，加纳人已经较早地感受到并凝练出了无论是文化上的贫瘠，抑或是经济上的贫困都将阻滞"地方性知识"向外发展的认识。这无疑在加纳人的日常生活、社会过程，甚至国家建设进程中预设了一个认清自我、改善自我以优化发展现实的真理。尼日利亚有句谚语叫作"不懂得谚语的人，就不懂得祖先"。在此，谚语既是祖先在经历各种纷繁事务之后的经验或教训提炼，也是祖先良行美德发挥感染作用或降低交际成本的知识依据。尼日利亚人对谚语的追逐由之成为对"根""魂"文化的梳理，对谚语的心领神会及践行也就因此成为代际相续的一种法宝，能够对本土文化达到维护的效果。"不睡觉，没有梦"，同样深层地映射出实践理性在非洲人生活世界中的价值分量。理想源于现实需求，理想需要凭借真实行动才能得以充分兑现。

对于那些不利于理想实现的条件或情况，非洲人自然会做出务实的战略性抉择，"如果那是一只下蛋的鸡，它的主人还会卖它吗"。非洲人还以倾听的姿态来判别自身所处的环境。故此，确凿可信的是："耳朵可以穿透黑暗，而不是眼睛。"倾听来自世界每个旮旯角落的"声音"便成为非洲人知己知彼的重大关节。非洲人甚至认识到：贫穷忘本、荒疏蒙昧将上升为对整个民族遭遇破败境地的无尽堪忧。朴素的谚语一再传递出非洲人对平凡人生及不凡社会历史进程的无限思索。正如"雨和谁都不是朋友，谁在外面淋谁"的写实。借此，非洲人显然并未回避每段人生及每个社会会面临的普遍性客观现实及发展趋势。多变的社会现实，让非洲人从浅显的历史体验中洞悟到"别跟疯子吵架，否则旁人会把你看成是疯子"的朴素道理。这就注定了非洲人不会在冥冥之中长出侵略的触角，更不会将自身的势力伸及其他国度以获取一己之利或中饱私囊而牺牲他者利益。非洲人始终在异彩纷呈的朴素生命规程——谚语中，践履着自身的认知和逻辑。

二 神话中的"非洲梦"

神话是人们对社会生活及生产实践的隐喻性表达，是人们试图促使理想与现实并接的一种潜在渠道。神话，固然带有想象性的色彩，但此种色彩却暗含着一种源于现实并力图挣脱现实的发展诉求。千百年来，非洲大陆流传着数不胜数的神话故事，其一方面从结构性的层面折射出了非洲人的生活及生产愿望，另一方面也展示出了一种企足而待、超越现实的朴素抗争。

生活在撒哈拉沙漠以南非洲大陆（俗称黑非洲）的各族人民在长期的生产及生活实践中创造出了丰富多彩的神话故事。众多的神话故事成为凝聚各族黑非洲人的精神力量，其在类型上大致可浓缩为以下几项内容：（1）创造世界和人类起源的神话；（2）自然神话；（3）民族起源神话；（4）英雄神话。

在创造世界或人类起源的神话中，非洲各族人民将这一壮举赋予了无生无死、无所不在、无所不知的最高神，是他而不是别的其他什么创造了整个世界及人类。尽管各族人民对最高神的称谓迥异有别，但其间却展露出了非洲各族内部对统一力量和最高权威的原始性景仰和凭依，同时也彰显出了一种原生性整合特质的统一亮相和集体狂欢。

在各类自然神话中，非洲人以"天人合一"的实践理性同万物及各类生灵达到了相依相随、共生共荣，最终获得了充饥填腹的粮食、果子及物品。当过去没有的疾病、灾难、祸祟等降临时，非洲人便不得不求助于天神。在天神与大自然的交融及并构之中，非洲大陆各族得以可持续地推进和延展。

而民族英雄的问世，则足以为非洲各民族的生活世界及生命轨迹的塑造发挥着至关重要的导引性价值。在民族英雄精心的引领下，非洲各族人民学会了建造房屋、烤制食物、缝制衣物、炼制农具等，以至于其生活、生产所赖的客观条件得到巨大的优化和改善。妇孺皆知的神话故事在千年的历史进程中一再加固着非洲大陆各族扛住现实的臂膀，同时兑现并延伸了非洲大陆各族超越现实的发展梦想。各种神话强烈而精细地表征着非洲大陆各族人民的内心世界与外部社会。各种神话也体现出了非洲大陆各族人民一直以来对自然演化和社会发展持有的朴素关怀。在此种朴素关怀的背后，诚然饱含着非洲走向发展及步入新生的无尽期待和无限愿景。

三　仪式中的价值取向

仪式产生于人们的生产、生活、生计过程，是一种体现一定价值意义的符号，也是一种体现象征性含义的表达，其在人们从摇篮到坟墓的生命轨迹中发挥着至关重要的作用。凭借仪式，人们可以实现身份确立，既达到了自我认同，同时也收获了由外界赋予的社会定义。生活在非洲大陆的各族及各部落，它们以宗教信仰及生命礼节等仪式性活动表达自我及获得社会定义。自远古时代至当下，由于宗教与社会生活的历时性交融，致使宗教仪式和生命仪式往往呈现出重叠交叉的情势及发展走向。

在非洲人的仪式生活中，能够扮演重要角色地位的仪式活动首先要算割礼了。在非洲大陆，几乎每个民族或部落都有着层见叠出的割礼习俗。割礼是一个兼具宗教性，同时也饱含着社会性特质的生命仪式。女孩在特定的年龄阶段要接受切割掉阴蒂、大小阴唇以及缝闭阴道的仪式，然后只有在婚后才可解除对阴道的封锁，获得性生活。这样的仪式，在没有割礼习俗的外人看来是残忍不堪的，甚至不文明的举动。但是，其之所以发生在非洲本土，是有着一定合理性及特定性价值的。在非洲，割礼仪式能够强烈地折射出非洲人对生命意义的别样理解，以及对社会生活秉持的特定规约。

在对女孩做割礼的同时，同样对男孩做相应的"成年礼"仪式。当然，任何一个应当和需要接受这一仪式赋予价值和意义的男孩或女孩，设若拒绝或违背了传统习俗流传下来的重大仪式环节，将丧失荣誉、尊严、名分、身份、地位等，甚至在长大以后也将会因此而丧失基本的性吸引力，沦落为边缘的非主流角色。因而，一个在外行看来似乎恶俗而残暴的割礼或"成年礼"仪式，却饱含和折射出非洲社会中人们的生活世界得以互构互建的应然理路及内生机制。

通过"仪式"，人们之间的交际互动关系得以确立和巩固。而此番关系的确立和巩固却是建立在彼此都对自身身体构成要素做出承诺的基础上。人们之间需要交往，也不可避免地产生着交往；人们之间需要互信，也不可避免地产生着互信，但是，人们之间更需要相互之间共同的给予与付出。设若只有一方做出给予与付出，另一方面则处于不作为的状态，显然是不利于双方关系的建构及维护的。非洲人以各自身体构成要素都做出给予与付出的承诺和行动，最终缔造出了社会生活交际圈子得以确立和运转的逻辑及机制。

通过对非洲谚语、神话及仪式展开探索，无疑能够从一定侧面展示出一套属于非洲社会的生活、生存及生命机制。在一系列的谚语、神话、仪式等背后，俨然蕴藏着一套维系着非洲社会运转的内生动力及天然机制。正是这一套历经千年的朴素动力和机制，名副其实地成为了非洲自我表述的有力符号，并客观而严实地将非洲大陆熔铸成为一个统一的人类共同体。

第二节 他述

固然，非洲确实有着一套体现自身价值及意义的原生表述体系。然而，在近现代历史发展进程中，纷至沓来的猎奇探险者、西方殖民主义者，以及现代化元素的扎堆涌入，一并致使非洲大陆陷入到由这些外来势力表述的境遇之中。这一由外来势力做出表述的境遇，并未因为时代的推进而有所缓和，相反，却正在历经着从历史到当下、从传统到现代的延伸和跨越。非洲被别人已经、正在或继续表述着，呈现出由"他述"决定存在模式的节律。并且，更为焦灼的是，由"他述"主导的局面甚至一度强制地覆盖了原生的"自述"情境，以至于非洲的真实声音被严密遮蔽了。非洲大陆的社会化进程因此而呈现出另外一种面相。

一 "他述"的传统非洲

由于地理考察、航海发展、商旅探索、宗教传播等的贡献，非洲开始为世界更多地认识和了解。其间，欧洲人的到来，却开启了一段不同寻常的认识和了解非洲之旅。首先，"欧洲人对非洲大陆沿海地区的了解是从葡萄牙人开始的，他们当时的主要目的是想绕过非洲大陆寻找去印度的航道。在整个十五世纪中，葡萄牙人经常派船队南下，1441 年，H. 特利什坦发现了康 - 布朗角，1443—1444 年，发现了毛里塔尼亚沿海一带，并从此处向外输送奴隶"①。

随着葡萄牙不断深入非洲境内，英法、荷兰等国也相继来到非洲。这一时期，无论是葡萄牙，还是英法和荷兰，它们都对非洲自然资源的掠夺满怀兴趣，憧憬着最终能够真正地占有资源以满足扩张性诉求。为进一步满足扩张性诉求，英法等国还对非洲展开相应的考察和研究。此番考察和研究无疑饱含着强烈的政治经济宏愿和战略性目的。很明显的是，这一时期，"对非洲的研究，基本上由殖民主义各强国垄断。先在欧洲的德国，英国、法国和其它一些国家，后在美国建立了专门的科研机构，研究非洲的历史、民族学和语言"②。

殖民主义各国对非洲的垄断性研究，使得外界所聆听到的非洲声音以及所获得的非洲信息，渗透着这些国家的认识、理念、价值观甚至意识形态。非洲的客观情况遭到一定程度的异化，变得似是而非。外界所获得的非洲形象，很难说就是真实的非洲。外界所聆听到的非洲声音，也并非就是非洲真实的声音。总体上，整个非洲从内部到外在散发出强烈的西方中心主义或西方民族主义或西方国家主义的气息。

由于西方强制力的支配性塑造，非洲被西方反映和刻画了。非洲人亦渐行渐远地难以达到对自身历史做到真正的表述，以至于最终导致"忘却"甚至"失忆"的可能或必然。对于殖民主义者而言，却能够因此兑现相应的殖民初衷及统治愿景。总之，基于此番背景或情形，殖民主义者垄断和主导了非洲的表述体系，目的在于促使非洲人忘却自己的过去、现在甚至将来，而殖民主义者自己却因此掌控了替非洲人撰写历史文化知识以及塑造民族记忆的权力。

二　"他述"的现代非洲

在现代化进程中，西方以自身政治经济文化确实取得突破的发展现实作为参考框架或考察坐标，理所当然地认为非洲能够拥有的不过是愚昧、落后、荒芜、贫瘠、疾病等，除此之外，再无其他。

---

① 葛公尚、曹枫编译：《非洲民族概况》，中国社会科学院民族研究所世界民族室亚非组，1980 年 11 月，第 2—3 页。

② 同上书，第 9 页。

而非洲要摆脱所面临的这一系列困境，学习和借鉴西方经验似乎显得弥足珍贵。在西方看来，非洲无论是在经济、科技，还是在文化、政治上，都需要以西方的经验来拟定和规制发展路径。代表西方文明的意识形态、发展理性、数字真理及价值取向等都是能够改变非洲现实困局的"图腾"符号（在客观现实中，西方确实动用了一切可能的办法，试图以强大的意识流击垮非洲，并试图按西方自己的愿望改造非洲）。

的确，非洲在步入现代化过程中爆发出的难以适存性，或出现与时代存在距离的发展落差在所难免。在取得独立主权后，非洲依然存在着一些发展障碍和问题，但是，这并不足为奇。经济、科技、民生等滞后，疾病、天灾、内乱、冲突等频仍，确实严重影响了非洲国家建设及社会发展的进程。与西方高度发展的社会生产力相较而言，非洲大陆的现实情况显得凌乱不堪、满目疮痍。鉴于此，西方便妄下结论，甚至为非洲摆脱现实困境开具"良方"：在西方看来，非洲只要在政治上达到民主、在治理上推进理性，就能够走出发展低谷和落后深渊而最终立于世界民族之林。西方始终深信：非洲的最终发展是一个需要引入政治民主及实践理性的换血过程。民主、理性随之被当作良方和善治，而被西方按部就班、源源不断地植入到非洲社会内部。

为了更好地配合新时代的发展步伐，西方对非洲展开了一系列的经贸活动、科技援助、教育医疗卫生支持等。在这一系列新的行为实践背后，不可避免地藏匿着西方对非洲具有的新一轮动机和目的。在某种意义上，抛开西方的这些动机和目的不论，通过西方的这一系列行为实践能够向外界传递出非洲是一个似乎确实需待西方缔造及倡导的价值逻辑来矫正的对象。于是，非洲的问题就似乎能够归结为是由于民主与理性缺失所致的问题。而要解决非洲所有问题的关键，毫无疑问就在于实行并推广民主及理性。只要非洲像西方一样践行民主、理性，无疑就能找到发展出路，摆脱困境和解决问题。

显然，西方已取得的政治、经济、文化等方面的成就，俨然成为非洲改善处境及优化现实的样板。加之，全球化浪潮的汹涌袭来，更强化了非洲摆脱发展困境需要以外界，尤其是西方的发展模式为参照的认识和实践。似乎，当代非洲的发展，早已刻不容缓地注定需要以超内源性的、基于别人的经验来获得。其实，殊不知，这样的情形，却遮蔽了非洲社会发展真正需要的本质的、固有的内生动力及机制发挥作用的事实。

客观地，现代意义下的非洲发展，尽管政治、经济、科技、医疗、卫生等方面的拓展和进步确实是重中之重，但是，要促使这一切都达到理想状态，却不完全就是一个依靠推广和践行民主、理性就能一劳永逸地达到的事件。非洲的发展，作为一个综合性的过程，它在现代化背景下，确实被一种偏袒的政治经济发展逻辑强制地肢解了。当前，尽管国际社会的各股势力都在努力促使各自在非洲所倡导的发展理念与行动健全和完善起来，但是，由此而滋生出的负面性却随着时代的推进以及受实践的检验而越发显得欲盖弥彰。非洲明显地陷入到被强制表述的困境之中。

第三节　出路

通过之上内容，可得知非洲存在着属于自身的独具特色的历史文化、意义符号及表述路径。然而，在人类行为实践社会化或国际化进程中，非洲的另一个面孔却被抒写了：外界获得的非洲形象是一个超非洲原生性本质的样态。在这种情况下，作为整体的非洲形象，便是一个包括了传统（原生态）与现代（超原生态）特质结合的综合体。通过关注非洲作为一个整体的形象是以怎样的方式得以显示出来，既可发现传统文化机制具有的生命力，也可反思各种权力机构、各类知识团体（尤其是西方的各类权力机构、知识团体）的行动所具有的塑造力。鉴于此，对于当下非洲的发展问题，既要注重内生动力的作用，也需兼顾嵌入因素的影响。只有这样，方可促使非洲社会源自本土但又超越本土的发展逻辑机制能够得以充分彰显其作用力，并最终确保非洲社会维持着一种可持续性的发展状态。基于此，与非洲打交道的团体、组织、国家、民族或人员等，还可借此恰当处理同非洲社会互动的方法论问题。

一 聆听非洲本土声音

聆听非洲本土的声音，这是非洲自主性、主体性得到尊重的体现。而学术界，则是最需要来承担这一使命的关键角色。学术，作为一种能够较好地集结和挖掘人类共享知识的中立活动，有着一定的专业性属性及特质。但是，由于特定的历史环境及社会氛围使然，学术本身及其研究被烙下了深刻的国家或民族印迹。毕竟，学术本身及其研究在发展进程中对政党、政体、国家、社会或组织等都不可避免地存在着一定的依附性。也正是因为这样的依附性，却一定意义地促成了学术生命力不衰的迹象。学术由之产生双关意义：一方面拓展了人类知识的范畴和空间，另一方面也限制了这一范畴和空间，其在将某类知识打上民族或国家烙印的同时，也使得知识本身丧失了民族性、本土性的禀赋性特质；在将针对一定研究对象的分析方法定型化及固化的同时，也排斥了关于其他研究方法的合法性及价值性。

殖民主义时期，西方学界对非洲社会的探究可谓将这一研究逻辑或研究惯性推到了历史的巅峰。结局是毫无悬念地左右了外界对非洲的认识，甚至使得非洲内部拥有的一套可行机制及价值逻辑被覆盖和取代了。

鉴于此，在新的时空条件下，对非洲社会展开学术探索无须再重蹈殖民主义时期的覆辙。研究非洲需要尊重非洲的客观现实条件，并以非洲的本土性内生机制为切入点及着力点。无论社会科学，抑或自然科学在探索和研究非洲社会时，无疑都需要以非洲的客观现实作为开展研究的第一步，倾听非洲本土的声音是相关学科研究获得生命力及突破性的关键所在。

同时，以本土知识为重的探索研究才是真正有利于非洲社会发展进步的重要软实力，才是非洲社会生产力与生产关系和谐相依的重要理论基石。作为一门具有特定边界的学科，新时期的人类学正在以铿锵之势开展着朴素抗争，发出聆听非洲本土声音的热烈呼唤，采取挖掘非洲本土文化知识的强力策略。总而言之，受新时期人类学研究视域变化及转型带来的激励和推动，非洲的本土知识和地域文化正在成为引发人类学打开新的研究空间、创新研究范式及提升研究内涵的一个关键性突破口。

二　尊重非洲传统政治过程

作为一个有机体，传统非洲是由多个部落或氏族构成的联盟社会。作为一个内生性特质突出的社会，传统非洲是在很少有外部势力干扰或强制力量主导的情况下自发且自觉组织起来的生活及命运共同体。殖民主义时期，英国人类学家埃文斯·普理查德就通过对苏丹努尔人展开实地考察，一针见血地指出了无政府状态下的社会是如何实现有序整合的。努尔人没有任何形式的政府，也没有现代意义上的法律，却能够在一种无政府状态下实现了有序的良性运转。显然，埃文斯·普理查德是出于殖民主义动机及治理需求而探讨和研究非洲的，他试图从非洲部落社会中寻找到不同于西方的内容，也就是，从中发现与西方有政府状态相区别的却同样能够起到维系社会有序性的条件及因素。埃文斯·普理查德的调查研究由此表明，在无政府状态下同样能够达到有政府状态下的有序性发展和和谐生存。这由此潜含着一层意思，即，在没有西方价值观及行为机制主导的情况下，非洲依然能够根据自身固有的内在机制实现有序的良性运转。

确实，传统的非洲是一个没有国家、政府的人类共同体。然而，西方殖民主义者的到来，致使非洲各地较少地保留了属于自己的独立空间，各种殖民力量对非洲各民族及部落进行切劈打散，将被肢解的民族、部落揽入其圈画的势力范围内。于是，传统意义上有序运转的非洲社会被纳入到各自殖民势力的"有政府"辖区（其主要动机是源自于西方殖民者试图凭一己之利或实力强弱将非洲切割成不同的政治版图）。而"有政府"状态下的由西方殖民主义者实施的"治理"却引起非洲各民族或部落爆发出规模不等的抗议（直观层面上，这些抗议在强大殖民主义势力易如反掌的镇压下显得微不足道，但却些许地暴露出了非洲人捍卫自身命运的一种坚定态度）。

殖民主义统治体系崩溃后，非洲进入到主权建构及政权巩固的时期。然而，由于西方在非洲主权建构与政权巩固上的先入为主性，致使非洲在由自身开展主权建构与政权巩固时难免存在着模仿殖民主义者做法的可能。由于是模仿，再加上各种因素盘根错节地交织，非洲在殖民主义体系瓦解后的国家建设或社会发展无疑陷入到紊乱与动荡之中。即使西方言之凿凿地为非洲提供西方眼中优良且普适性的民主、理性之道，但是，民主、理性并非就像西方认为的那样是非洲摆脱现实困境的唯一良方。

鉴于此，进入新的时期，对于各国家行为体、各政界首脑以及社会各团体等，设若期待为非洲的发展寻找到根本性的突破口，就需要顾及传统非洲无政府状态下的有序因素，需要尊重非洲的历史逻辑，需要借鉴非洲传统历史以重塑非洲的政治、经济、文化发展的环境和事实。而这一切，皆建立在尊重非洲传统政治过程的基础上。

三 提振非洲价值

国家之间依赖性发展的日益增强，决定了当今国际舞台上任何一个国家在全球化进程中都不可能再自行其是地"单打独斗"，而是需要将对方国家的资源、条件、环境等纳入到考虑的范畴之中。对方的资源、资金、技术、劳动力等，设若能够与本国的建设和发展产生对接，那么，其所产生的价值和意义将具有不可低估性。当然，当今的国家，要取得突破性发展，除需要内生动力发挥作用外，还需要借助于其他国家的外源性要素的作用，更需要国家将自身的生存策略转换成为国家间互惠性发展的共享模式（当前，国家对共享经济或共享发展的倡导和推行就较为典型）。

为更好地推进国家间的相互依赖性走向发展，对于世界上的每个国家而言，将目光转向其他国家，无疑具有很强的现实性价值及理论性意义。

非洲具有丰富多彩的物产资源，以及可资挖掘的无限发展潜力。随着国家间相互依赖性的逐渐增强，非洲拥有的这一切便成为非洲吸引外界的重要因素，也成为非洲突破传统发展的重要源泉，同样还成为外界介入非洲的基础性条件及依据。世界其他国家的介入，对非洲自身而言，无疑使其发展增加了外源性因素作用的成分。而这些外源性因素之所以能够在非洲大陆扎根和推进，却是基于非洲丰盛的内源性资源及潜力。

鉴于此，对于与非洲有着交互往来的国家来说，需要对非洲具有的内源性因素及潜力给予尊重，并对其具有的价值和意义给予充分肯定。

更为重要的是，在对非洲的市场进行开拓时，同样需要对非洲的传统社会结构、内在机制及行为逻辑等给予肯定和认可。当今各国的技术理性、经济动机、发展理念等之所以能够在非洲得以亮相与践行，很大程度上是非洲本土因素和内生潜力配合及支持的结果的体现。

借此，在全球化进程中，对于非洲是处于缺场还是参与，发展对非洲来说是机遇还是挑战，非洲该奋起直追还是坐卧待毙，等等，对这些二元性对立的结构性问题要做出理性的选择也就不再困难。在当前的国际环境中，只有对非洲社会内源性的因素及潜力给予根本性的尊重和真正的认可，才能使得非洲与其他国家在确保各自利益获得的同时，更好地促进双方国家及社会多面向的整体发展迈入实质性阶段。

总体上，对于非洲的发展，既需要认清其内部的具体情况（包括历史、资源、权利、诉求、认同等），同时也需要对外界输入的各种元素做出科学的认知和理性的判断，而并非是不顾及非洲的感受和反应、自顾自地开展一切行动。客观地，对于非洲社会整体形象的把握和理解，既是一个兼顾非洲大陆如何呈现自我（独特的历史文化及本土知识是非洲区别于外界的象征性符号），又是外界（或域外非洲，甚至可以说就是西方社会）怎样及如何定义非洲的一个双重过程。目前，各类团体、国家或民族在与非洲开展交往的过程中所亟待解决的是：尊重非洲的原生机制、重申非洲传统文化的价值、发掘非洲地方性和本土性知识具有的符号意义性和经济生产性，才能有效地推进互惠性国际机制的创建和优化提升，并最终兑现非洲真切发展的现实景观。

第三章

发　　现

在社会科学/人文科学学科史上，很少有一门学科像人类学那样与一个地区有着如此紧密的关联性。借助人类学，非洲被发现，被以"科学"的抒写方式呈现了出来。立足于非洲，人类学学科得到发展，塑造出了一定的方法论及研究范式。

作为科学的学科，人类学在本质上是要对人类共享知识达到客观而中立的呈现。在以非洲作为探究对象的过程中，人类学超越了西方渊源性而在异域检验了理念认识以及理论概念，并创新了研究方法和范式。人类学以"发现"之态势，在将非洲当作人类历史上崭新的一页翻开的同时，也使得非洲大陆进入到由西方的知识领域与权力场域操控的境地，更为重要的是，人类学在特定的历史阶段以其特定的方法论对非洲的形象塑造发挥了牵引性的支配效用。外界通过人类学笔下书写出的非洲而认识了非洲。

第一节　知识

人类学是一门起源于西方的学科，却在异域的"他者"社会中得到充实和提升。人类学的研究重点随着时代的变迁而不断发展变化。早期的人类学是对人类的生物属性进行研究的学科，是关于人类生物性知识的学问。而在之后的时间里，人类学主要侧重于针对原始民族的生产、生活等展开研究，是关于原始民族及其文化知识方面的学问。

19 世纪以前，人类学这个词在指代意义上相当于体质人类学，即指对人体解剖学和生理学的研究。19世纪以后，考古成果中包含了大量人工制品的出土。大量出土的人工制品，在时间上应属于较早时期的器物性产品，但人们发现这些产品在当时的原始民族中依然在使用。于是，人类学便针对原始民族及其所使用的器物性产品展开探索研究。

当下所谈及的人类学研究，基本指的就是19世纪形成的这一研究格局。通过对原始民族及其器物文化展开探索研究，人类学试图由此发现人类历史的早期情况。人类学所做出的向原始民族及其器物文化转向的探索研究趋势，同时使得西方将研究方向及探索视野转向了非西方社会。因为非西方社会留存着大量的原始信息及传统元素。例如，非洲作为保留了大量原始民族及文化的区域，便顺理成章地成为了西方首选的对象和目标。

当西方将目光转向非洲时，西方满怀的是无限的好奇心和兴趣感。对于已处于现代化发展阶段的西方来说，要在自身的社会中寻找到原始的文化痕迹来满足求知欲或好奇心几乎是不可能的事情。而通过对非洲的原始民族及其文化展开考察探索，就能够一定意义地满足西方的求知欲或好奇心。西方的这一转向，在达到满足自我心愿的同时，也为人类学的后续发展开辟出了一定的发展空间，同时，还为西方的政治动机及政治意图在之后能够肆意推行埋下了重要的伏笔。

非洲独特的地貌地势、古朴的风土人情以及丰富的物产资源，无疑为西方寻找原始痕迹和满足发展欲望创造了条件和可能。在此，非洲的禀赋性特质显然迎合了西方极大的精神诉求与物质欲望。

西方所介入的非洲，由此呈现出一定的阶段性特质。奴隶贸易时期，世界通过奴隶贸易的影响来认识非洲。非洲由此留给人们的印象是一个盛产黑奴的地方。殖民主义统治时期，殖民主义统治者对非洲书写的控制，从而塑造了世界对非洲的认识和印象。于是，非洲便顺利地成为集贫穷、愚昧、懒散、落后、疾病于一身的典型。

对于殖民主义统治势力来说，为更好地对非洲实现统治，对非洲民族、部落的生活、政治文化和心理动机等做出探索显得尤为必要。由于殖民主义统治在本质上是要实现"对一个区域及其人民在政治、社会、经济和文化上的长时段统治"①，因此，对非洲各族及部落社会结构进行深入探索，显得就是重中之重。这样做，才能取得应有的治理效果，才能以西方的理念和认识更好地覆盖掉土著社会秉持的理念和认识，甚至所遵循的逻辑及机制。毕竟，"欧洲人如果了解被他们统治的人过去的一些情况，他们就可以更好地进行管理"②。对此，针对非洲各族及部落做出认识和了解显然成为殖民主义统治的迫切需求。人类学特殊的研究关怀旨趣，恰好迎合了殖民主义统治的这一需求。

准确地说，早期的人类学家并没有真正地深入非洲实地，他们对非洲的认识和了解主要靠传教士、探险家、地理学家、海员等写就的日志或游记。随着西方列强势力在非洲扩张范围和力度的逐步加大，人类学与非洲大陆的直接遭遇便成为可能。由于殖民主义势力的推动，人类学获得了发展机会。人类学家深入非洲实地开展考察和调研，获取学科建设的养料，发展了人类学理论与方法。借助人类学，殖民列强满足了在非洲进行殖民奴役的愿望，兑现了殖民统治初衷和诉求。在此，人类学与殖民主义可谓是在"共谋互推"中彼此促进而相辅相成的。

第二节　殖民

人类学是一门形成于 19 世纪中叶的学科，受到了西方殖民主义统治者的高度重视。在与非洲的遭遇过程中，人类学对非洲展开考察和研究，呈现出了人类学视野下的非洲形象，并将这一形象传达给了外界。外界因之而一定程度地认识了非洲。与此相随的是，人类学也因此而转换成为殖民主义统治者手中的工具。从人类学身上，殖民主义管理者业已觉察到："人类学确有应用价值，并可以在管理中得到应用。"③ 于

---

① Conrad Phillip Kottak, Anthropology the Explotantion of Human Diversity, Tenth Edition, New York, The McGraw-Hill Companies, 2003, p. 669.

② ［上沃尔特］J. 基 - 泽博主编:《非洲通史》第 1 卷，中国对外翻译出版公司 1984 年版，第 29 页。

③ 凯蒂·加德纳、大卫·刘易斯:《人类学、发展与后现代挑战》，张有春译，中国人民大学出版社 2008 年版，第 28 页。

是，充分调动人类学的作用显然势在必行。借此，殖民主义统治者维护了殖民统治，达到了殖民治理，取得了殖民效果。在殖民主义管理者对人类学的价值取用的同时，人类学在研究内容与学科范式上也因此得以充实和提升。

众多的考古成果与文本资料一再证实，在殖民主义势力抵达非洲之前，非洲就已与世界各国建立了密切的关系。这由此能够反映出，历史上的非洲并非是一个荒芜的"孤岛"。非洲影响着世界，世界相应地留下了同非洲交往的历史痕迹。各国与非洲交往的历史，极好地见证了非洲拥有富庶的古老文明和丰厚的文化底蕴。世界上的一些国家，比如汉朝以来的中国，就留下了一系列关于非洲风土人情的文字记录或文本材料。这些弥足珍贵的文字记录或文本材料对人类学研究确实大有助益，成为了人类学研究不可多得的资料。于此，可以认为："人类学作为一门历史学科的时间要长于作为一门田野科学的时间。"① 也就是说，针对非洲风土、民俗、文化、制度等客观存在现象展开抒写及记录的人类学资料早已存在，而强调人类学以"田野"规范及科学研究范式深入实地获取客观资料则是较为晚近的事项。

西方发动的奴隶贸易，以黑暗、非人性的手段和方式消解了非洲大陆的本来面目。以至于在奴隶贸易时期，甚至奴隶贸易之后的很长时间里，人们对非洲的认识不过停留在奴隶贸易给定的空间及范围内："长期以来，一代一代的人们通过奴隶贸易的影响来认识非洲的。"② 奴隶贸易给世界留下的印象是：非洲不是其他什么，而就是一个盛产奴隶的地方。在西方人眼里，非洲不过生活着一群无知、贪婪、愚昧的人群，非洲是一个只配生产奴隶的地方，"非洲人之所以成为奴隶，不是因为被劫掠和被卖为奴隶，而是因为他们只配当奴隶"③。西方人甚至坚持认为"只有白人的长枪在非洲黑人群众中清出一条干净的路。……非洲

---

① ［美］古塔、弗格森编著：《人类学定位：田野科学的界限与基础》，骆建建等译，华夏出版社 2005 年版，第 66 页。

② 转引自宁骚主编《非洲黑人文化》，浙江人民出版社 1993 年版，前言第 3 页。

③ 同上书，前言第 2 页。

实在是无可救药的野蛮地域；所以把这些黑色居民移走，实在无损于他们的命运"①，而是在拯救他们的灵魂。这样的认识及理念造成的结局却是：在奴隶贸易强大势力的支配下，非洲其他可资利用的文化资源和价值都被忽视或贬损了，非洲的历史、文化、社会、人民等也完全被扭曲了。非洲不能让外界听到自己的真实声音，也无法让自己的声音顺畅地传递出去，非洲的主体性身份遭遇严重压抑及挫败。

传教士、探险家、地理学家、海员等出于不同动机和目的，也留下关于非洲社会、部落、文化等方面的大量日志或游记。为使得传教工作得以顺利开展，传教士需要对非洲做出认识和了解，并以文字形式将所获得的认识和了解记录或书写下来。同时，探险家、地理学家、海员等，尽管是出于好奇心或专业要求而深入非洲实地，但也同样采取以文字的形式记录或书写非洲的做法，留下了关于传统非洲不可多得的信息及材料。

传教士、探险家、地理学家、海员等准人类学家的此番贡献，无疑为人类学在占有资料上创造了极大的便利。如果没有这一系列诸多的文字资料，后起之秀的人类学将难以克服学术研究上的瓶颈。但是，这些出于准人类学家之手的文字材料在经人类学家取用后就变成了二手性质的内容，其对人类学研究方法的科学性以及研究结论的合理性无疑存在着一定的消极影响。这也会由此造成人类学家远离"田野"，与"田野"产生隔阂的后果，从而致使人类学家招致被指责为摇椅上大师的尴尬。对于实证主义滥觞的 19 世纪来说，局限于对二手材料的取用或占有，俨然会使得人类学面临着与时代主流脱节的发展危机。对此，人类学研究需要超越非人类学家或准人类学家的知识图囿或有限材料，才可在实证主义大潮中获得一席之地。深入非洲实地获取一手资料，诚然成为这一时期人类学学科发展的应有之义。

人类学在不同历史阶段产生了不同的问题意识。这些不同的历史阶段成为了重大问题集中爆发的关键阶段。比如，"大部分涉及面最广的

---

① ［英］维克托·基尔南：《人类的主人：欧洲帝国时期对其他文化的态度》，陈正国译，商务印书馆 2006 年版，第 212 页。

问题……在十九世纪六十年代提出……，有的则是在七十年代"① 提出。进入 19 世纪，对于此时的人类学各派别而言，他们不可避免地就所感兴趣的争论问题做出真假证伪或名实区分。他们纷纷选择原始民族及部落社会为"田野"考察对象，以期佐证各自秉持的价值判断和思想理论。这一时期，诚如维多利亚时代社会理论史学家伯勒说的那样，"对原始民族……的风尚、习俗、制度和信仰感兴趣，而不再只限于旅行家、古董收藏家和幽默讽刺家了，而且，认真对待这些事物的研究也不再是对奇特事物的检验"②，而最为根本的是牵涉到"自成体系、记载详实的比较社会人类学"③ 建构这样的客观性事实。

比如，如何具体建立比较社会人类学，当然首先需要具有关于非洲与西方、感性与理性、野蛮与文明、贫穷与先进等二元维度的知识鉴别及价值判断。而西方殖民主义者的到来，却营造出了一种有利于"比较"的氛围，提供了一种优越的"比较"条件。最终得出的比较结果在西方看来就是"非洲代表了原始的他者"④。在这样的情形下，由于西方殖民主义势力的助推，人类学由此"异化"了知识理念和研究本质。（"由于种族划分跟关于本国人和外地人、侵略者和被征服者、自由人和奴隶等政治问题都有关系"⑤，而人类学在研究过程中对于这些说辞和划分的接受或采用，不是使其研究得以升华，而是恰恰诋毁和冲击了人类学的核心价值所在，为某种歪曲或错误的理念和做法延长了存在时间。这一境况直至殖民统治终结，甚至在后来相当长的时间里或直至人类学开始深入反思得到强化之后方才有所了断。）

---

① ［美］埃尔曼·R. 瑟维斯：《人类学百年争论：1860—1960》，贺志雄等译，云南大学出版社 1997 年版，第 3 页。

② 同上书，序言第 3 页。

③ 同上。

④ ［美］古塔、弗格森编著：《人类学定位：田野科学的界限与基础》，骆建建等译，华夏出版社 2005 年版，第 106 页。

⑤ ［英］爱德华·泰勒：《人类学：人及其文化研究》，连树声译，广西师范大学出版社 2004 年版，第 2—3 页。

可以认为，人类学在非洲的出现以及所获得的发展，一方面，与西方实证主义科学的崛起有着密切的关联性。实证主义导致现实主义民族志的产生，其要义是以描述的客观性来支持方法的科学性。另一方面，同殖民主义侵略的加深也不无关联性。对殖民主义统治来说，单凭借传教士和探险家的文本记述，并不能完全满足殖民管理需求。殖民者除了需要借用传教士和探险家留下的文本记述外，还需要动员和鼓励受实证主义触动的人类学家深入非洲境内，以实证主义的方法获取非洲社会及非洲各民族、部落的生产、生活方面的资讯和信息，以资为殖民主义统治提供服务。

与此同时，人类学家也"自信具备着某些可资利用的研究方法和必需的条件"①，对能在殖民管理上发挥尽可能的能量、价值及作用成竹在胸。他们甚至为此深深感到：作为"一个人类学家由于其所受到的训练具有某种能力，使他感到能在这学者和观察者济济一堂的研究领域做出自己的贡献是值得的"②。于是，人类学家深入非洲实地的信心便由此坚定下来：必须深入非洲大陆实地才可获得真正的一手资料，才能为殖民当局提供精准的信息和资讯，以服务于殖民管理之需。同时，深入非洲大陆实地还能借此检验人类学家的理论认知，从而丰富人类学的知识宝库。

在多重目的的诱使下，人类学家于是漂洋过海来到非洲开展实地调查研究。"一些人类学家开始在英国殖民体系，尤其是非洲地区得到田野工作的机会与资助。……同期，法国人类学家在本国政府的殖民地也做着类似的调查……一些人类学家受政府委托，就一些具体的领域做专门研究；另一些人类学者则定期不定期为政府提供信息与咨询。"③ 一些研究院和基金会也对人类学家进入非洲从事实地考察和研究给予了极大的支持。比如，"杜查鲁是法裔美国人，他在 19 世纪中期曾考察过非

---

① ［美］鲁思·本尼迪克特（Ruth Benedict）：《菊花与刀：日本文化的诸模式》（插图珍藏本），孙志民、马小鹤、朱理胜等译，九州出版社 2005 年版，第 5 页。

② 同上书，第 8 页。

③ ［英］凯蒂·加德纳、大卫·刘易斯：《人类学、发展与后现代挑战》，张有春译，中国人民大学出版社 2008 年版，第 29 页。

洲的赤道地区。受费城自然科学院的考察资助，他提交了非洲民族和他们自然环境的报告……赢得了科学评判仲裁者们比较高的敬仰，他们行使其使命时显然居于相对高的地位"①。

同样，自 20 世纪 "30 年代开始，美国基金会对于社会人类学民族志和'文化接触'的研究，即给予重大支持。这些支持除了在美国势力范围之内得到分配外，还广泛地支持了英属殖民地的人类学研究"②。人类学泰斗马林诺夫斯基"获得了洛克菲勒基金的资助，以发展他心目中的人类学。1930 年之后，洛克菲勒基金资助他发展和推广了自己的观点。如，非洲国际研究所所有受洛克菲勒基金资助的田野工作者都需要花一年的时间参加马林诺夫斯基的研讨班"③。此番种种情势，昭示着非洲人类学研究渐趋成型，同时也昭示着一种转变的发生："1860 年之前没有任何民族学博物馆，没有民族学大学讲座或课程，没有任何可供实地调查的设施和准备，也没有正规的民族学方面的出版物"④，而 1860 年之后，情形就大不一样了，人类学研究领域无论是在硬件方面，抑或软件方面都有所突破和建树。

另外一部分人类学家也直接参与了殖民主义统治的过程，英国人类学家埃文斯·普理查德就是一个例子。1926 年至 1936 年期间，他在东非英属埃及和苏丹开展田野调查工作。"从 1926 年到 1930 年"，他对"赞德地区进行了三次考察……这几次考察是应英 - 埃苏丹政府（the Government of the Anglo-Egyptian Sudan）的邀请进行的。英 - 埃苏丹政府是这几次考察的主要赞助者"⑤，此外，英 - 埃苏丹政府还慷慨出资 200 英镑支持《阿赞德人的巫术、神谕和魔法》一书的出版，同时，埃文斯·普理查德"还得到英国皇家学会和劳拉·斯佩尔曼·洛克菲勒基

① ［美］古塔、弗格森编著：《人类学定位：田野科学的界限与基础》，骆建建等译，华夏出版社 2005 年版，第 58 页。

② 王铭铭：《非我与我》，福建教育出版社 2000 年版，第 76 页。

③ ［美］古塔、弗格森编著：《人类学定位：田野科学的界限与基础》，骆建建等译，华夏出版社 2005 年版，第 8 页。

④ ［美］埃尔曼·R. 瑟维斯著：《人类学百年争论：1860—1960》，贺志雄译，云南大学出版社 1997 年版，序言第 3—4 页。

⑤ ［英］E. E. 埃文斯·普理查德：《阿赞德人的巫术、神谕和魔法》，覃俐俐译，商务印书馆 2006 年版，自序第 1 页。

金管理人的赞助"①。很明显，埃文斯·普理查德是为政府而工作的，其调查费用也主要是由政府承担。② 在"1939 年二战爆发，埃文斯－普理查德参了军。他在阿比西亚参与组织了阿努厄人（Anuak）和居住在该地区与埃塞俄比亚交界的其他族群抗击在埃塞俄比亚的意大利驻军的战斗。……1942 年底他被派到英军驻昔兰尼加（现为利比亚东部一地区）军官部门任行政官员。他在那里工作了两年，大部分时间生活在贝多因游牧族群之中"③。

显然，这一段不同寻常的非洲战事经历由此奠定了埃文斯·普理查德非洲人类学研究的基础。以至于在后来他出版了很多关于非洲的人类学作品，比如"《努尔人》（1940）、《非洲的政治制度》（1940）、《昔兰尼加的塞努西教团》（？）、《努尔人的亲属制度和婚姻》（1951）、《努尔人的宗教》（1956）"④、"《阿赞得人：历史与政治制度》（1971）、《阿赞得人的巫技、神谕与魔术》（1976）"⑤，等等。其中，在《努尔人》一书中，埃文斯·普理查德"提出一个挑战性的问题，即在没有国家和政府统治的部落中，社会是如何组织起来的？"⑥。在《非洲的政治制度》一书中则详细描述了非洲社会具有代表性的两大类别政治制度，即 A 类和 B 类，此举目的在于尝试确立对国家或政府的起源和性质的新的理解。⑦ 这些思考和探讨对殖民主义统治无疑具有一定的参考价值。埃文斯·普理查德的研究行动及所产生的相应研究成果与殖民主义统治无疑具有休戚与共的关联性。

除以上这些人类学家之外，同时还"有人类学家甚至一些很有影响的人类学家认为，人类学的确有应用价值，并可以在管理中得到应用。

---

① ［英］E. E. 埃文斯·普理查德：《阿赞德人的巫术、神谕和魔法》，覃俐俐译，商务印书馆 2006 年版，自序第 1 页。

② 同上。

③ ［英］E. E. 埃文斯·普理查德：《阿赞德人的巫术、神谕和魔法》，覃俐俐译，商务印书馆 2006 年版，代译序（翁乃群：《埃文斯·普理查德的学术轨迹》）第 7 页。

④ 同上。

⑤ 王铭铭主编：《西方人类学名著提要》，江西人民出版社 2004 年版，第 253—254 页。

⑥ 同上书，第 254 页。

⑦ ［美］埃尔曼·R. 瑟维斯：《人类学百年争论：1860—1960》，贺志雄译，云南大学出版社 1997 年版，序言第 251 页。

20 世纪 20 年代早期，（英国人类学家）拉德克里夫 – 布朗被聘为开普敦大学社会人类学教授后，开始了'应用人类学'课程，并在人类学的基础上创立了非洲研究院，把减少南非地区白人与黑人的冲突作为研究的主要目的之一"①。在拉德克里夫 – 布朗看来，当下的"人类学正愈来愈要求被看成是这样一门研究，即是关于对落后民族的治理和教育有着直接实际价值的研究。对这个要求的认识是最近大英帝国人类学发展的主要原因，这种发展表现为：在非洲西部的阿散蒂地区、尼日利亚……托管地对人类学家任命行政职务；对即将上任管理非洲殖民地的官员进行人类学的预备训练；1920 年在开普敦建立了非洲生活和语言学校。……这些发展产生了一个问题，即对行政管理的问题来说，什么样的人类学研究具有使用价值"②。在此，人类学的功利性色彩及工具性价值随之彻底展露出来。一旦人类学不能满足某种需要，或服务于某种目的，或提供某种直接的使用价值，那么，似乎人类学存在的合理性及必要性就有待质疑。

从积极的层面来看，在整个殖民主义统治时期，人类学对非洲的研究，与先前传教士、探险家、海员等做出的日志或文字记述相比较而言，其在内涵上确实得到了极大的丰富和充实，同时，在应用性和目的性上也得到了相应的增强。殖民主义统治时期的人类学发现了非洲，表述了非洲，记录了非洲，同时，人类学作为一门学科，也因为在对非洲开展调查和研究的基础上获得了研究方法及研究范式的提升。人类学与非洲的关系明显地呈现出相辅相成、相得益彰之效。

第三节　后殖民

进入 20 世纪 60 年代，亚非拉国家推翻了殖民主义统治，纷纷建立

---

① ［英］凯蒂·加德纳、大卫·刘易斯：《人类学、发展与后现代挑战》，张有春译，中国人民大学出版社 2008 年版，第 28 页。

② ［英］拉德克利夫 – 布朗：《社会人类学方法》，夏建中译，华夏出版社 2002 年版，第 36 页。

起了独立主权。非洲作为一个深受殖民主义统治者奴役的大陆同样毫不例外。20世纪60年代，非洲国家同样摆脱了殖民主义统治，纷纷获得独立主权（有几个在60年代后才获得独立），赢得了相对的自主性和主体性地位。

由于殖民主义统治体系的崩溃，致使人类学对于殖民主义统治的依附也随之淡出，沦为旧务陈说。殖民主义统治体系的瓦解，促使人类学发生转型，而不再是殖民主义统治的婢女，不再是处理殖民主义治理及政治难题的手段，与政治生活或殖民主义统治的现实关联性明显地减弱。

殖民主义统治体系瓦解后，人类学开始真正聚焦于非洲及其社会文化，客观而理性地以尊重非洲及其社会文化的做法来反思西方自身所秉持的概念认识与价值理念。与之相随的是，在对非洲的探索研究上，人类学启动了按照非洲应然的客观现实性，以及非洲内在的固有的文化机制对非洲展开民族志抒写的旅程。重视和凸显非洲社会事实，挖掘和塑造属于非洲的内在机理，突出和彰显人类学作为一门具有体系性的学科在现代化过程中应有的独到性及价值性，成为殖民主义统治体系瓦解后人类学在非洲研究上重要特质之体现。

同时，后殖民主义时期的人类学家，尤其是西方人类学家，他们爆发出了对自身社会的失望和厌倦。于是，他们将目光再次转向异域的"他者"，以期从"他者"社会中来反思自身社会，最终寻找到修补自身社会漏洞的良方。这一转向在达到对"他者"社会客观真实面目再现的同时，也促使人类学研究范式发生了转型。

譬如，人类学界具有颠覆传统性、独树一帜的美国新锐人类学家保罗·拉比诺就是"一个对自身社会感到厌倦和失望的美国年轻学人，凭着他在芝加哥大学学来的人类学知识和讲法语的能力，出走到刚刚获得独立不久的摩洛哥去做调查和精神朝圣，想在异国他乡阿拉伯部落社区看别人生活的意义何在"①。保罗·拉比诺于1968年至1969年期间在摩洛哥做了为期一年的调查，最终写成巨著《摩洛哥田野作业反思》。该

---

① ［美］保罗·拉比诺：《摩洛哥田野作业反思》，高丙中、康敏译，商务印书馆2008年版，代译序（张海洋：《好想的摩洛哥与难说的拉比诺》）第12页。

巨著借助作者在摩洛哥的田野经历深刻透视了作为人类学知识生产的田野作业在对研究对象的表述以及民族志文本写作过程中的作用。保罗·拉比诺将这一著作称作是"自我塑造的'民族实践'"①。

保罗·拉比诺的此番探索研究行径，一方面表达了他对人类学真知的强烈欲求，另一方面也映射出了他竭力在异域"他者"社会中寻找本国难以给予满足的答案的愿望，最终寄希望于对非洲与西方各自存在独立客观事实的合理性和科学性做出明证。保罗·拉比诺通过探索研究指出："不管是摩洛哥人还是美国人类学家，他们都不是在一个静态的或非时间性的文化里工作。人类学家和他遇到的摩洛哥人都在为要成为什么样的'人类'而进行着斗争，并且通过诉求于某种传统的知识体系而为这项民族使命寻找支持，一边是需要某种新的形式的摩洛哥伊斯兰教传统；另一面是欧洲和美国的思想与政治传统"②。可见，保罗·拉比诺是将摩洛哥人与人类学家放置在一起思考的，其目的在于能够摆正各自的主体性位置，甚至是非洲与西方的位置。同时，保罗·拉比诺的探索研究举动也体现出了新的时空背景下人类学家的关注点、认识理念、知识谱系以及研究范式等内容均发生了一次纯粹性意义上的彻底转变。

除了像保罗·拉比诺这样的新锐人类学家受本国国情及本国现实处境激发而出走异国他乡探寻人类真谛之外，还有不少人类学家也因为某种现实因素的刺激同样迈出了对非洲做出人文关怀的步伐。比如，英国人类学家维克多·特纳，最初"曾经在中非部落重点研究其社会与宗教实践，以后还在乌干达的吉苏人（Gisu）中做过人类学田野工作"③，"在20世纪50年代深入赞比亚西南部的恩登布人母系社会中做田野"④，而"这项工作始于特纳在位于现在赞比亚的罗得斯－利文斯通

---

① ［美］保罗·拉比诺：《摩洛哥田野作业反思》，高丙中、康敏译，商务印书馆2008年版，中译本序（保罗·拉比诺：《哲学地反思田野作业》）第14页。

② 同上书，第13—14页。

③ ［英］维克多·特纳：《象征之林——恩登布人仪式散论》，赵玉燕等译，商务印书馆2006年版，代译序（王建民：《维克多·特纳与象征和仪式研究》）第2页。

④ Victor Turner, *The Anthropology of Performance*, New York, PAJ Publications, 1987, p. 174 .

研究所为基地进行田野工作的时候"①。这些丰富的经历，无疑为特纳后来的研究做出重要铺垫，从而使他在非洲人类学研究中终究独树一帜。

基于在非洲获取的丰富经历，特纳最后写就了一系列的著作。这些著作主要包括《一个非洲社会的分裂与延续》（1957）、《痛苦之鼓：恩登布宗教过程之研究》（1968）、《仪式过程》②（1969）、《象征之林——恩登布人仪式散论》（1967）、《戏剧、田野与理论》（1967）、《从仪式到剧院》（1974）、《从仪式到剧院》（1982）③，等等。在这一系列的著作中，"仪式"④ 是特纳考察研究的侧重点。通过对非洲各民族、部落社会的丰富仪式展开探索研究，特纳试图从这一既动又静的"仪式"场景中去捕捉维系非洲社会运转的原生机制。其中，通过对恩登布人的"仪式"展开考察研究，特纳深刻地发现："仪式不仅是对社会需要的回应，更是人类创造意义的行为"⑤；在非洲各民族及部落的"仪式"中蕴藏着非洲人自己的生命逻辑和行为准则。特纳就此对非洲人的历史主体性及其在人类文明进程中的角色地位给予充分的肯定。很明显，这些源于非洲各民族及部落的仪式无疑是适宜于非洲本土而繁荣、发展的，同时其也是人类共享知识构成内容的具体体现。

可以认为，在殖民主义统治体系瓦解后，人类学开启了一段崭新的研究旅程。这一时期，人类学对非洲所展开的探索，同样不会止步于殖

---

① ［英］维克多·特纳：《象征之林——恩登布人仪式散论》，赵玉燕等译，商务印书馆2006年版，代译序（王建民：《维克多·特纳与象征和仪式研究》）第2页。

② 这本书其民族志部分主要以特纳"在非洲赞比亚的田野资料为基础，描述了当地土著部落恩登布人的两种仪式：一种叫艾索玛（Isoma），一种叫乌玻旺乌（Wubwang'u），以此来分析当地社会的象征结构及语义学的含义"。（参见王铭铭主编《西方人类学名著提要》，江西人民出版社2004年版，第447页。）

③ 王铭铭主编：《西方人类学名著提要》，江西人民出版社2004年版，第446—447页。

④ 维克多·特纳所用的"仪式"这一个词，他"指的是人们在不运用技术程序，而求助于对神秘物质或神秘力量的信仰的场合时的规定性正式行为"。（参见［英］维克多·特纳著《象征之林——恩登布人仪式散论》，商务印书馆2006年版，第19页。）

⑤ ［英］维克多·特纳：《象征之林——恩登布人仪式散论》，赵玉燕等译，商务印书馆2006年版，代译序（王建民：《维克多·特纳与象征和仪式研究》）第3页。

民主义时期业已保持的研究状况。"自从二十世纪七十年代，人类学……的研究领域转向了后殖民时代。"① 这一转向，创造出了人类学研究的崭新局面。

从概念上看，后殖民主义时期的人类学研究主要"指的是对欧洲与其殖民过的社会（主要是1800年后被殖民的社会）的关系研究"②。这一研究过程中，极大程度地包含着反思性或对话性的成分。以至于在后殖民时代，人类学的关注焦点及探讨议题呈现出了一定的特定性及针对性：针对不同背景下的权力关系展开调研；关注殖民主义造成的后续影响或后殖民主义现况；探讨殖民化对殖民地人民与殖民者造成的消极性及积极性；研究殖民主义势力征服世界的手段和策略，以及该手段和策略的既定性及特定性；研究殖民地人民抵抗殖民主义统治者的行为；探索殖民主义对殖民地民族认同、政治认同、身份认同、文化认同所产生的影响；挖掘性别、种族和阶级在殖民与后殖民场景中的作用，并进行比较分析研究；探索殖民教育系统对后殖民的影响；研究后殖民时代的作家是否该用殖民语言，如英语或法语触动更多的听众，或者他们应该用本土的语言，只在经历殖民主义奴役的人群中传播；研究殖民主义的新形势，比如发展与全球化，是不是正在顶替旧殖民？③ 等等，研究议题不一而足。人类学在后殖民时期展开此番探索研究，既能区别于殖民主义统治时期的人类学研究，又能使其研究理念、研究范式等得以有所突破。

在此，人类学在后殖民主义时期展开一定的反思性或对话式研究，一方面从根本上对西方价值观向外推行的过程及结果做出了公正而客观的审视，另一方面这也是在后殖民时期应人类学学科关怀的转变及发展诉求的新增之需而发生的。在后殖民主义时期，鉴于整个殖民主义统治价值体系被颠覆的事实，西方人类学家不得不接受和承认成千上万年以来非洲的"一些群体和部落早已具备自我关照的合理方式（Bodley，

① Conrad Phillip Kottak, *Anthropology the Explotantion of Human Diversity*, Tenth Edition, New York, The McGraw-Hill Companies, 2003, p. 673.

② Ibid., pp. 673 – 674.

③ Ibid., pp. 674 – 675.

p. 93）。事实上，因为能耗需求低，他们对资源的管理优越于我们的管理。如今他们面临的问题，是由于对民族国家与对世界现金经济（cash economy）日益依赖而造成的"①。

在后殖民时期，人类学家对非洲给予了中肯的看待及审视：非洲确实早已存在着一套自我管理的合理方式；非洲的现实困境是殖民主义统治的遗毒和西方中心主义造成的恶果，其并非同非洲与生俱来。后殖民主义时期的人类学所要做的是从非洲的现状着手，发现非洲的合理性及价值性，并基于非洲现况找出应对问题和困境的可行性策略。

通过一系列的探索研究，人类学家注意到后殖民主义时期中："社会与文化不协调注定大多数计划走向失败。……很多策划者忽视了人类学重视的事实，即跨文化……与稠密人口之间的关系。"② 比如，在1973—1976年期间尝试将全国大部分人口永久定居的坦桑尼亚乌贾玛村庄运动在经济和生态上的失败，正是由于"那些新社会的设计者从不重视耕作者的地方知识和实践。他们也忘记了社会工程最重要的因素：它的效率依赖于真正的人类主体的反应和合作"③。就此，人类学家洞察到新时期的经济发展与社会及文化的关联效应，同时，要取得经济发展成效一定意义地取决于当事人的主体性角色是否得到真正体现和重视。当然，设若将这一切抛之于脑后，即便是理论上最为完美的发展理念，也同样难以在现实中兑现应有的发展成效。

后殖民主义时期的人类学，同样展开了卓有成效的前瞻性探索研究。客观地，"尽管人类学家对未来文化发展模式的预测，不像生物学家预测未来生命形式或地理学家预测地形那样准确。但是人类学家能发现人们没意识到的，能对一些发展形势导致的后果有所预知"④。这样一来，人类学所开展的研究显然突破了以往具有的记述式或描述式研

---

① Conrad Phillip Kottak, *Anthropology the Explotantion of Human Diversity*, Tenth Edition, New York, The McGraw-Hill Companies, 2003, p. 675.

② Ibid., p. 677.

③ ［美］詹姆斯·C. 斯科特：《国家的视角》，王晓毅译，社会科学文献出版社2004年版，第299页。

④ William A. Haviland, *Anthropology*, 5th Edition, US, The Dryden Press, 1989, p. 585.

究，而滋生出前瞻性的研究特质。

人类学学科关怀与研究旨趣的转变，决定了"人类学家是地方文化的专家。人类学家从事和应对的是人们的地方性知识，他懂得所必需的一些社会条件和需要以及发展项目失败或成功造成的影响。华盛顿或巴黎的一些策划者就很少知道劳动力在非洲农村的农作物种植上的重要性。如果人类学家不参与进去了解当地人的需要、需求、优势和弊端，那么发展资金常常面临被浪费"① 的危险。随着全球化进程的不断推进，为促使非洲走向真正复兴，在推动其政治、经济、科技等走向发展的同时，确实需要人类学兼顾到对非洲本土性知识和地方性常识的重视。

基于全球化背景，人类学的关注话题和探讨议题也由此演变成为传统与现代、文化与发展等方面交织的内容。鉴于非洲的客观现实情况，非洲要取得经济发展突破，无疑不能忽视其深厚的历史底蕴及传统文化。非洲新时期的经济发展需要顾及传统的社会文化因素。因而，在非洲的现代化发展过程中，加强人类学对非洲经济发展与传统社会文化的关系研究，突出社会文化因素在经济发展中的价值及作用已是人类学在非洲研究中的应有之势。

随着国际交往关系的日益密切，发挥新时期人类学研究所秉持的价值关怀，针对非洲传统文化与现实发展做出考察，显然能够进一步增加对非洲国家的了解，同时，达到重申非洲的主体性地位及自主性角色之效果。在全球化时代，非洲人类学虽然面临着最初研究对象消失的窘况，但是，人类学家正在重塑泛文化背景下民族志的抒写方法及研究范式，针对非洲现实状况拓展研究领域及价值关怀，突出非洲本土知识在当下非洲政治经济发展过程中具有的价值和深意。这一切，无疑是新时期人类学针对非洲开展探索研究的价值再造。

可以说，后殖民时期的非洲人类学研究，在某种程度上是针对帝国主义和欧洲中心主义展开了一场对抗和冲击，同时，这也意味着人类学作为一门学科，在新的时空背景下获得了崭新的发展空间，摆脱了附庸

---

① Conrad Phillip Kottak, *Cultural Anthropology*, Eleventh Edition, New York: McGraw-Hill, 2004, pp. 15 – 16.

于殖民主义势力而生存发展的窘态。后殖民主义时期的人类学充分利用大学或科研机构提供的公共空间，来研究、探讨和思索特定时空背景下社会和文化的发展轨迹及生存策略，并力主"文化发展阶段本质上是由历史原因造成的现象，与人种无关"[①] 的逻辑机理。同时，人类学还坚信：不同社会发展阶段由于经验分类原则的不同，以及前人所积累知识的性质的不同，一并致使非洲与西方国家的运行模式产生不同。这一系列的不同，在道理上是可接受的，而在价值上是不能随意贬抑的。毕竟，各种文化、"各种社会制度，因与人类的永恒需要密切相关……它们也同样成为进步的标志"[②]。

随着现代化进程的不断推进以及 21 世纪的来临，人类学家将研究视角真正转到了关注非洲政治经济发展的实质性问题上来。当下，非洲的政治经济发展不能忽视其固有的地方性知识和本土性结构。非洲未来的发展走向应该建立在，也必须建立在其内在的固有的历史文化传统、行为意识逻辑、本土性知识结构等上。排除这一切来谈整个非洲大陆的政治经济发展走向，将是无本之木、无源之水。

人类学与非洲的关系状态，随着殖民主义时代与后殖民主义时代的更迭交替而呈现出不同的发展征候。在殖民主义统治前期，传教士、探险家、海员等关于非洲的大量文本记述为人类学成为一门系统性的学科做了丰富的前期资料的铺垫。殖民主义统治时期，人类学深入非洲，发现了非洲的传统历史及社会文化，并由此而确立起了相应的研究范式。后殖民主义时代，人类学迈入文化批评与方法论反思的重要阶段，重现和再造了非洲，将非洲本然而客观的面貌重新展示给了外在世界。通过对殖民主义时期及后殖民主义时期人类学与非洲的关系展开探索，有利于挖掘出人类学理论与研究实践之间的关联性价值及意义。人类学根植于非洲，获得学科发展。由于人类学的介入，非洲被发现和重现。

---

① ［美］弗兰兹·博厄斯：《原始人的心智》，项龙、王星译，国际文化出版公司 1989 年版，第 136 页。

② ［美］路易斯·亨利·摩尔根：《古代社会》（新译本），杨东莼、马雍、马巨译，中央编译出版社 2007 年版，序言（摩尔根 1877 年 3 月于纽约州罗彻斯特城作）第 2 页。

第四章

加　工

　　非洲悠久而深厚的历史文化已为世人所睹。其独到的表述方式和记忆脉络同样为世人所认可。尽管在近现代历史进程中，随着科学技术、理性认知引发的新的文明形式登上时代顶峰，非洲的历史文化、表述方式、记忆脉络一并遭到前所未有的重创，尤其是来自于西方的霸权主义试图抹去、否定并取代非洲固有的历史和传统，结果却造成非洲的内源性机制及社会本质遭到被压抑、发展轨迹遭到被扭曲的局面。鉴于此番情况，人类学研究领域中独树一帜的研究方法——"田野"，为扭转这一局面显然能够做出功不可没的贡献。作为一种可行性及科学性极强的方法论，人类学的"田野"研究方法在充分彰显非洲客观历史事实并促成非洲与外界形成对话的同时，能够较好地剥离掉西方在表述非洲时附上的情境因素，从而复原非洲本真态。

　　在人类社会发展进程中，非洲显得较为不幸。很长时间以来，世界对非洲的认识更多地停留在由某种强大话语支配的既定模式上，致使非洲的形象既不客观也不完整，不是受损毁就是遭贬抑。结果造成非洲的声音被压抑，身份遭污名化，话语权被剥夺等。这一方面是因为非洲内部固有的知识体系以及逻辑机制并未被外界真正理解和接纳；另一方面则缘于非洲的社会历史过程遭到被错位看待和处理。人类学"田野"作为以关怀研究对象本身及对象所处情境为重的特殊方法论，在匡正视听、澄清社会事实上具有重大的价值。同时，其在纠正关于非洲直线的、简单化的、异化的概念上，以及彰显非洲民众的自我认同、复原非洲本真态上同样具有不可忽视的价值。

第一节 碎 片

自古以来，非洲一直拥有一套自身禀赋的历史记忆方式及社会发展轨迹。在近现代历史发展进程中，这一情形却被外界搅乱了。西方一再背离非洲的客观事实而试图自行操控非洲的社会进程，对非洲的社会历史做着附和于西方一己之愿的圈定，甚至牵强附会地认为非洲是没有历史的，整个非洲的局面不过是杂乱无章、毫无秩序的零散碎片的简单堆砌。

事实上，非洲并非没有历史，其只不过是没有西方"文明社会"所认同的那类所谓的技术工具和知识载体：工业科技、一套可书写的文字以及由这套文字来表达的知识体系，或者是一群能够主宰世界话语的"权力精英"或"智囊团"。一直以来，非洲习惯性呈现的是以自身独到的知识体系、价值逻辑将发生在这块丰饶大陆上的悠久历史与传统文化表达出来。而这种异趣于外界的表述脉络，很久以来就被西方定格为人类历史中一个罕见的例外，被西方视作碎片化而无任何体系可言的存在，以至于其并不足以成为能够支撑人类社会前进的真正动力，甚至不过是拖人类后腿的绊脚石或障碍。"不断前进的"西方国家显然"一直习惯于将非洲看做是落后和'原始'的洲；非洲总是与一些消极的东西联系在一起，非洲人因此就被划定为不如世界上其他种族的人"。① 于是，西方自身所秉持的发展套路便牵强地转换成为非洲走向"文明"并实现"发展"的矫正器。对非洲展开"探险""传教""开发"等活动俨然成为西方持有的能够"启蒙"非洲的"智慧"行为。

近现代，亚非拉地区不同程度地遭遇着外界势力嵌入并支配的统治现实。西方殖民主义势力通过资源掠夺、霸占领土和剥夺主权等方式，

---

① Washinton A. J. Okumu, *The African Renaissance History*, *Significance and Strategy*, Africa World Press, Inc., 2002, p. 23.

"一开始就使这些非西方国家遭遇结构性变异"①。不同国家所受苦难轻重有别，而非洲却显得格外深沉和严重。整个非洲大陆几乎毫无遗留地沦为殖民地，演变成为殖民主义统治者手中任意摆布的一枚棋子。可以说，"没有一个洲像非洲如此容易地就让外国人拿走了并不属于他们的东西"②。但是，这一切却并非意味着整个非洲大陆的民众就会俯首称臣、唯命是从，而束手无策、无动于衷。诸多的客观事实业已明证：殖民主义统治者的初来乍到，诚然就掀起了非洲人民义无反顾的抗争端倪。

尽管这样，西方殖民主义统治者试图一厢情愿地"拯救"和"修缮"非洲的初衷依然没有任何动摇。他们依然凌云壮志、耗尽心思，"试图使非洲人比英国人、法国人自己更英国化，更法国化"③，由此不仅发明了别具一格的理性制度横加于非洲之上，同时，还自行担负起表述非洲、撰写非洲社会历史的任务。于是，被视作没有历史的非洲，随之便产生了西方中心主义导向下的"文本"模式。加之，由于传媒技术的大肆鼓动，这些文本模式因此被传送到任何能够抵达的空间及角落。此举在模塑非洲的世界形象的同时，也极大地固化并整合了西方对非洲的认知结构。非洲由此变成能够被西方抒写的对象，变成一种可以脱离客观实际而存在的想象性角色。而此番基于西方知识体系而产生的对象抑或角色，其不过是在西方的表述下得以成型，并以脱离于客观实际的方式而由西方臆想支配的另类。由此，西方在满足某种兴趣、期待或愿望的同时，非洲却陷入到自主性或主体性严重丧失的尴尬境地之中。虽然同为人类主体的重要构成部分，非洲却遭遇着自我声音及自我形象缺失的危机和风险。

鉴于此，借助人类学"田野"方法，能够使得当下的非洲避免历史上造成的危机再次造成不必要的困局。直观意义上的人类学"田野"

---

① Anthony Esler, *The Human Venture*, *The Globe Encompassed—A World History since* 1500, Prentice-Hall, Inc., Englewood Cliffs, New Jersey 07632, 1986, p. 4.

② Godfrey Mwakikagile, *Africa and The West*, Nova Science Publishers, Inc., Huntington, Ny, 2000, Introduction, p. 1.

③ Ibid..

当用于研究非洲时，指的是深入非洲实地，开展参与性调查，与非洲当地人同吃、同住、同劳动，尊重非洲的主体性身份，以非洲各民族既是客观历史事实，又是能够创造客观历史事实的视角展开探索研究。间接意义上的"田野"当用于研究非洲时，指的是对非洲的认识和理解，需要剥离掉不同时代条件下嵌入或附加于非洲身上的情境因素。针对一直以来存在的各类呈现非洲的文本材料，需要从中挖掘出叙事者的文化认同与叙事背后的权力关系，才能真正地达到认识和了解非洲的目的。也只有这样，非洲大陆的历史和现实情况才能够得到客观而真实的反映。

第二节　事实

多元民族及其文化共生共存、共进共荣是非洲重要的客观标志，它们承载和表述了非洲社会的发展时序和社会进程。非洲的多元民族及部落，"不管它们的语言和文化多么不同，总是或多或少地代表着各民族和社会的历史分支"①。在历史进程中，由于复杂、多重因素使然，非洲的多元民族、部落及其文化，被置入特殊的时代境遇之中，面临着被某种强大话语力量支配的情势。"非洲"因此成为并非是真正能够代表和体现自我价值和内涵的对象。由此，要对非洲做出透彻的认识，并能够对真实的非洲有所再现，动用人类学家开展"田野"研究方法显然颇具深意。毕竟，人类学"田野"作为以关怀研究对象本身，及以重视挖掘研究对象主体性为重的方法论，在能够激活非洲本真态的同时，还能够内化为研究者的道德情操，并最终能够引发研究主体与研究对象之间卓有价值的对话。

作为研究方法论的人类学"田野"无疑能够激活非洲本真态。人类学"田野"由一套循序渐进的逻辑程序构成：深入实地，"持续参与

---

① ［上沃尔特］J. 基－泽博主编：《非洲通史》第 1 卷，中国对外翻译出版公司、联合国教科文组织出版办公室 1984 年版，前言第 1 页。

到人们的日常生活中一段时间，观察所发生的、聆听人们诉说的，提问问题"①，并做出深度访谈、居住体验、与当地人进行"三同"（同吃、同住、同劳动），甚至用当地语言与当地人交流，获得情感上的认同和理解，最终直到人类学家的"出现在当地居民（也就是信息提供者）看来或多或少是'自然的'事情"②。毕竟，此番做法及产生的效果由此能够较好地说明"你进入了正在与你所研究的人们的世界，而不是把他们带入你的世界"③。

人类学"田野"方法，"作为获得社会和文化新知识的最重要来源"④，对于以口耳相传和符号意义表达自我的非洲来说（"非洲黑人各族的传统文化基本上是一种口头文化，一种无文字文化"⑤），可以使得真实的非洲图景得以展现出来，同时，也能够使得非洲曾经被贬抑、被压制的局面被彻底释放出来。

动用人类学"田野"方法，重点可围绕着代表非洲并能够整合非洲认知的历史文化、行为文化、意义符号等方面的内容展开具体探索。历史文化是非洲各民族发展进程中的知识累积，是认识和理解非洲的突破口及关键点。借助人类学"田野"方法挖掘古籍遗址、古史今事等，能够彰显出非洲历史与现实、传统与现代、人文与社会之间的关系逻辑。行为文化是非洲各民族生产生活的智慧结晶，从根本上支撑并维系着非洲社会的运转。纷繁多姿的风俗物产、仪式礼节、人情事态、言辞谚语等折射了非洲社会集体性的知识创造。在意义符号上，精致的雕刻、活泛的舞蹈、精美的音乐、深情的神话等，是非洲大陆人与自然和谐共处的符号意义表征，是承载非洲人价值观与生命逻辑的隐喻性结

---

①　Martyn Hammersley and Paul Atkinson, *EthnographyPrinciples in Practice*, London and New York, 1993, p. 1.

②　［挪威］托马斯·许兰德·埃里克森：《小地方，大论题——社会文化人类学导论》，商务印书馆 2008 年版，第 36 页。

③　Michael H. Agar, *The Professional Stranger An Informal Introduction to Ethnography*, Academic Press, Printed in The United States of Amrica, 1996, p. 9.

④　［挪威］托马斯·许兰德·埃里克森：《小地方，大论题——社会文化人类学导论》，董薇译，商务印书馆 2008 年版，第 36 页。

⑤　宋擎擎、李少晖编著：《黑色的光明：非洲文化的面貌与精神》，中国水利水电出版社 2006 年版，第 18 页。

构。借助人类学"田野"方法介入诠释这些内容，显然能够洞察形式与内容、有形与无形要素之间的内在关联性，发现符号背后的历史痕迹与现实轨迹，以激活非洲的客观历史及社会现实。

人类学"田野"能够内化为人们的道德情操。人类学"田野"在指导研究者的研究行为及实践的同时，还能够内化为人们的道德情操。为更好地认识和了解非洲，除继续发扬人类学从业者的职业道德外，同时，还需激发人类学从业者之外的更多人在进入非洲时具有人类学"田野"的自觉性。本质上，人类学"田野"是人类学家科学研究的行为指南，是人类学家展示和体现研究对象的客观方式，是促使民族志文本接近"准确"描述的科学手段。

但是，作为学科的人类学的科学"田野"方法是能够产生共享效应的，是具有普适性价值和意义的，以至于人类学"田野"的这种功效、价值和意义不应只停留在仅对人类学家研究意识、研究行为及研究成果发挥作用的满足上。作为具有普适性价值和意义的学科知识体系，其影响力应该辐射到人类学者之外更多的人及行为主体的身上。如果说，"学术与公众之间必须有一座桥梁"①，那么，人类学"田野"方法无疑发挥了这样的沟通性或嫁接性的桥梁作用。人类学"田野"的内涵，除了具有直观意义上的考察调研、摸清研究对象客观事实的价值外，还存在一个能够内化的隐性价值。鉴于当下世界与非洲交往频率加快的情势，将人类学"田野"的隐性价值内化为道德情操或精神素养，对于与非洲有着交往互动的国家、企业、团体等行为主体而言，无疑具有举足轻重的指导意义。这不仅能够做到在了解和认识非洲的基础上尊重非洲，同时，还能够彰显出主体间关系互构的良性模式及有效结构。

利用人类学"田野"方法探索和研究非洲，能够在两极之间，即研究主体与研究对象之间、传统非洲与现实非洲之间、非洲社会与西方社会之间、黑人传统与白人文明之间等产生现实性很强的对话。同样，这也是同非洲有交往的国家、组织、社会、团体或群体等的自我认同与对"他者"（即非洲）形成的社会定义之间的结构性对话。这既能够检

---

① Jacob U. Gordon, Editor, *African Studies For The 21st Century*, Nova Science Publishers, Inc., New York, 2004, p. 4.

验与非洲有着交往的各主体的认识，又能够一定程度地正视非洲的客观现实，同时能够塑造出学科之间的对话，最终还能够在摆正各自主体性位置的情况下，构建出公正合理的国家间关系或国际秩序。

当今世界呈现出一种局势，即随着国际经济对非洲市场依赖性的日益增强，作为关注人与自然和社会的相关学科也同时将研究视野投向非洲。从研究本质上看，各种学科各具特质，独当一面，但是，学科之间也不乏借鉴、交叉或补充的情势。人类学"田野"方法，从一定层面上，能够在其他学科忽视的研究领域方面提供了解和认识非洲的有益补充。比如，"历史学家从历史中选择了被记录的、被人们充分意识到的重大历史事件和人物来展开他们的叙事"，呈现出历史学视野下的非洲，而动用人类学"田野"方法则能够将历史学家所关注的重大历史事件和人物之外的其他有关于非重大历史事件和人物的细枝末节挖掘出来，从而展示出非洲历史的另外一个面向。显然，人类学是在竭力将历史学关注和研究领域中"没有记录的、没有被人们充分意识到——以至于以文字来记载——的那些形态"[①] 充分彰显出来。于此，可以认为，重现或复原非洲历史的真实面貌，需要借助多元化的学科知识体系。很显然，每种学科都有其独到的价值和贡献，而人类学作为一门特定的学科，其特殊的"田野"方法则能产生其他学科所不具备的优势。作为专业性较强的方法论，人类学"田野"通过对话，能够使其研究朝着普世性价值的方向倾斜，其成果也因此能够成为对真实非洲的客观再现。

总体上，通过人类学"田野"方法，能够真实而客观地呈现出非洲的历史和社会文化，并使得外界能够真实而客观地了解和认识维系非洲社会运转的"自我认同"、内在机制及固有逻辑。作为一种研究方法，人类学"田野"不仅能确保学科研究的科学性和理性性，同时，还能内化为研究者、实践者、行为者等行为主体的道德情操，最终促使行为主体，尤其是当下与非洲有着交往的各种行为主体，在实际交往中能够更好地尊重非洲历史的特殊性、社会文化的多元性、部落民族习性的特定性以及价值取向的本土性等，从而淡化自持的价值理念和行为认

---

① 王铭铭：《走在乡土上——历史人类学札记》，中国人民大学出版社 2003 年版，第 242 页。

知，达到尊重非洲的客观现实性以及真正认识和理解非洲的效果，最终塑造出建设性的对话机制以及公正合理的国际秩序。

第三节 情境

情境，作为一种广博而宽泛的氛围，以及作为客观事实寄生存在的环境，将其剥离掉，能够把客观事物的本来面目真实地呈现出来。现实发展表明，物质化的客观世界，难免总是附着在一定的情境之中而生存和发展的。

人类学，作为有基础和能力做出理论抽象的学科，其特殊的研究方法——"田野"，在某种意义上就是能够做到理论抽象的重要工具。借助人类学"田野"方法，就能够一定意义地剥离掉附着在事物之上的情境因素，而使得事物的真实客观面貌准确地显露出来。具体说来，在非洲研究上，人类学"田野"方法通过不断挖掘叙事者的文化认同与叙事背后的权力关系就一定程度地能够达到重现或复原非洲本真态或非洲真实面目的效果。

固然，非洲在人类历史发展进程中有着自身内在的固有特点。较少地以文字形式来书写历史事件及记载社会历史信息，就是非洲自身内在的固有特点之一。此番特点，经西方一比较，便俨然变成了西方与非洲大相径庭的内容。在鲜明的对比之下，非洲的特点与西方的特点由之相形见绌。结果是非洲明显地处于劣势，而西方却体现出无敌的优越性。

此番情形因此顺理成章地演化成为助长西方中心主义或西方本位主义泛滥的原动力。随着西方势力不断介入非洲境内，西方随之相应地标榜自身是能够以"文明""科学"的载体——文字来书写非洲历史进程和社会文化等当之无愧的"合格角色"。于是，在很长时间以来的社会化进程中，西方始终从自身"文明""科学"的角度来发现并记载着非洲，创造了非洲的世界形象。而客观、真实的非洲却未尽其然。

鉴于此，对于西方之外的其他国度或人群等，设若要达到真正了解和认识非洲的目的，无疑需要剥离掉附着在各类文本之上由权力或强制力作用的情境因素。人类学"田野"则是能够些许满足这种效果或期许的科学性方法。此番科学性在于人类学"田野"不会轻易受制于某种权力知识的奴役。在人类学"田野"方法的指导下对以文本形式展示出来的过去行为展开侦察，在本质上并不是在探索过去，"而是对过去的当前痕迹的研究"[①]，是以研究结论为基础，对以往得出结论的方法和途径做出客观理性的审视，根本性的目的却"正是通过在现有的观点中发现情境决定因素"[②]，并过滤掉附着在本然及应然的非洲真实面貌之外隐形的、潜藏的因素或赘物，最终发掘致使非洲堕入异化境地的支配性话语，从而建构起认识非洲的合理视角和科学维度。

与西方汗牛充栋的文本宝库比较而言，非洲显得略微逊色。而这样的情况却是由于内外因素使然所致的结果。从内因上看，非洲人习惯于以口耳相传或意义符号等方式来记载和传承自身的历史及社会文化。非洲确实很少具有像西方那样以文字形式来记载历史及社会文化的做法。从外因上看，殖民主义统治者的到来，不可避免地将非洲置入被动的发展境地之中。于是，顺理成章的事件便由之滋生："被征服的非洲不仅遭到压迫和剥削，而且其文化和本土惯例（indigenous institutions）也被污名化。"[③] 比如，西方人就始终坚持"认为卡拉哈里的布须曼人的过去是无时间性和漫无目的的而不予考虑；他们的历史性在场是在世纪之交才存在的。他们的在场一直被表述为与白人开发性影响"[④] 有着密切的相依性。由此意味着布须曼人是在西方人或白人作为外在动力的作用下才最终能够参与到历史进程中来的，否则，布须曼人将永远处于边缘的历史外围，而难以真正参与到人类历史进程中来。

---

① ［英］G. R. 埃尔顿：《历史学的实践》，刘耀辉译，北京大学出版社 2008 年版，第8 页。

② ［英］汤因比等：《历史的话语：现代西方历史哲学译文集》，张文杰编，广西师范大学出版社 2002 年版，第 68 页。

③ Godfrey Mwakikagile, *Africa and The West*, Nova Science Publishers, Inc., Huntington, Ny, 2000, Introduction, p. 1.

④ Robert J. Gordon, *The Bushman Myth*, *The Making of a Namibian Underclass*, Westview Press, Boulde R. San Francisco Oxford, 1992, p. 10.

同样，这种对非洲及非洲当地人"污名化"的情形，还体现在文本叙事过程中。首先，客观看来，文本叙事本身"不管它的证据如何充分，它永远也不是完备的"①。其次，文本叙事者在展开叙事时很大意义的是以自己的知识理念、价值判断、教育层次、身份背景、政治认同等来呈现和书写非洲的。当西方以"叙事者"的角色来书写非洲时，其一向带有的固有"想象（受到知识的控制）和知识（想象使其富有意义）"②结构等无疑在非洲文本的书写上落下深刻而醒目的一笔。结果使得对非洲的"客观认识却被一种手法极为拙劣的虚假宣传所取代。……黑人被描绘成缺乏智慧与才能的原始人，根本无法创造出人类社会的伟大成就。这些种族主义的情绪在欧洲工业革命时期开始蔓延"③。伴随着"欧洲与非洲在科学技术领域上的距离越来越大，这促使欧洲人在文化上也更加固执己见。非洲人不仅被欧洲人视为原始人，而且简直就属于非人类。这种观念导致黑奴贸易最终成为西方世界商业领域中的一个关键性产业，大量的非洲黑人经过大西洋被运往欧洲，成为白人的奴隶，而这种残暴行径却是完全符合当时的道德标准的"④。斗转星移，进入新的时空，"发展论兴趣的增长，给西方政府、国际金融机构和基于西方国家的援助部门提供了为'传统的'和'落后的'非洲社会带去极速现代化的机会"⑤。借此，非洲的发展轨迹似乎被圈定在某种"权威化"的范畴之内。

非洲之所以遭到人为"权威化"的圈定，其显然是西方叙事者充分调动想象和知识之后的延伸性结果。以至于西方"在编写非洲大部分地区的历史时，所使用的唯一资料是来自非洲大陆以外，而最后写出来的东西，不像非洲各族人实际走过的道路，倒像是作者想当然非洲人必

---

① ［英］G. R. 埃尔顿：《历史学的实践》，刘耀辉译，北京大学出版社 2008 年版，第 70 页。

② 同上书，第 73 页。

③ ［美］布朗主编：《非洲：辉煌的历史遗产》，史松宁译，华夏出版社、广西人民出版社 2002 年版，第 8 页。

④ 同上书，第 8—9 页。

⑤ Jeremiah I. Dibua, *Moderation and the Crisis of Development in Africa*, Printed and Bound by Athenaeum Press Ltd., Gateshead, Tyne & Wear, 1960, p. 2.

定走过的道路。由于常常把欧洲中世纪作标准，所以在设想生产方式、社会关系和政治制度时总是参考过去欧洲的行事"①。这样一来，关于非洲的叙事由之变成"可以用来也可以不用来再现在发展过程方面的真实事件的中性推论形式，而且更重要的是，它包含具有鲜明意识形态甚至特殊政治意蕴的本体论和认识论选择"②。于此，这种从鲜明意识形态的高度来控制非洲的做法，难免使得非洲的形象能够逃脱由某种既定模式支配的先入为主性。

有鉴于此，借助人类学"田野"方法来解读叙事背后的文化认同颇为必要。有人甚至发出强烈呼吁，"非洲历史需要重写，因为长期以来，它时常被'环境势力'即被无知和私利所埋没、伪造、歪曲和篡改。几百年来，非洲一直遭受残酷压迫，一代又一代的旅行家、奴隶贩子、探险家、传教士、殖民统治者和形形色色的学者无一例外地把非洲说成是贫穷层出、野蛮成性、很不可靠和混乱不堪"③ 的样子。

即便在当下，这种异化非洲的行迹，在西方学者的论著中依然历历在目。比如，在《非洲怎么了——解读一个富饶而贫困的大陆》这一著作中，"作为负责荷兰与亚非关系外交官，维恩在二十多年中亲身体会到非洲现代化的困境，因而书中的很多论点往往能切中非洲时弊"，但是，"维恩在一些问题上体现出西方人的某种优越感和片面性，如对非洲前景的判断，以及谈到艾滋病的肆虐和一些有关亚非发展中国家的问题时，他都会以西方人固有的观念表示出明显的不信任"④。与此同时，有人甚至消极而沮丧地认为，"非洲将是 21 世纪发展的挑战"⑤，非洲的现实状态确实难以与全球化进程俱进共荣、齐

①　［上沃尔特］J. 基－泽博主编：《非洲通史》第 1 卷，中国对外翻译出版公司、联合国教科文组织出版办公室 1984 年版，前言第 1 页。

②　［美］海登·怀特：《形式的内容：叙事话语与历史再现》，董立河译，2005 年版，前言第 1 页。

③　［上沃尔特］J. 基－泽博主编：《非洲通史》第 1 卷，中国对外翻译出版公司、联合国教科文组织出版办公室 1984 年版，总论第 1 页。

④　［荷兰］罗尔·范德·维恩（Roel van der Veen）：《非洲怎么了——解读一个富饶而贫困的大陆》，赵自勇、张庆梅译，广东人民出版社 2009 年版，导论第 1—2 页。

⑤　Lyn Graybill, Kenneth W. Thompson, *Africa's Second Wave of Freedom Development*, *Democracy*, *and Rights*, University Press of Amrica, Lanham · New York · Oxford, 1998, p. 12.

驱共赢了。本质上，非洲在现代化进程中确实面临着诸多的发展困境，诚如经济低增长、人口压力、疾病蔓延、天灾饥荒加剧等问题，然而，当"西方对待这些问题时是以一种断裂式的方式来看待的"，比如，"人们在着手艾滋病或环境问题时，通常没有考虑非洲经济发展这样的一般性问题。在一个断裂的、高度专业化的、区隔开来的政策空间内，很少顾虑大局"。① 纵然，时局转换（非洲摆脱了殖民主义统治的奴役），但是，非洲依旧没能逃脱由外界势力或外界认同来定位的支配性塑造之中。

大量关于非洲的文本性材料或文字性记载在 19 世纪达到高潮。19 世纪是人类历史上的一个特殊世纪。在这一个世纪，西方国家的生产力得到提高，经济实力得以增强，同时，西方的自然科学、社会科学/人文科学也取得长足的进步。人类学，作为社会科学/人文科学领域中的重要学科，同样取得重大突破。这一时期，当"进化论在文化人类学中活跃之时，正是资本主义社会面临发展的时代：进化和进步恰是当初的时代样式"②。

鉴于西方生产力提高、经济增强的现实，以及进化论在人类学领域活跃的事实，西方因此怀揣印证和检验某种来自于西方的假说的抱负，同时，寄希望于从非西方，尤其是像非洲这样的地域演绎出一套普适性的、与自身社会对立的前现代逻辑。非洲由此变成检验西方理念、认识及知识的场域。西方的人生观、价值观和世界观也相应地被移植到非洲。在民族中心主义的怂恿下，西方"认为自己的文化比其他所有的文化好。就其形式而言，民族中心主义与个人对自己的文化的肯定是一致的，它起着加强个人的自负及个人与该群体的社会关系的作用"③。西方借助民族中心主义之力，以模糊或轻描淡写的方式呈现了非洲形象。然而，在这一过程中，尽管西方殖民者一定意义上给非洲的发展捎去了

---

① Lyn Graybill, Kenneth W. Thompson, *Africa's Second Wave of Freedom Development*, *Democracy, and Rights*, University Press of Amrica, Lanham · New York · Oxford, 1998, p. 12.

② ［美］托马斯·哈定等：《文化与进化》，韩建军、商戈令译，1987 年版，序（莱斯利·A. 怀特）第 2 页。

③ ［美］威廉·A. 哈维兰：《当代人类学》，王铭铭等译，上海人民出版社 1987 年版，第 592 页。

进步、科学，甚至民主，非洲由此有了文字性的历史，有了科技上的生产，有了公民社会的大同，诚然突破了传统的非洲样范，功劳固然不菲，但是，正是在这一系列由西方操持的叙事背后，却创造出了附庸于西方意志的非洲形象。

殖民主义者深入非洲后，就始终怀揣着改变非洲人意识和理念的决心。他们一开始就以诱导的方式迫使非洲人"相信他们没有引以为豪的历史；他们的风俗和传统统统是糟糕的；甚至他们的语言也糟糕透了。没有一样是好的"①。随着殖民主义统治的逐渐加强，非洲的"古老文化被装扮成另外一种模式，西方同时将自己置于世界的中心位置上"②。这样，非洲即便拥有殖民主义者带来的文字，但也不能因此而表明非洲人具有能够亲自书写自身历史之能力。在真实行动中，能够履行抒写非洲历史职责的，无外乎就只有西方人自己了。在西方人看来，只有殖民主义者自己才是有能力为非洲抒写出历史的责无旁贷的角色。西方的"权力精英"由之演变成为传播非洲形象的重要工具。在这种状况下产生的关于非洲的文本材料，也并非就能够说明其就是非洲人真实意志的归属。

西方对非洲的文本表述，总体上是在一种极强的利益动机背后，或一种"免费搭车"的境况中被激发出来。很长时间以来，"一小撮有色人种点燃了对未知落后'黑暗大陆'的兴趣。探险家深入尼罗河探索，各种奇迹燃起了国内的浪漫激情。日益增多的传教士如利文斯通博士将西方的宗教和医药带进了非洲，回来后又鼓励政府在奴隶身上下手"③。像利文斯通这样的传教士，他们固然是以自身的文化素养、知识专长及特殊身份从特定角度缔造了非洲的形象，但是，这一偶然间的"大手笔"却最终沦为了持久的"公共物品"。

此行径无疑可归结为一定的因素：一方面，是源自于"一个人的文

---

① Godfrey Mwakikagile, *Africa and the West*, Nova Science Publishers, Inc., Huntington, N. Y., 2000, Introduction, p. 1.

② Anthony Esler, *The Human Venture the Globe Encompassed—A World History since* 1500, Prentice-Hall, Inc., Englewood Cliffs, New Jersey 07632, 1986, p. 102.

③ Ibid., p. 177.

化不仅影响其水准，而且还以牺牲别人为代价将兴趣导向了不同主题"① 之因；另一方面，也是由于建立在篡夺非洲主体性为前提的殖民主义行为动机上知识创造和传统发明的逻辑延伸的结果。由于诸如利文斯通这样的传教士的作为，不仅他们个人，而且整个外界，尤其是西方对非洲的认知被定型了。

面对非洲，西方人在形式上所采取的是"利用叙事来重述它们，而叙事的真实性在于所讲故事与过去现实任务的经历之间的一致性"②。但是，当西方人的叙事与现实非洲存在距离时，这就使得西方话语体系下关于"他者"知识的文本材料遭到叩问。另外，叙事作为一种描述性与解释性结合的方式，在表述上同样值得推敲。对于叙事，"必须注意的一点是……某一个特定的发现必然包含着认知者立场的痕迹"③。认知者的立场毫无疑问地会投射到其所书写的文本材料中。

与此同时，即便是"曾在殖民地工作过"的不少人类学家，"因此也不得不遵从当时的社会结构所做的重要安排"④，尤其是其母国社会结构所作的重要安排。在这种情况下，就算是那些具有良好学术教养的人类学家，其成果同样难逃某种先入为主固定框架的定格。以至于研究者的叙事不是针对研究对象而实事求是地做出表达，更是研究者怀揣在胸的认同发挥牵引、指导和决定作用的体现，从而建构出与研究者心灵期许相一致的模式来。

可以说，在西方人来到非洲之后，关于非洲的叙事似乎已经具有了一种崭新的结构和内容。决定这种结构和内容的力量来自于西方操持的话语权。伴随人类学学科的与时俱进，此情形萌生出了新的意义指标。比如，"人类学的研究对象是跨民族的，但是人类学的知识定位是欧洲

---

① Michael H. Agar, *The Professional StrangerAn Informal Introduction to Ethnography*, Academic Press, Printed in The United States of Amrica, 1996, p. 96.

② ［美］海登·怀特：《形式的内容：叙事话语与历史再现》，董立河译，2005 年版，前言，第 2 页。

③ ［英］汤因比等：《历史的话语：现代西方历史哲学译文集》，张文杰编，广西师范大学出版社 2002 年版，第 63—64 页。

④ ［英］雷蒙德·弗思：《人文类型》，费孝通译，华夏出版社 2002 年版，导言第 7 页。

中心主义的，同时训练的研究人员日益美国人化"①，在更多时候，即便是"一个受西方学术训练的……非洲人类学家，当他作为一位人类学家出现的时候，他的行为并不是一个……非洲人……他完全像一位欧洲学者那样生活和思考"②。由此暴露出人类学文本背后叙事权力关系的日趋盘根错节。西方对非洲的强制性塑造在新的时空中于是便转换成了另外一种轨迹。而非洲是否要服从，抑或接纳西方的话语权支配，则演变成为当今世界学科研究"去政治化"讨论的时代先声。对非洲自身来说，其所强烈要求的则是在由白人、西方创造的框架内，重新复原非洲人固有的合理位置及权力身份地位。

确实，关于非洲的文本叙事中蕴藏着一系列权力关系，即西方对非洲的凌驾、现代对传统的取缔、人为对自然的篡夺，等等。通过人类学"田野"方法能够剥离掉非洲文本材料之外的情境因素，深挖文本材料背后无形的话语支撑体系，探索叙事者的文化认同与叙事背后的权力关系，最终能够对非洲做出合理而客观的认识，并进而考虑认识的概念是以何种方式加以重新表述非洲的问题。此举在根本上"并不是对思维和认识活动进行'纯'观察的结果，而是来自于以某种生活哲学为基础的价值体系"③折射的体现，目的在于更好地理解"他者"和认识自我。

综上所述，人类学"田野"方法不仅可以呈现出遭误读的非洲历史及文化，而且还能够挖掘出非洲世界形象背后的叙事话语和权力关系。人类学"田野"不仅能够复原非洲本真态，同时，还能够为人类社会发展进程中由反思性思维累积成的知识结构的产生做出贡献。借助

---

① George W. Stocking, Jr. *Delimiting Anthropology Occasional Essays and Reflections*, The University of Wisconsin Press, 2001, (The subject matter were anthropology was international, but its intellectual orientation was Eurocentric, and disciplinary demography increasingly United States-ian), p. 281.

② S. Diamond, "Anthropology Traditionsthe Participants Observed", In S. Diamond, ed., *Anthropology and Heirs*, Paris：mouton, 1980. 转引自黄建波《文化人类学散论》，民族出版社2007年版，第25—26页。

③ ［英］汤因比等：《历史的话语：现代西方历史哲学译文集》，张文杰编，广西师范大学出版社2002年版，第62页。

人类学"田野"方法，能够更好地展现出非洲的本来面目，创造出真正的本土文化知识，最终将非洲真实、客观的历史事实重新组织起来，从而推进国际主体性平等地位及角色的建构。

第五章

抒　　写

人类学在研究对象及研究方法上有其特定性和特殊性。传统意义上的人类学，其通常所探讨和研究的不是自己的文化及社会，而是别人或"他者"的文化及社会。人类学所采取的研究方法，随着历史的演化而呈现出不同的时代特点及趋势。人类学在以非洲为研究对象的过程中，在不同历史阶段缔造出了不同的研究范式。基于人类学研究对象及研究方法的特定性和特殊性，能够从中抽象出学科发展与人类社会趋势、文化内部释义与社会情景外部解读之间的关联性。

第一节　记忆

如同其他所有学科一样，人类学的最高研究指向是能够抽象和凝练出普适性的人类价值及社会发展机制。与其他学科不一样的是，人类学是以独到的认识论和方法论来挖掘这一切的。而对研究对象进行民族志写作就是一个重要的体现。这样的写作内容包括了对研究对象的民风民俗、起居生活、惯习规约、乡土民情等看似琐碎的东西进行呈现。于此，人类学界甚至有人自嘲，人类学家所研究的无外乎就是人们的吃喝拉撒，是一些普通得不能再普通、边缘得不能再边缘的话题。人类学大师列维－斯特劳斯曾经典地将人类学研究戏称作在历史的垃圾箱中拾破烂的。然而，正是在这一最不起眼的研究内容上，人类学却胸怀大志及宏图伟略。

作为一门晚近的学科，人类学从一开始就没放弃对远大抱负的追逐，力图在其他学科不愿意或忽视的内容上凝练出人类的精华，觅取人类的真知。殊不知，这一独到的研究视角以及胸怀大志的抱负，却留下了关于研究对象丰富多彩的历史文化、知识体系以及社会逻辑。人类学的这种记忆性功用，是其他学科无法替代或涵盖的。人类学对非洲记忆性功用般的研究，无疑正好为非洲丰富的历史文化资料的整合描绘出了浓墨重彩的一笔。

由于非洲特殊的历史背景（如殖民主义的搜刮）与社会习惯（人们习惯口耳相传历史文化，以及以歌唱舞蹈形式来表达思考）等因素的制约，致使源自非洲本土性的书面文献资料相对欠缺。无可厚非，历史以来，"无论自然条件还是人的条件，地理条件还是历史条件都不曾有利于非洲"①。以至于在研究领域上，一直以来，关于非洲"资料来源问题是一个难以解决的问题"，"如果不是十分罕见的，至少也是在时间和空间上分布不均的"。② 通常情况下，学界"关于非洲历史的知识有三个来源：书面文献、考古和口头传说。这三者的后盾是语言学和人类学"③。其中，尤其是人类学，其囊括了关于非洲社会文化的大量信息，特别是对古老非洲传统文化信息的保留方面显得弥足珍贵。更为核心的是，随着现代化发展进程的不断加快，现实中的非洲传统文化遭遇着不断冲击，其本真态不是丧失就是扭曲，而借助人类学的一些作品，却能够在一定层面上对传统的非洲社会及历史文化有所再现。人类学以其独到的认识论、方法论为行为指导，对非洲传统社会及历史文化展开记忆，既留下了关于非洲的珍贵文本材料，也由此向外界展示出了人类学视野下的非洲形象。人类学是关于非洲知识记忆的工具，也是向外界宣传非洲的渠道。大量关于非洲的人类学作品便是担负起此种使命的关键媒介。

人类学在对非洲的关注领域上呈现出多元性特点。其关注领域主要包括：神话、哲学、宗教、语言、艺术、习俗、政治制度、社会等级，

---

① ［上沃尔特］J. 基－泽博主编：《非洲通史》第1卷，中国对外翻译出版公司、联合国教科文组织出版办公室1984年版，第4页。

② 同上。

③ 同上。

等等。人类学的开山鼻祖、英国的爱德华·泰勒（Edward Tylor，1832—1917）在其著名的《原始文化》一书中，就对非洲的多个民族，比如格雷博人、约鲁巴人、卡努里人、巴苏陀人、豪萨人、纳马夸人（霍屯督人的一支）、阿马科萨人、巴查平人（属班图族的索拉族支系）、祖鲁人、盖拉人、巴里人、苏苏人（居于几内亚和塞拉利昂）、瓦尼卡部落等的神话、语言、情感、算术、万物有灵观等进行记述。《原始文化》从不同角度展示了非洲各民族的历史文化和社会生产①的景象，留下了关于古老非洲的珍贵文字材料。

美国著名的人类学家路易斯·亨利·摩尔根，在其蜚声中外的《古代社会》一书中，呈现了非洲社会的发展层级。《古代社会》一书指出，"非洲自古至今始终处于蒙昧社会和野蛮社会两种文化混杂交织的状态"② 之中。该书同时还指出，通常地，"在非洲，我们见到的是蒙昧社会和野蛮社会交错的一片混乱现象。原先的技术和发明由于外界传入的组织和工具大部分都消失了；然而，最低级的蒙昧社会（包括吃人的风气）以及最低级的野蛮社会普见于该大陆的大部分地区"③。路易斯·亨利·摩尔根借此还展示了非洲的氏族、世系、酋长制等情况。由此，《古代社会》显然发挥了记录古老而朴素的非洲社会的作用。

无独有偶，芬兰人类学家 E. A. 维斯特马克同样在《人类婚姻史》中展示了古老非洲社会中的伊博人（尼日利亚）、姆蓬圭人（加蓬）、霍屯督人、卡菲尔人、霍瓦人（马达加斯加）、庞圭人（西非）、卡比尔人（阿尔及利亚）、马赛人、赫雷罗人、芳蒂人（西非）、桑戈人（东非）、奥邦戈人（西非）、瓦泰塔人（东非）、巴干达人、东班图人（南非）祖鲁人、马夸人、马孔德人、阿坎巴人、韦鲁人、苏克人、图尔卡纳人、卡马西亚人、卡维龙多人、巴格苏人、巴克内人、巴索加人等部落或族群的性选择、借妻换妻、节日纵欲、类别式亲属制度、母权

---

① ［英］爱德华·泰勒：《原始文化：神话、哲学、宗教、艺术和习俗发展之研究》（重译本），连树声译，广西师范大学出版社 2005 年版。

② ［美］路易斯·亨利·摩尔根：《古代社会》（新译本），杨东纯、马雍、马巨译，中央编译出版社 2007 年版，第 11 页。

③ 同上书，第 263 页。

制、婚姻制度、婚姻礼仪、结婚率与婚龄，等等。① 《人类婚姻史》无疑有针对性地展示了古老非洲众多民族的婚姻状况。

又比如，英国古典社会人类学创始人之一的詹姆斯·弗雷泽（1854—1941）在《魔鬼的律师——为迷信辩护》一书中以丰富的素材说明特定部落在特定时期内践履的迷信活动所起的作用。詹姆斯·弗雷泽动用了大量的非洲材料作为例子。比如，安哥拉内地卡赞伯斯人国王的神性、西非的卢安哥（Lonago）王国的神威、巴隆达人（Balonda）的私人财产观念、东非瓦尼卡（Wanika）人的护符、刚果的博洛基人（Boloki）和南尼日利亚的埃利伊人（Ekoi）的符咒、丁卡人（Din-kas）、巴干达人（Baganda）、安达巴卡人（Antambhoaka）、柏柏尔人（Berber）和西非卢安戈人（Loango）② 等的性禁忌，都被他充分调动起来。可以说，通过《魔鬼的律师——为迷信辩护》一书，可全面地了解非洲各部落或族群的迷信生活在其历史和社会进程中产生的规约作用。

以上这些人类学著作所描述的非洲各民族及部落的情况，或许在生产力高度发达的现代化进程中已被商业化或西方化，而丧失了本应具有的原生性特质。然而，借助于这些作品，却可从中窥见传统非洲社会各民族及部落具有的历史风貌。尽管这些具有先驱性特点的人类学作品，其在理论与研究方法的开创和使用上存在一定的时代局限，但是，它们却在无意识中对非洲历史风貌及传统文化现象的保存上产生了难能可贵的价值。这些著作以丰富的文字材料形式留下了非洲人习惯于口头传输信息之外的另外一些信息，为后人开启了了解和认识非洲的又一扇视窗。

人类学除了对古老非洲的历史及传统文化进行记忆外，还对当代非洲的发展进程给予了关注。伴随工业化的发展，人类学的研究视野不断得以延伸，研究内容不断得以丰富。如同所有的其他地域一样，非洲在

---

① ［芬兰］E. A. 维斯特马克：《人类婚姻史》第1—3卷，李彬等译，商务印书馆2002年版。

② ［英］J. G. 弗雷泽：《魔鬼的律师——为迷信辩护》，阎云祥、龚小夏译，东方出版社1988年版，第2—104页。

现代化发展进程中同样面临着一些发展困境。诸如民族主义、种族主义、经济滞后、城镇化问题、人口问题、工业化与社会生活贫瘠等都在非洲的现代化发展过程中一并暴露出来。这一系列发展困境，也因此成为人类学关注的焦点内容（从这一点上，可发现人类学正好体现出了应景性、实时性、与时俱进性的研究特质。由此，人类学显然是作为一种概念工具、价值工具而存在的）。

于是，人类学以深入非洲实地考察及调研的方式，力图不仅要弄明白这一系列困境产生的来龙去脉和前因后果，而且还要就此提出相应的态度看法和处理办法。在整个实地考察及调研的进程中，人类学家将注意力或侧重点放在对"为什么很多由政府负责的发展项目常常失败的原因的陈述"① 方面。比如，人类学家"莫瑞斯在 1981 年对在坦桑尼亚的半游牧养牛民族马赛人中开展的一个发展项目出现的社会性和政治性问题的记述"②，就比较典型。挖掘这一项目的成败因素，并发掘更为有效的治理手段及模式，显然成为人类学家的关注重心。

鉴于非洲在现代化发展进程中所遭遇到的一系列发展困境，人类学家不仅记述了这些事件发生的过程或始末，同时，还通过实地考察研究，最终找到这些项目失败的原因。这些项目之所以走向失败，从"本质上看来，社会性和意识形态层面的因素远远超过技术层面的。这些项目旨在改善农民的贫困，而这些项目却是由一些并不了解农村社区状况的人设计的"③。这当然难以达到应有的效果或所期许的目的。之所以产生这样的情形，很重要的一点是认识不够所致。

另外，人类学家也将关注重点和研究领域放在非洲流行的疾病、瘟疫等方面。人类学家之所以对非洲的疾病、瘟疫等展开关注和研究，是因为"考虑到艾滋病的影响首先被早已被污名化和受贬抑的人群感受到了这样一个事实，以及文化因素在艾滋病传播中产生影响这样的事实，人类学家由此有责任成为开展艾滋病调研的先锋队。尽管人类学家由于

---

① Richley H. Crapo, *Cultural Anthropology Understanding Ourselves & Others*, 2ND Eeition, The Dushkin Publishing Group, Inc., 1990, p. 315.

② Ibid., pp. 315 – 317.

③ Ibid., p. 315.

没有资金解决问题，但是人类学家不仅可以担负起理论调研的使命，同时还能设计一些有利于更好呵护患者健康的规划"①。在此，人类学家的所作所为，不仅是在为艾滋病"去污名化"，同时，也在竭尽所能为艾滋病病情的缓解尽一份绵薄之力。也有人类学家着手于弄清病情的来龙去脉，并从中找到引发病情的原因。比如，Janet W. McGrath 等人在对乌干达坎帕拉的巴干达人妇女进行考察时由此发现了引发艾滋病的原因所在："艾滋病知识欠缺，性行为就难以改变，因为性行为与经济状况、性别关系以及其他复杂的社会文化因素密切相关。"②

在此，人类学以独到的视角对非洲现代化进程中的一些困境展开独到关怀。人类学此番针对一系列困境展开认识、思考和解决的做法，至少能够体现出其并非是一个对现实社会不闻不问、处之泰然的束之高阁的学科，而恰恰是一门倾心及热衷于现实社会问题的探索，并力图为现实问题的解决贡献自己智慧及方案的学科。从另一个方面上看，人类学的这一做法，却是在以一种特殊的记忆方式或模式，将新时空中的非洲现实问题保存和记录下来。尽管时空转换交替，然而，人类学在现代化进程中仍然在以独到的方法或模式记忆着非洲的现在和当下。

通过之上内容，可发现人类学不仅记忆了非洲的过去，而且正在记忆着非洲的现在；不仅记忆了非洲的历史文化体系，而且正在记忆着非洲当前的发展节奏；不仅展示了非洲丰富的生活习俗，而且还关注着非洲当前的社会困境。综合起来看，人类学在非洲研究过程中不仅发挥了沟通历史和表达过去的作用，而且还展示了现在及预示了未来。既具历史性，也深富前瞻性；既具叙事性，也卓有记忆性。可以认为，人类学对非洲的研究，一定意义上使得非洲的"历史……不再是一定程度上的自然的和无法回避的人类命运，而是一种可以用新的科学分析方法加以

---

① Daniel G. Bates, Fred Plog, *Cultural Anthropology*, Third Editiong, McGraw-Hill Publishing Company, pp. 456 – 457.

② Janet W. McGrath, Charles B. Rwabukwali, Debra A. Schumann, Jonnie Pearson-Marks, Sylvia Nakayiwa, Barbara Namande, Lucy Nakyobe, Rebecca Mukasa, "Anthropology and AIDS, The Cultural Context of Sexual Risk Behavior among Urban Baganda Women in Kampala, Uganda", *Social Science & Medicine*, Volume 36, Issue 4, February 1993, Pages 429 – 439.

了解的文化构造物"①。

总体上，人类学特定的学科性质决定了：一直以来，人类学通过提供关于状况和事件的"准确"描述，而因此创造出透视人类社会的"科学"的方法论，达到对人类社会知识体系补课和完善的效果。就这一点而言，人类学是具有卓绝贡献的。即便在现代社会中，人类学仍然在以自身独到的方法论对其他学科忽略或被认为是边缘的议题进行抒写和记忆着。

第二节　想象

人类学在非洲研究中，除了对非洲进行记忆外，还对非洲展开了想象性建构。这样的想象之所以发生是由于一定的内外因素使然。

在人类学学科史上存在着一个前科学阶段。这样的前科学阶段，主要指的是在 19 世纪人类学作为一门学科出现之前的很长时间里。也即，具体主要包括从 15 世纪到 16 世纪的时间。在此期间，欧洲殖民主义者以及传教士等谱写出了大量的关于非洲的准人类学作品，建构起了拼图式的非洲人类学。这一时期，"殖民统治使欧洲人能同不同人种与不同生活方式的人接触。政府官员希望能够将政治控制凌驾于当地人之上，传教士希望能向当地人传播基督教教义。他们两者都渴望了解他们试图控制的人的情况。尤其是传教士，他们在记录和研究当地人的语言上尤为积极"②。在此，暂且不谈殖民主义统治色彩方面，殖民官员及传教士的作为无疑为人类学奠定了最初的抒写范式，无疑为之后人类学的发展，以及外界对非洲的认识和了解提供了一定的依据。

当后来的人类学家在将殖民官员及传教士抒写的材料当作研究资料时，通常地，人类学家会"把这些二手材料当做关于异文化的第一手资

---

① ［德］哈拉尔德·韦尔策编：《社会记忆：历史、回忆、传承》，季斌、王立君、白锡堃译，北京大学出版社 2007 年版，第 36 页。

② Richley·H. Crapo, *Cultural Anthropology Understanding Ourselves & Others*, The Dushkin Publishing Group, Inc., 1990, pp. 14–15.

料来从事研究"。在认识态度上，对于"与西方同时期的那些'野蛮'或'原始'社会文化的资料，则被他们视为历史文化的'活化石'"。[1]这样一来，人类学便演变成为书斋里的学问，人类学家亦因此被戏称为"摇椅上的大师"，人类学作品便相应地变成是对大量无序材料进行结构性加工后的知识集结。

即便是著名的英国人类学家泰勒也不得不承认其皇皇巨著《原始文化》具有的这种征候，其是对来自于邻近科学的学者、历史学家、旅行家和传教士等的材料加工而成的产物。[2] 拉德克利夫·布朗在对非洲部落做甥舅关系的探索时也不得不借用朱诺德先生所记载下来的巴聪加人的习俗；在对南非的纳马霍屯督人（Nama Hottentots）进行考察时则采用了豪恩莱夫人（Hoemle）的材料。[3] 显然，依靠二手文字材料进行研究诚然是早期人类学的主要特点。可以说，在这一时期，"除去摩尔根亲自调查过易洛魁族以外，著名的人类学家们从未离开过书斋，他们都以传教士、殖民官员和商人提供的资料为根据"[4]。

在具体研究环节中，最为紧要的是：人类学家"需要在手头所有的古代文献里常见的、互相矛盾的原则中作出合理的选择，需要从更精确的分析中导出一般概念"[5]，"或则进行比较研究，或则构筑宏大的理论体系"[6]。比如，F. 拉采尔的学生 L. 弗洛贝尼乌斯（1871—1938）试图利用各种材料论证"西部非洲文化圈的存在"，在柏林民族博物馆工作的格雷布纳（1877—1934）和安卡曼（1859—1943）利用博物馆大

---

①　[美]乔治·E. 马尔库斯、[美]米开尔·M. J. 费彻尔：《作为文化批评的人类学：一个人文学科的实验时代》，王铭铭、蓝达居译，生活·读书·新知三联书店 1998 年版，第 37 页。

②　[英]爱德华·泰勒：《原始文化：神话、哲学、宗教、语言、艺术和习俗发展之研究》，连树声译，广西师范大学出版社 2005 年版，序言第 1 页。

③　[英] A. R. 拉德克利夫-布朗：《原始社会的结构与功能》，潘蛟、王贤海、刘文远、知寒译，中央民族大学出版社 1999 年版，第 17 页。

④　[日]绫部恒雄编：《文化人类学的十五种理论》，中国社科院日本研究所社会文化室译，1988 年版，第 25 页。

⑤　[英]菲利普·沃尔夫：《欧洲的觉醒》，郑宇建、顾犇译，商务印书馆 1990 年版，第 249 页。

⑥　[日]绫部恒雄编：《文化人类学的十五种理论》，中国社科院日本研究所社会文化室译，国际文化出版公司 1988 年版，第 25 页。

量材料于 1904 年深秋召开的柏林人类学、民族学、史前学会会议上分别就埃塞俄比亚和非洲文化圈与文化分层发表论文，他俩的演讲标志着文化圈研究的成立。① 这一切，显然能够彰显出如下事实：人类学家是在利用二手材料的基础上来印证或建构某种理论或认识的，并力图让自己所坚持的理论或认识更具说服力及公信力。经由此番条件而塑造出的非洲社会诚然符合人类学家的某种价值预期。

西方中心主义，作为一种特定的意识形态或价值取向机制，同样对非洲人类学的研究存在着一定的牵制性。19 世纪，这是西方历史上一个极不平静而躁动的时代。在这样一个不寻常的时代中，人类学与非洲的不凡遭遇使得人类学对非洲的想象建构被推到时代的顶峰，达到高潮状态。科技领域的重大突破，使得海上探险丰富了人们的世界知识，并激起了人们对那些居住在远离欧洲大陆之外的非洲民族和部落的好奇心。殖民主义统治者占领非洲后，人类学家在满足殖民主义统治要求和服务于殖民主义统治需求的同时，也相应地获得了亲临其境进入非洲的机会。比如，久负盛名的英国人类学家埃文斯·普理查德关于努尔人的研究就"是在英埃苏丹政府（the Government of the Anglo-Egyptian Sudan）的要求下进行的"②。

由此，很明显，人类学对非洲社会的认识、解释，是以一定的服务型目的为要旨的，是以遵从于一定的功利性目标为动力的。而不可避免造就的结果却是：殖民主义统治势力固有的一种强势逻辑不胫而走地被带入非洲。非洲由之被变相地看作是一个与西方格格不入的存在，是一个需要输入秩序、规则、文明、理性等来矫正的地方。而殖民主义统治者正是能够担当这一使命的关键性角色。西方殖民主义者对自我的这一定位，已悄然而潜在地将西方的知识权威、政治理性、科技文明等强势注入到非洲有机体之中。

并且，这一时期实证主义的汹涌，也使得人们的认识、认同爆发出

① ［日］绫部恒雄编：《文化人类学的十五种理论》，中国社科院日本研究所社会文化室译，国际文化出版公司 1988 年版，第 14 页。

② ［英］埃文斯·普理查德：《努尔人——对尼罗河畔一个人群的生活方式和政治制度的描述》，储建芳、阎书昌、赵旭东译，华夏出版社 2002 年版，序第 1 页。

前所未有的"超越"性特质。"在 19 世纪，随着一个世俗的世界观——文化进化论，逐渐占据统治地位，文化由野蛮到文明的演进在广大学者中得到认同。"① 这一认同的广泛性扩散，极大地感染了人类学家，他们纷纷开始搜罗各地民族或部落的材料，寄希望于为人类社会从低级向高级进化的发展逻辑提供更多的证据。人类学进化论学派就是在这一背景下诞生的。

随着实证主义的广泛发展以及进化论得以普遍推崇的浪潮的持续涌动，"西方文明影响的广泛性已远远超过其他任何迄今所知的地方性团体。它使自己成为地球上大部分地区的标准"②。在西方看来，像非洲这样的非西方世界正是需要以这样的标准来整治的对象。由于这种"标准"具有先入为主、先发制人的支配性质，以至于当西方人类学家在对研究对象展开研究的过程中，以及最终提供给读者的作品都难免被套上西方价值观念、认知逻辑甚至意识形态的紧身衣。在实际中，更为尴尬的局面是，非洲被当作是西方的对立面来看待，"非洲……没有能力抵御欧洲军队、商人、传教士和官员的情形被诠释为是欧洲人生物优越性的鲜活证据"③。借此，可以毫不含糊地推导出的是，"在整个 19 世纪，几乎所有受过教育的西方人都是种族主义教条的坚定党徒"④。西方挖空心思要做的不过就是将自身秉持的价值观念、意识形态、政治权力等不遗余力地推及对非西方社会结构及政治模式的建构上。其中，就研究领域而论，"政治在社会研究中渗透得远比我们想象的深远"⑤。人类学视野下的非洲研究诚然摆脱不了西方中心主义价值观的牵制和羁绊。在这样的背景下，人类学家所做的不过是"通过制度化和符码化的过程将

---

① Richley·H. Crapo, *Cultural Anthropology Understanding Ourselves & Others*, The Dushkin Publishing Group, Inc., 1990, p. 15.

② [美] 露丝·本尼迪克特：《文化模式》，何锡章、黄欢译，华夏出版社 1987 年版，第 4 页。

③ Marvin Harris, *Cultural Anthropology*, Third Edition, Harper Collins Publishers Inc., 1991, pp. 37 – 38.

④ Ibid..

⑤ [美] 艾尔·巴比：《社会研究方法》（第 10 版），邱泽奇译，华夏出版社 2005 年版，第 78 页。

自身对殖民地的想象转移到殖民地人民身上，并塑造了他们的自我想象"①。

　　另外，人类学研究对象——民族或部落的主观性，以及人类学家在民族志写作过程中的解释性，都会对人类学文本的形成产生影响。人类学的研究对象是否以真实的话语、真诚的态度来支持人类学家的研究，始终是一个重要而核心的问题。比如，在人类学家开展研究的过程中，"一个非洲乡民为了答复人类学者的询问，竟然去把梅耶·福特兹（Meyer Fortes）的著作找了出来"②。这种做法是否真的能够满足人类学家对真实客观材料需求的愿望，或者能够达到真正回答人类学家提出的问题的效果，确实需要做出理性的探究和挖掘。正因为如此，柯文·德耶尔（Kevin Dwyer）通过《摩洛哥对话》一书便得出"田野工作者貌似权威的论述现实上依赖的是对资料的不完整和不可靠性的把握"③ 的结论。同样，英国人类学家奈杰尔·巴利（Nigel Barley）通过在 1977年至 1979 年间两度前往喀麦隆对多瓦悠（Dowayo）族实地调研后写成了《天真的人类学家——小泥屋笔记》一书，其极大地"赋予人类学家的'天真'形象，恐怕也可以把提供资料的当地人视为'狡猾'的化身"④。

　　在这样的情形下，人类学作品最终不过是"人类学家的天真与原住民的天真碰撞出来的知识"⑤ 大集结的体现。固然，"科学作为集体的事业，是通过互为主观性而趋近于客观性的"⑥。但是，正如英国设菲尔大学民族音乐教授乔纳森·斯多克指出的那样，人类学家"试着将一

---

　　① ［美］本尼迪克特·安德森：《想象的共同体》，吴叡人译，上海人民出版社 2005 年版，导读（认同的重量：《想象的共同体》）第 12 页。

　　② ［美］乔治·E. 马尔库斯、［美］米开尔·M. J. 费彻尔：《作为文化批评的人类学：一个人文学科的实验时代》，王铭铭、蓝达居译，生活·读书·新知三联书店 1998 年版，第60 页。

　　③ 同上书，第 104 页。

　　④ ［英］奈杰尔·巴利：《天真的人类学家——小泥屋笔记》，何颖怡译，世纪出版集团2003 年版，导读（"人类学家的天真与原住民的天真"）第 4 页。

　　⑤ 同上书，第 5 页。

　　⑥ ［美］艾尔·巴比：《社会研究方法》（第 10 版），邱泽奇译，华夏出版社 2005 年版，第 75 页。

群鲜为人知的人们介绍给另一群可能从未接触过的读者。这样对斯土斯民的侧面描述不可能是客观或科学的"①。现实中，人类学家通过"田野"调查研究，试图对一个社会、民族或部落等进行"写文化"，本质上是需要利用各种材料促使其真实面貌重新浮现出来。然而，材料的占有、研究者的知识背景和价值诉求等都会影响最终产出的作品。

当然，人类学家在对大量的材料占有和使用时，无疑就是要借此说明研究对象的社会轨迹、文化机制、生命脉络等方面逻辑进程的充分性。比如，泰勒就利用了大量的非洲谚语、谜语、神话、信仰、图腾、技艺、仪式等方面的丰富材料，目的就在于佐证"遗存"学说的可行性或实然性。泰勒的这一探索研究，具有不菲的价值，其确实使得"作为进化论思想的成就被树立起来，然而却使得单线进化论范式暴露出瑕疵来"②。或许正是由于存在这样的瑕疵，才使得西方与非西方的鲜明区别得以彻底地体现出来。

借助以上分析，可发现人类学在对非洲展开研究的过程中，显然是受到外在于人类学而存在的某种强大思想意识形态、地区中心主义，以及人类学民族志写作范式等方面内容的主观性与解释性的影响，最终形成的文本模式亦不可避免地牵制了人们对非洲的认识和理解。人类学视野下的非洲，一定层面的不过是基于某种理念认识、意识形态等特殊上层建筑而缔造出的人为之物。这样的人为之物，"一旦被创造出来，它们就变得'模式化'……被移植到许多形形色色的社会领域"③ 之中。非洲的世界形象就是在基于此番背景情况下而被演绎和塑造出来的。实际上，人类学正是基于一定的研究材料，并将之与某种理论概念相结合，然后再以惊人的想象力展示出非洲的世界形象的。

---

① ［英］奈杰尔·巴利：《天真的人类学家——小泥屋笔记》，何颖怡译，世纪出版集团2003年版，序（人类学、文学以及游记）第8页。

② ［英］阿兰·巴纳德：《人类学历史与理论》，王建民、刘源、许丹译，华夏出版社2006年版，第39页。

③ ［美］本尼迪克特·安德森：《想象的共同体》，吴叡人译，上海人民出版社2005年版，导论第4页。

第三节 重构

20 世纪后半叶，随着殖民主义统治的瓦解，人类学内部遂出现了一股反思性的汹涌潮流。反思的目的是力图达到这样一种高度，即人类学研究中的"写文化"不应该超离或僭越客观事实，而是要基于客观事实对研究对象的本然面貌展开重构。

直观意义上，殖民主义统治的瓦解确实给人类学对非洲社会的重构带来了希望。殖民主义统治的瓦解意味着西方人一直秉持的理念、价值观、意识形态等受到前所未有的冲击，甚至颠覆。最先产生这种感受的是西方人自己。紧接着，他们开始质疑西方所标榜的价值观和认知模式，甚至对自身所处的社会现实及生活处境也深感悲观失落。于是，便萌生走出自身社会及生活圈子、去洞察人类真谛并发现别人生存的意义的愿望。基于此，众多的人类学家再次将焦点投注于非洲身上。他们力图借助非洲，以期达到在反思自我的同时，重构非洲"他者"社会真实面貌的目的。

对此，有其例可鉴，比如，美国人类学家马文·哈里斯的研究就是在反思西方、重新认识"他者"世界的基础上而有所斩获和突破的。马文·哈里斯力主多实地调查，而少闭门造车，并对亲力亲为践履这一主张产生了浓厚的兴趣。他曾亲自出马前往莫桑比克、厄瓜多尔等地展开深入的实地调查，最终形塑出了文化唯物主义的研究方法。

在 1977 年出版的《文化的起源》一书中，马文·哈里斯反思了西方的认识及理念："若干世纪以来，西方人一直心安理得地沉溺于物质将永无止境的信念"，在维多利亚时代科学家看来，"文化进化似乎是一种攀登险峰的朝圣历程，高踞峰巅的文明人可以俯视'低级'文化经历的种种不同的野蛮蒙昧阶段。维多利亚时代的人们夸大了所谓野蛮人的物质贫困"，[①] 与之相随而来的是，一种具有普遍化的情形出现了：

---

① ［美］马文·哈里斯：《文化的起源》，黄晴译，华夏出版社 1988 年版，序言第 1 页。

西方以一种胜人一筹的工具理性来贬抑处于"低级"文明的非西方社会。鉴于此，马文·哈里斯写作此书的目的就在于力图改变维多利亚时代以来人们所持有的观点及看法，而试图"用一种对文化进化更为现实的描述取而代之"，马文·哈里斯甚至由此发出强烈的呼吁："一种盲目的决定论一直统治着我们的过去，但这并不意味着它也能统治未来。"① 在此，马文·哈里斯是通过多元的丰富材料来佐证他的这一见解的。比如，在对南非展开考察时，马文·哈里斯便指出：布须曼族"居住在卡拉哈里沙漠区边缘，其水草丰饶程度与旧石器时代早期的法国不可同日而语，尽管如此，每个布须曼族成人每天用不了 3 小时就足以获得有丰富蛋白质和其它基本营养的食物"②。由此，布须曼人并非就不能在自己所处的相应时空中及应有条件下达到自我补给、实现自给自足。这样的发现，就能够排除布须曼人依赖于外部势力（比如殖民主义势力）而存活的定论或偏见。寿命上，据"豪厄尔·南茜对165名昆·布须曼族妇女进行的调查表明，其估计寿命为 32.5 岁，这与亚洲和欧洲的许多当代的发展中国家的数字相比亦略胜一筹"③。在此，此番发现同样能够破除和摧毁西方推崇的优越物质或优渥基础意味着一切皆优越的美丽神话。马文·哈里斯正是通过这一系列的客观素材来说明西方的文化并不是第一个达到增长极限的文化，西方"视为进步标志的许多东西实际上只是重新达到史前人类普遍的享受标准而已"④。马文·哈里斯的探索研究由此所揭示出的道理是：任何地区主义、民族主义或本位主义炮制出的论调，必将会等到实践的检验和时代的过滤。

此外，不乏其例的是，美国人类学家新锐——保罗·拉比诺受西方现实的冲击，同样寄希望于反思自我、重塑"他者"。保罗·拉比诺通过在摩洛哥开展为期一年的"田野"调查研究，结果发现"作为民族

---

① ［美］马文·哈里斯：《文化的起源》，黄晴译，华夏出版社 1988 年版，序言第 2—4 页。

② 同上书，第 6 页。

③ 同上书，第 11 页。

④ 同上书，序言第 2 页。

志的研究课题，前殖民主义法国留下来的无精打采的旅店老板以及阿尔及尔旧城区和市场中的充满浪漫色彩的柏柏尔人居民相比同样有价值"①。保罗·拉比诺正是期待从这些曾被舍弃的"无精打采"的边缘化角色中修正既定的价值模式，重塑属于人类本性的正态声音。很明显的是，人类学家所依靠的，并不是他的知识，而是他的意志，在这里，有待实现的价值有着决定性的意义。

英国人类学家奈杰尔·巴利也深入到喀麦隆多瓦悠部落社会中开展调查研究，并由此写成了《天真的人类学家——小泥屋笔记》一书。在该书中，奈杰尔·巴利在文字表述上充斥着无尽的调侃与辛辣的幽默的味道，但是，透过这一表述形式，却能发现其背后隐藏着的人类学研究盲点。奈杰尔·巴利以"笔记的方式抖出近乎全部的田野经历，来质疑曾经一直被视为人类学看家本领的田野作业理论"②，而他这样做的更深刻的意蕴则是试图从根本上来反思西方霸权主义文化的现代性缺失与弊端。最终期待达到的是对研究对象，尤其是非洲这样的经历了殖民主义血腥统治的国度做出客观而中肯的认识和看待。这一点，可从奈杰尔·巴利深深的感叹中折射出来："照我的想法，如果现有的民族志文献反映了研究对象，而非研究者的个人意象投射，那么非洲看来是最无趣的一洲"③ 了。那么，奈杰尔·巴利的努力无疑就是要让民族志文献能够真正反映研究对象，切实反映非洲社会现实，着力关注"非洲话语的基础"以及深度挖掘"非洲的世界［如何］作为知识的现实得以建立"④ 的逻辑机制，并最终确立起能够维系非洲社会运转的本土知识和价值体系。

确实，人类学所做出的反思性努力，是随着殖民主义统治的日趋瓦解而得到不断加强的。人类学在反思过程中，将研究视角转向非洲，其研究意向及研究结果正好与殖民主义统治时期的人类学研究形成相反或对立的关系。

人类学在反思性基础上，将注意力重新放回到非洲。这一重新之

---

① 中国社会科学杂志社编：《人类学的趋势》，社会科学文献出版社 2000 年版，第 5 页。

② 吴世旭：《〈天真的人类学家〉读后》，《博览群书》2004 年第 2 期，第 97 页。

③ ［英］奈杰尔·巴利：《天真的人类学家——小泥屋笔记》，何颖怡译，世纪出版集团 2003 年版，第 5 页。

④ 中国社会科学杂志社编：《人类学的趋势》，社会科学文献出版社 2000 年版，第 81 页。

举，理论意义上意味着人类学将在西方政治权力不在场、强制力量淡出的条件下，还非洲应有的真实及客观。同时，人类学也努力将表述非洲的权力尽可能地交换给非洲人自己，以让世人能够真正聆听到非洲的心声，让非洲"他者"不再是别人眼中的陌生人。

通过以上内容，旨在阐明人类学在对非洲开展研究的过程中，其独到的关怀视野及研究方法无疑给人们留下了关于非洲丰富的文本材料，发挥了不可或缺的记录价值和记忆功效。但是，由于人类学的西方渊源性以及研究对象的他者性，又不可避免地使得西方的价值观、知识体系、认知逻辑等因素被嵌入人类学的研究过程和研究结果之中。再加上，人类学作为一门发展中的学科，在发展过程中又不可避免地与不同的社会历史阶段产生着紧密的关联性。特定的社会历史阶段，尤其是那些政治背景较为特殊的社会历史阶段，却使得人类学研究由此附着上一层浓烈的政治色彩，从而使其丧失了作为学科研究过程及研究结果所具有的本然性和应然性。

鉴于此，人类学的西方渊源性、研究对象的他者性以及发展过程中的特定社会历史阶段性，均一并决定了人类学在对非洲展开考察研究时，难免会对非洲的研究施加上基于西方标准的判断及逻辑，从而难以克服外力强制作用的险境。于是，当人类学在呈现非洲民族、部落或社会时，某种想象性建构的成分显然滋生于其间。随着世界格局的不断转型，人类学步入反思阶段，开始力图针对非洲这样的"他者"社会做出重构，从而一展其本然面目或客观实在性。

人类学在非洲研究过程中彰显出的记忆、想象、重构三重性特点，某种意义地存在着一定的线性关联性，同时，这三个特点之间又以交叉并置的态势得以从不同阶段局部地展示出来。可以说，人类学在对非洲大陆展开探索研究时，以记忆、想象和重构的方式，对非洲的世界形象的抒写和模塑发挥了巨大的牵引性作用及价值。在具体研究环节上，虽然每个环节都可能滋生出不可回避的负面性因素，但是，透过这些负面性因素却依然可以发现人类学在历史进程中不断寻求研究突破或研究范式转换的强烈诉求，以及人类学学科本身与时俱进的发展趋势。

第六章

附　会

　　人类社会存在着一种本然原生的逻辑状态，即，在社会生产劳动实践中经验性地生产并传承社会运转的知识。人类多元一体及常态化知识谱系的产生和发展，便是在经由此种实践过程的基础上而不断锻造出来的产物。

　　非洲作为一个由不同民族、部落或社会构成的大陆，同样像其他大陆一样彰显着由本土的非洲各民族、部落或社会创造并传承知识的逻辑机制。而在近现代历史过程中，外界势力，尤其是西方对非洲的侵入或渗透却使得一直由非洲人自己创造的本土知识谱系遭遇断裂，甚至面临着被取缔的危险。近现代西方势力的到来，在确实促使非洲改变某些基础设施或硬件条件的同时，也在无形之中使得关于非洲的知识或概念发生了一定的变化，而滋生出了新的内容或说辞。非洲传统的知识脉络由之遭到侵扰，甚至产生异化，偏离了本土结构而囿于西方的知识谱系之中。人类学在对非洲展开探索研究的过程中，在将某种知识体系带入非洲的同时，也使得非洲传统的本土知识体系遭到不可挽回的破坏。

　　人类学与非洲的遭遇，毫无疑问地为非洲捎去了"鲜活"的外来知识，但是，也由此使得西方的价值逻辑被巧妙地安置在非洲本土之上，而最终缔造出了符合于西方认知表象的非洲形象。"文明""发展"作为以西方经验——科学技术与经济理性——为基础而建构起来的知识谱系，当向外界，尤其是向非洲推广时，被转换成了一种能够定义非洲"他者"的概念工具及权力话语。

　　固然，由内生机制长期维系而运转的非洲，在"文明""发展"中心论的冲击下，其传统的知识脉络因此遭到动摇，而呈现出某种偏离本土化的走向及趋势。鉴于此，探讨这种源自于西方的知识形态（即文明、发展）与特定社会结构因素（具有本土特质的非洲）的附会性关联，能够了解特定的知识嫁接方式，以及知识作为利益工具或政治诉求表征被普遍化而造成的历史及现实影响。同时，能够借此解释当代社会科学凝练知识和传输知识过程中具有的一厢情愿性或主观性，并借此能够解释人工阐释概念所具有的隐喻性内涵和间接性效用。

第一节 前奏

近现代，自然科学与社会科学的探索研究共同表明，前现代的非洲不仅历史悠久、文化灿烂、经济发展，更为重要的是，存在着一个线性延续和关联的知识脉络及社会发展模式，即由非洲各民族、部落在生产劳动实践中创造出的知识结构，以及由这种知识结构塑造成为的人类共同体。而当西方启动向外寻求原材料、壮大工业生产行动时，非洲这一内源性的知识脉络及社会模式却遭到重创。结果是，不仅非洲的文化资本、成长根基被根本性地动摇，而且基于非洲本土知识脉络之上的社会关系也随之终结。此种情势，无疑是"随着欧洲人对世界其他地方贸易和政治垄断的拓展，及其得意于自身社会的荣光而将焦点放在人类的差异性上"① 的认识和做法的日益强化而得以逐渐加剧的。

西方在寻求原材料及商品市场的过程中，顺理成章地将突破前工业时代而获得的革命性业绩——"文明""发展"——侥幸地用来标榜自我和纠偏非洲，并依据各种可能的角度牵强地认为"非洲似乎不仅与国际体系日益脱节，而且已被世界抛弃并沦为强制性的孤立对象（enforced isolation）"②。

近现代西方与非洲的遭遇，使得西方对"文明""发展"的重视和

---

① William A. Havilland, *Anthropology*, Tenth Edition, Thomson Learning, Inc., 2003, p. 7.

② Richard Joseph, *State, Conflict and Democracy in Africa*, Lynne Rienner Publisher, Inc., 1999, p. 452.

崇尚被提到了理论与实践正态相向的高度。"文明""发展"作为源自西方科学技术革命、物质经济发展的知识谱系，在人类学涉足于非洲探索和研究的过程中，从而被嫁接成为能够洞察和发掘非洲贫穷落后根源的重要工具，其被当作是能够最终帮助非洲摆脱贫困、达到致富的利器。

19 世纪，随着具有普世情的进化论坐而论道，人类学尝试以非洲作"田野"对象来验证西方从工业革命中生产出的"文明"成果的科学性，努力挖掘非洲之所以是西方反面的因子，并顺畅地将非洲演化成西方前现代的缩影，最终经典地将非洲命为人类史上不折不扣的"活化石"。与"文明"的西方比较而言，非洲自然是"荒芜之地""贫瘠之野"。在此，由西方自我定位的有关于"文明"的知识形态，无疑变成西方意欲中非洲能够跟上人类社会历史步伐的尺码。走向"文明"、达到"文明"，成为了西方引领非洲摆脱困境的标杆。于是，非洲因此获得由西方定义的身份特质，即，一个异于"文明"西方、需要"文明"来教化、需要超越原生有机体而转换成为"文明"的存在。

随着两次世界大战造成的严重后果，以及殖民主义统治体系的最终瓦解，人们开始重新探索人类命运的走向及人类社会建设的前景问题。于是，"发展"议题随之应景而生，并紧接着转换成为了推动人类社会历史前行的新引擎。

客观上，"发展"议题既是 19 世纪达尔文生物进化论的延续，同时也是新发明的"理性主义"进步观的推演。作为一个贯穿于现代化进程中的认识理念及知识实践，"发展"产生了普世性的价值特点及意义趋势。殖民主义统治在非洲瓦解后，非洲纵然享有了自主性权利，但是，与西方日趋上升的经济增长统计数值相比较而言，非洲所呈现出的各种性质问题交织的错综复杂局面，使得西方由此将非洲当作确实已与新时代主题脱离的对象。非洲欠"发展"、需"发展"便成为外界，尤其是西方眼中的非洲的现实存在状态，甚至是未来前景。

在此番情形之下，作为以人文关怀为重的人类学，并没法回避大时代赋予的"发展"关怀。20 世纪 60 年代之后，人类学分支学科"发展人类学"（"发展人类学"是"应用人类学"的一个分支）在非洲的异军突起充分说明新时期学科命题已变得更加活跃起来。"发展人类学"

对非洲的研究，总体上是以体察政府或国际组织的一些开发项目是否开展得适当与合理，其"研究领域涉及到人类学知识与知识在超越人类学范畴运用之间的关系"①。固然，这样的做法饱含着无限善意，但却难以回避一种新的权力话语再次被植入非洲的危险。因而，殖民主义统治的瓦解以及非洲的独立，并未使得非洲真正摆脱被塑造的糟糕境遇："政治殖民地独立了，新的形式更隐蔽的帝国主义却站住了脚跟"，革命结束了，非洲人"却感到受新型权威的严密控制"② 更加严厉了。

总体上，人类学以检验知识概念和认识理念的方式将来自于西方科学技术革命以及物质经济发展进程中的知识谱系植入非洲，使非洲获得了一种由外来知识谱写的形象，并创造出一种政治权力向外扩张过程中知识概念在"他者"身上产生的意义机制。

第二节　文明

在人类社会历史进程中，社会科学的每一次突飞猛进都跟生产力的提升密切关联着。19 世纪，是人类历史上一个极为不平凡而卓越的世纪。在这一世纪中，科学技术转换成为生产力，推动了世界资本主义生产的壮大和物质经济的增长，同时，也不可避免地引发出了社会科学研究力图步入实证主义阶段的极大冲动。此情势，既体现出了世界资本主义模式能够创造出生机的"优越性"，又彰显出了资本主义生产力提升过程中所具有的阶段性国际化发展诉求。基于此番背景而诞生的人类学，显然并没能够回避受此牵动的必然性结局。

人类学在积极响应实证主义呼唤以及成就西方知识走向普世化现实的同时，还促成了知识的嫁接、联袂，并最终引发了非洲知识、概念，

---

① Conarad Phillip Kottak，*Cultural Anthropology*，Elecenth Edition，The McGraW. Hill Companies，2006，p. 25.

② ［美］赖特·米尔斯：《社会学的想象力》，陈强、张永强译，生活·读书·新知三联书店 2001 年版，第 2 页。

甚至社会机制及制度变迁的发展事实。在此，人类学显然促使其理论工作与经验研究之间达到了以最彻底的方式实现相互渗透的效果。

人类学作为一门学科，能够在 19 世纪后半期发展起来，对于人类学来说是幸运的，但同时也是必然的。这一时期，世界资本主义的全球性扩张，使得人类学获得走向世界以及探索"他者"的契机。于是，西方所秉持的价值观从而便在异域获得被推广的可能。进化论的关注旨趣推动人类学产生以典型案例印证假说的雄心，走向实证成为不可逆转的学科潮流。西方坐拥的价值主轴承载起了各种知识情境及社会关系的再生产。

科学地看，实证主义、进化论的兴起是西方观察自我社会之后的一种知识发现。实证主义"坚信科学是真正知识的可靠基础"①，"知识本身就等于由科学方法所获得的知识"②，"在进化论的体系中，错误和幻觉都是终将被发展规律根除的因素"③。某种基于实证主义的价值主轴被确立起来。

鉴于西方当时已无法从自身找到人类历史初始源头痕迹的情形，西方便尝试着将视野转移到异域。而要使得最终的结论有说服力或具有可信性，西方需要占有一系列的经验性材料以作佐证和支撑之用。同时，借助于这一系列的材料，西方还试图证明科技革命是如何使西方自身以理性之手段"脱胎换骨"于前现代的。

在西方视野下，那些依然保留着西方前现代样态的非西方国度，比如非洲，就是因科技理性严重匮乏而导致了眼下的窘态。与西方科技理性造就的文明现实比较而言，非洲无疑是西方"文明"的反面或"反文明"的典型。一种源于"文明"模式的西方状态，当用来定位非洲时，爆发出了咄咄逼人的态势，成为西方深入非洲实地、干预非洲政治，甚至剥夺非洲主权的一个标准。

---

① ［英］艾伦·斯温杰伍德：《社会学思想简史》，陈玮、冯克利译，社会科学文献出版社1988 年版，第304 页。

② ［英］沃尔什：《历史哲学——导论》，何兆武、张文杰译，广西师范大学出版社2001年版，第2 页。

③ ［英］艾伦·斯温杰伍德：《社会学思想简史》，陈玮、冯克利译，社会科学文献出版社1988 年版，第304 页。

随着人类学以"文明"视野"身入"非洲，在形式与符号缔造的共同表象背后，串联出一个西方意识形态与"他者"认知碰撞的逻辑进程。从历史过程来看，"'文明'这一术语于18世纪50年代在法国创造出来并很快在英国被采用，它通行于这两个国家中，用于解释它们帝国主义剥削的优越成就及正当理由"①。这样，人类学所借用的"文明"分析维度虽然取得了一定合理性，客观上也不会像殖民者借用战争武器那样对非洲人民展示出生杀予夺的强制性能力，但是，通过一系列象征性中介与行为意识的隐形勾结，却能洞见非洲人的信仰和态度被艺术化地影响了。一种由西方"文明"知识体系主导的情境被创造出来，并因此而获得惊人的不衰生命力。人类学在殖民时期参与抒写或描绘的"文明"西方和不"文明"非洲（非西方）之间的差异，为知识与权力的共谋并进备足条件，营造出一种"既维系着传统世界的认知方式，也维系着正在进行认知的人们之间的权力网络关系"②的氛围。本质意义上，这是一种对行动情境的反应和泛化西方价值观的方式，其从根本上推动了情境知识的建构进程。

第三节　发展

20世纪，打开了非洲历史的崭新页面。"随着在二次大战后期产生的地缘政治区划的终结，在国际事务中出现了一种新的认识……即基于法治与民主而建立的国际秩序。尽管民主或世界性民主在语义上是难以捉摸的，但却成为了医治第三世界的万灵药。"③在西方看来，来自西方的发展模式对非西方社会，尤其是像非洲这样的国度无疑具有样板效应。"西欧的历史表明通向民主的经济性与政治性新路径之一便是通过

---

① ［美］马歇尔·萨林斯：《"土著"如何思考——以库克船长为例》，张宏民译，上海人民出版社2003年版，导论第13页。

② ［英］奈杰尔·拉波特、乔安娜·奥弗林：《社会文化人类学的关键概念》，鲍雯妍、张亚辉译，华夏出版社2005年版，第100页。

③ Mathurin C. Houngnikpo, *Determinants of Democratization in Africaa Comparative Study of Benin and Togo*, University Press of America, Inc., Lanham · New York · Oxford, 2001, p. 1.

经济'流动'(economic'mobility')来操作"① 和实现的。在具体定位上，经济"流动"具有一个笼而统之、大而化之的目标指向，即"发展"。而"发展"反过来又仅是一个只限于经济数目或 GDP 份额大小上的量化指标。于是，西方一直倡导的"民主突然就不再是一个遥远的梦而是一个可触及的目标(tangible goal)"②。

殖民主义统治瓦解后，非洲进入到崭新的政治、经济、文化时期，但由于一系列错综复杂因素使然，独立后的非洲并未实现国家及社会各系统的稳步推进。其中，发展问题，尤其是经济增长问题成为再次牵动世界（特别是西方世界）神经的焦点。作为与西方有着渊源性关系的人类学，同样将关注焦点再次集中到非洲的发展问题上。人类学的这一崭新关注点，一方面展示了其与时俱进的学科研究特质，另一方面也折射出了新的历史时空中人类学科学研究取向的必然抉择。

进入新的历史时空中，获得独立自主的非洲，要摆脱国家及社会发展困境，无疑需要重新评估眼前的实情和定位发展走势。"发展"由此转变成为西方所推崇的解决非洲问题的至上动力，同时转变成为西方眼里填补非洲政治理性、科技理性、知识理性欠缺的重要内容。

对于已摆脱殖民主义统治的非洲来说，主权上的独立并未使其取得自主的发展。与西方的高速发展进程比较而言，非洲的政治、经济、文化等发展走势显得较为低迷，"大多数非洲国家面临着政治和经济都要改革的状况"③。对于什么样的状态才能代表"进步的"非洲，西方以自身的发展模式给予了应景性的回答。西方根据自身物质经济增长的现实，赋予"发展"极为理性的数字量化指标。

比如，这一时期以美国为首的西方国家，一方面为了在新兴国家中推广发展模式，另一方面则出于对抗苏联为主的社会主义阵营的需要，从而理直气壮地以提供援助项目的方式向新兴国家，包括非洲在内的广

---

① Richard Joseph, *State, Conflict and Democracy in Afirca*, Lynne Rienner Publisher, Inc., 1999, p. 85.

② Robert M., *The New Africa Dispatches from a Changing Continent*, Photographs by Betty Press, 1999, p. 10.

③ Mathurin C. Houngnikpo, *Determinants of Democratization in Africaa Comparative Study of Benin and Togo*, University Press of America, Inc., Lanham·New York·Oxford, 2001, p. 4.

大国家宣讲和布道围绕经济增长的"发展"命题在新时代有多么紧要及切实。与之相随的是，经过筚路蓝缕成长起来的人类学，同时也按捺不住以理性"发展"视野来关注非洲的激动，最终催生出一个应用人类学的典范性代表，即在研究理论、方法和发展走向上日趋成熟的学科分支——"发展人类学"（其是"应用人类学"的一个分支）的问世。

一时间，针对非洲社会的发展问题，如贫穷、饥饿、环境恶化等展开的探讨以及力图达到解决这些问题的期待，转换成为人类学的研究旨趣。批判、质疑、反思等客观的实操行为，彰显出人类学关于"发展"背后的辩证性思维或理性思考。比如，"由国家引导的一些发展模式的失败，及增长观念的涌现促使发展理论家……极力批评国家行为在1950年代到1960年代肯尼亚经济与主导性发展思维中产生的影响"①。与此同时，一些组织也在援助非洲的过程中，"开始重视受援国的社会文化因素，转向人类学家，利用人类学家专长和知识修订发展计划，把社会问题而不仅仅是经济增长指标包括进他们的政策和规划里"②。当然，不管人类学参与非洲"发展"主题是出于什么样的情况或怎样的关怀重点，但是，有一种情况却是直观明了而不容置疑的，即，人类学为西方的"发展"理念在非洲的出现和发展营造出了一定的情境性氛围。

在后殖民时期，一些人类学家以反思性实践者的身份，以极大的斗志展示出对非洲困境的强烈关怀。围绕非洲困境，人类学家试图以"发展"理念将非洲的生命有机体重新激活，使其焕发出新兴的生机。人类学家坚信只有奠基于有机体生物属性并以尊重非洲本土知识构造与社会进程为核心的"发展"，才是能够从根本上使非洲获得永续生命力的保障。这一时期的人类学家，甚至以饱满的工作热情和高尚的职业道德对抗着殖民主义统治时期在非洲形成的抽象推理及机械方程式，力挽狂澜地亮出拯救非洲的一片决心，并通过具体的"发展"理性与"发展"

---

① Maha M. Abdelrahman, *Civil Society Exposed the Politics of NGOs in Egypt. Tauris Academic Studies*, London · New York, 2004, Introduction, pp. 1 - 2.

② 陈刚：《发展人类学视野中的文化生态旅游开发—— 以云南泸沽湖为例》，《广西民族研究》2009 年第 3 期（总第 97 期）。

行动创造出一种鲜活而新颖的实践知识。作为一种特殊的存在形式，此种实践知识无疑与人类学家的职业环境密切关联着，其是人类学家在特定情境中行为方式与价值取向整合的集中体现。

显然，关于"发展"的实践知识，是人类学家在其所处的工作环境中不断挖掘和累积而形成的结果。这些实践知识，反过来又影响和营造了人类学家的工作环境。同样，类似于现代化、国际化、全球化等这类无法避免的大环境、大气候也不可避免地促使人类学家萌生出以"发展"视角来关注非洲的愿景。同时，新时期的人类学研究也难以避开选择一条新颖的、能够践履知识和检验认识的路径来推动学科走向发展和突破。这就势必注定了"发展"理念及行动在人类学研究领域中的必然问世。客观意义上，可以说，"发展"既是西方自身的表述体系，也是人类学家期许实现西方与非洲互为主体、建构共识、共享特质而尝试嫁接于非洲身上的一种知识体系。

通过以上可发现，"文明""发展"作为起源于西方的知识谱系，却因为某种可能或必然的方式和途径而传入非洲。人类学，作为一门学科，一定程度的就是能够代表某种可能或必然方式和途径的角色。人类学与非洲的不凡际遇，为西方知识谱系在非洲的出现创造出了可能性或必然性。

人类学在探索研究非洲时，所使用的"文明""发展"概念本质意义上是西方要素的浓缩，是符合西方自身经济理性与社会结构的体现。而在实际操作中，当这些概念"上升到理论假设的水平，不是与世界的客观真实性符合，就是与之矛盾"①，以至于最终"影响了非洲人思考自身及命运的方式"②。即便是在当下，有人甚至慧眼发现："殖民主义的残余始终存在于非洲……当寻求发展答案时，非洲人又卷入到各种各样外来意识及叩问过去的境况中"③。而这些外来意识就很大程度地包括着"文明""发展"等成分及因素。

---

① ［美］罗伯特·C. 尤林：《理解文化：从人类学和社会理论视角》，何国强译，北京大学出版社 2005 年版，第 173 页。

② Toyin Falola, African Politics in Postimperial Times the Essays of Richard L·Sklar, Africa World Press, Inc., Introduction, 2002, XVII.

③ Ibid..

将"文明""发展"泛化于非洲或将"文明""发展"当作解决非洲所有问题的"工具箱"，显然，在客观性上，"这就破坏了知识要求的科学性"①，而造成知识的内在连贯性得不到支持的局面。可以认为，"人类学是作为帝国主义的仆妇而从西方殖民经验中诞生的——与权力的共谋，它从未在智识上将自己从其中解放出来。然而，这些回顾在道德上的吸引力，不应该让我们对它们的历史选择视而不见"②。

在西方与非洲遭遇的过程中，当"文明""发展"知识谱系被系统化或有意识地扩大存在边界时，从而启动了一场权力博弈的拉锯战。

作为一门学科，人类学在以"文明""发展"视野探索和研究非洲时，创造出一系列彼此对立、相互强化的对立范畴，即，西方与非西方、文明与野蛮、白人与黑人、理性与感性、科学与巫术、工业与农耕、主体与客体、物质属性与符号表象等。这样的对立范畴在彰显西方文明发展达到何等高度的同时，也体现出了西方对自身知识的自信（熟悉）程度与对非洲知识的边缘化（陌生）程度达到了无以复加的鲜明地步。

在某种意义上，"文明""发展"不过是一种阐释体系，也是一种包含着一定整体性因素的观念理论的集合。当将"文明""发展"概念或理念用来探索非洲时，存在着将非洲人的价值观念、行为机制，甚至政治态度争取过来的可能性尝试，而在实际效果上，并不能真正成为科学分析非洲的概念，及理性解决非洲困境的可行工具。本质意义上，像"文明""发展"这样的"概念应该是根据具体的现实来定义的，而且彼此在逻辑上也应该是相关联的。……但……人类学家在使用概念和术语时达成的共识是有限的"③，从而也就毫无疑问地会导致研究结论上理性价值的有限性。

当然，此番有限性一方面源自非洲本土对人类学西方中心论或西方

① ［美］罗伯特·C. 尤林：《理解文化：从人类学和社会理论视角》，何国强译，北京大学出版社 2005 年版，第 174 页。

② ［美］马歇尔·萨林斯：《"土著"如何思考——以库克船长为例》，张宏民译，上海人民出版社 2003 年版，导论第 13 页。

③ ［英］A. R. 拉德克里夫－布朗：《原始社会的结构与功能》，潘蛟、王贤海、刘文远、知寒译，中央民族大学出版社 1999 年版，导论第 1 页。

本位主义的质疑；另一方面，则是因为西方知识内在的逻辑机制与西方试图使其知识达到价值普遍性之间存在着难以克服的对立性矛盾。西方曾幻想着美好的前景，自认为非洲"人民会像匍匐在神面前一样匍匐在白人面前"①，也会理所当然地信奉和坚守西方力主的知识拜物教。这一美好幻想一直贯穿于整个历史过程之中——"自从15世纪，非洲就日渐卷入由欧洲人操控的国际社会"文明与发展进程中，即便是在"非洲获得独立地位"之后，这一情形无论是"在冷战时期"② 抑或在后冷战时期都依然得到不同程度的强化。

西方对非洲始终怀着一种永恒而不间断的利益期许。例如，殖民主义统治时期，"作为征服者的欧洲人，他们在南非建立社会秩序旨在能保持受优待的地位"③。与此同时，他们还寄希望于将自身所秉持的价值理念及行为逻辑转换成为非洲摆脱困境的核心指针。萌生于西方的知识与非洲摆脱困境的实践之间油然产生关联性。在这种情况下，虽然人类学在学科道德及研究态度上，始终抱着只对认识论和因果律感兴趣的念头，但是，"一种可疑的人类学加上一种时髦的道德产生的讽刺恰恰表明"，非洲人"自己的声音被剥夺了"。④ 与此同时，非洲人从他们的宇宙观和社会历史之间创造的，并体现诸多社会关系的知识程序也被覆盖了。在这一颇具讽刺意味的知识实践背后，却以惊人的毅力制造出了荒谬的学术影响。人类学对非洲的研究，不仅为西方的"文明""发展"知识谱系提供了注脚，而且还树立起了一定的学术权威性。

针对非洲存在的一些资料，人类学给予了一种符合人的科学的解释意义。此举反过来，又彰显出了人类学学科具有的研究科学性。人类学家作为专业的研究人士，要使自己同一切伦理的、道德的、社会的，尤

---

① ［美］马歇尔·萨林斯：《"土著"如何思考——以库克船长为例》，张宏民译，上海人民出版社2003年版，导论第7页。

② Toyin Falola, *African Politics in Postimperial Timesthe Essays of Richard L·Sklar*, Africa World Press, Inc., Introduction, 2002, xxⅷ.

③ William A. Havilland, *Anthropology*, Thenth Edition, Thomson Learning, Inc., 2003, p. 610.

④ ［美］马歇尔·萨林斯：《"土著"如何思考——以库克船长为例》，张宏民译，上海人民出版社2003年版，导论第7页。

其是要同政治价值判断保持一定距离是有难度的。这一点，从人类学家的研究过程及研究结论中就可以直接发现："任何社会现象的概念化都不是中立的；在理论构建过程中，其常常受到政治驱力（political persuasions）与个体意识形态（ideological outlooks）的影响，并折射了政治驱力与个体意识形态"① 相互融合。

人类学在乞灵于西方价值理念及行为逻辑的情况下，推动了西方有关"文明""发展"方面的知识在非洲的运用与实践，同时，也将一种更大范围和更深程度的资产阶级理性嵌入非洲，从而导致非洲的内生动力或本土资源遭到严重遏制。此番情形，"如同磐石一样坚固，容不得任何怀疑，它们的难以识透却使人把它当做一种清晰的思想"②，然而，结局却是最终能够更好地"明确欧洲因素作为'非洲社会、技术、文化和道德标准诸方面发展的必要前提'"③。

将源自于西方的"文明""发展"知识谱系用来观察和思考非洲，随着"对其使用得越多，所充斥的断裂性与缺乏清晰性也就越多……概念越不准确，越是易于用来服务于特别的意识形态目的"④。表面上，作为知识形式存在的"文明""发展"，当被用于非洲及非洲民族或部落身上时，其就能够通过非洲人"'日常生活里有组织的、富于技巧的实践'持续不断地建构他们的社会世界，而社会现实就是这些'持续不断的权宜行为所成就的'"⑤。很显然，在充分动用"文明""发展"知识谱系思考非洲的背后，是西方力图将自身意识及理念转换成为人类公共信仰或"集体意识"的一种试探。

本质意义上，"文明""发展"是同西方中心主义和大众政治一起出现的，而在之后，所延伸出的不堪局面则是：由"文明" "发展"

---

① Maha M. Abdelrahman, *Civil Society Exposed the Politics of NGOs in Egypt*, Tauris Academic Studies, London · New York, 2004, Introduction, p. 10.

② ［法］勒内·吉拉尔：《替罪羊》，冯寿农译，东方出版社 2002 年版，第 176 页。

③ ［尼日利亚］J. F. 阿德·阿贾伊主编：《非洲通史》第 6 卷，中国对外翻译出版公司、联合国教科文组织出版办公室 1998 年版，第 2 页。

④ Maha M. Abdelrahman, *Civil Society Exposed the Politics of NGOs in Egypt*, Tauris Academic Studies, London · New York, 2004, Introduction, p. 29.

⑤ ［法］皮埃尔·布迪厄、［美］华康德：《实践与反思：反思社会学导引》，李猛、李康译，中央编译出版社 2004 年版，第 9 页。

"所引发的学术和道德问题比它们所能解决的问题更多，由之引发的问题几乎全在社会领域而非物理学问题中"① 屡屡呈现出来。

在此，可借助以下几个层面的内容来获得一定的认识和理解：首先，"文明""发展"是西方从自身相关经验和实践中凝练出来的知识集合，是西方国家物质水平及经济能力发展达到一定高度及程度的体现。而当把这种源自西方特定生产关系中的特定知识产物用于非洲身上时，显然不利于非洲作为有机体的正常程序及秩序的表达。其次，当西方以"文明""发展"视野对非洲做出关注时，非洲显然难以回避地遭遇着由西方价值理念、宣言口号、发展经验等凌驾于其上的客观现实，其主体性毫无疑问地陷入遭到剥夺的风险之中。也就说，当以"文明""发展"视角来关注非洲现实困境时，并没法回避致使非洲面临着脱离本土语境而开展"发展"的现实危险性。

在现代化进程中，非洲确实存在着一些难以克服的现代化困境。对此，人们可以从一定的定义上来表述和认识它。毕竟，"定义可以作为一种设定。不同的定义的存在可以是一个优点，但这种做法也有自己的问题"，那就是，"一个唯一的定义"，比如"经济发展"这样的定义就会"相应地缩小了实际的涵盖"。② 结果就会使得像非洲这样的国度所面临着的层出不穷的问题因之变得仅局限于某个方面而略显简化、简单或简约。显然，用某种概念化的定义（比如"文明""发展"等）来定性非洲，这当然不利于更好地、充分地认识和了解非洲，更不利于最终真正地为非洲开辟出一条摆脱困境的适切之路，相反，却缔造出了由异域知识与权力之间共谋而成的非洲形象。而此种情势下的非洲，却不过是与现实中的非洲存在着出入的臆想中的或意欲中的"想象性存在"。

借助"文明"与"发展"这两对概念，引发出了一个有趣的现象，即，强加的"普世"被赋予到具有本土特色的非洲的身上，非洲所具

① ［美］赖特·米尔斯：《社会学的想象力》，陈强、张永强译，生活·读书·新知三联书店 2001 年版，第 14 页。

② ［法］德拉诺瓦：《民族与民族主义：理论基础与历史经验》，郑文彬等译，生活·读书·新知三联书店 2005 年版，第 50 页。

有的本土性特质随之被遮蔽。同时，由非洲社会的基本结构决定的思想结构所具有的属性被西方"理性的内在严密性"取缔了。将"文明""发展"推向非洲，理论意义上是一种知识检验，存在形式上是处于静态之中的，但是，此番理论意义上的静态性，并不能由此而说明非洲人对此也是静态而无反应的。无论是在殖民主义统治事件上，抑或在西方主持的一些开发项目上，依然可清晰地目睹到非洲人以自身的知识结构对此而做出的判断、回应，甚至抗争。

在现实生活中，摆脱殖民主义统治后的非洲人无疑正在"通过拒绝与异化的工业社会结构相结合的各种文化形式规定自己的目标和意向"，这样做目的却在于：他们试图"使自身得到肯定"。① 鉴于此，当下的非洲人类学研究似乎已产生一定的警觉：推动非洲本土知识同非洲大陆"普遍的历史过程中每一种新的有机形式一起改变和进步着"② 的命题已越来越为时代所呼唤。有人甚至为此疾呼，"在人类效力于专业化并取得的成就毁灭了一切之后，今天的当务之急就是去促进这种知识与现代生气勃勃的共同有机体做到时间上的同步"③，而这种同步在本质上应该做到消除有可能产生交互关系的主体间在权力上的不对称性。

总之，"文明"与"发展"作为产生于西方并被用来附会于非洲历史及现实的知识谱系，其不过是认识和理解非洲的一个窗口，而构不成是认识和理解非洲的不可或缺的充分条件。在两个简约的概念背后，所蕴藏着的是西方与非洲之间存在着的微妙的知识与社会互动、知识与权力共谋的逻辑机制及丰富意蕴。随着时代的不断推进，尽管非洲与西方双方都做出了适当的改变，但其中不变的是作为知识存在的"文明"和"发展"具有的历久弥新的动力和能量。

在此，要理解非洲的近现代发展过程，设若抛开西方创造的"文明""发展"这两个范畴，"就如同假装企图研究生育过程，却无视母

① ［英］艾伦·斯温杰伍德：《社会学思想简史》，陈玮、冯克利译，社会科学文献出版社1988年版，第319页。

② ［德］马克斯·韦伯：《学术与政治》，生活·读书·新知三联书店1998年版，第159页。

③ 同上。

性的存在一样"①，其在本质意义上并不利于真正认识和理解非洲的历史处境及现实境况。借助人类学特定的关怀视野，通过对"文明""发展"的语义背景、知识实践等展开探索研究，不至于会使得对研究对象的构建活动脱离构建的工具，而借此恰恰能够更好地挖掘出非洲与西方、非洲与人类学遭遇进程中知识与社会、知识与权力之间的互动机制。同时，通过对"文明""发展"这两个范畴展开探索研究，还能够对人类学与非洲的遭遇进行解析或辨误，能够将人类学所具有的开放的、虚怀的人文主调推向纵深，从而使得人类学学科研究更好地朝着科学化、理性化的发展方向迈进，最终充分地发掘人类学研究方法的可行性，并真正兑现人类学研究价值的普世性。但是，也必须看到：人类学只不过是一门学科，它所能担负的历史罪过及创造的社会价值永远都是有限的。毕竟，"任何一门科学都是建立在一种抽象的基础之上的，因为它从一种概念的观点出发，根据它的某一个方面，观察某一种事物的整体，而我们却不能通过任何科学把这个事物整体作为统一体来把握"②。可见，人类学具有的某种局限性同样不言而喻。

---

① ［美］赖特·米尔斯：《社会学的想象力》，陈强、张永强译，生活·读书·新知三联书店 2001 年版，第 158 页。

② ［德］齐美尔：《社会是如何可能的》，林荣远编译，广西师范大学出版社 2002 年版，第 19 页。

第七章

挖　　掘

　　但凡学科，都会对其研究对象有所定位。这是学科成其为学科，及凸显学科关怀旨趣的体现。作为一门以探讨人及其文化和社会为重的学科，人类学在对非洲的探索研究过程中挖掘了非洲的身份，发现了非洲社会的发展过程，同时丰富了外界对非洲的认识。

　　人类学与非洲的遭遇，是与非洲近现代的历史过程一脉相承的。通过挖掘非洲的近现代历史过程，人类学发掘了非洲从"部落社会"到"剧场国家"① 的续集。这两者之间存在着彼此独立的阶段性特质，也存在着特定的关联性。从"部落社会"到"剧场国家"，这是非洲身份变化的体现，也是多元权力并置的体现，是压抑与反弹交织的体现。

　　将人类学视野下非洲身份之流变当作考察和研究对象，能够发现人类社会身份及权力发展与变迁的方方面面所体现出的影响力或决定性作

---

　　① "剧场国家"是著名阐释人类学家克利福德·格尔兹在经典之作——《尼加拉：十九世纪巴厘剧场国家》——中使用的概念术语。克利福德·格尔兹通过对巴厘人的社会及生活进行深描，从而揭示了传统政治的戏剧性象征形式，即"剧场国家"特质：国王和王公是主持人，祭司是导演，农民则是支持表演的演员、跑龙套者和观众。在巴厘，是权力服务于夸示，而不是相反（参见克利福德·格尔兹《尼加拉：十九世纪巴厘剧场国家》，赵赵丙祥译，上海人民出版社1999年版；王铭铭主编《西方人类学名著提要》，江西人民出版社2004年版，第475页）。此处借用这一术语，是对克利福德·格尔兹指代的意义进行借鉴和引申的结果：与传统格局比较而言，自殖民主义者启动殖民进程后，非洲成了权力竞技场，不同角色（殖民主义者与土著民族、殖民主义者与殖民主义者、官员与平民、施动者与接受者等）充斥其间。角色间的冲突也就成为可能，非洲大陆滋生出"剧场化"替代质性从而顺理成章。人类学，对非洲的关注随之因非洲身份的流变而改换。"剧场国家"，这一个由丰富角色缔造出的权力纠葛当仁不让地成为非洲的经典写照。

用，以及学科的研究原则和实践规则在服从某种尺度，或以探索研究身份、权力流变二者之间关系为重点时所产生的话语效力对人类认知结构的牵制效应。

作为一门以人文关怀为重的学科，人类学在对非洲展开探索和研究时，需要在理论上形成一种以非洲为中心来看待其历史、社会和文化的"非洲中心论"，而站在非洲角度、从非洲客观实际出发，探索研究非洲从"部落社会"到"剧场国家"的转换，就能较好地彰显"非洲中心论"。此行径无疑能够匡正一直以来欧洲中心主义在非洲研究上造成的偏见、执拗，甚至扭曲，以克服人类学理论的自我限制及狭隘。

第一节　流变

学科的生命力在于研究范式的不断跟进。人类学作为一门学科，同样如此。研究对象的活泛，则是学科研究范式得以推进的有力源泉。人类学研究对象的活泛，不仅使得人类学研究范式得以跟进，而且还使得人类学研究成果变得深刻而更富价值性。

早期的人类学研究，不仅因与历史学、考古学、古生物学的松散关系，以及人类学处于社会科学边缘地带而模糊了关怀的主旨性，而且还因人类学只是某类人专注从事的工作（比如，这一时期的人类学研究基本上是西方社会中物质充裕的上流人士"雅阁"中的知识"玩物"），从而一定程度地导致人类学研究的狭隘性和片面性（比如，这时期的人类学家会选择自身感兴趣或充满好奇心的话题，对其他话题则无暇顾及）。故此，早期人类学的探索和研究遭遇着瓶颈在所难免。

随着工业革命的来临，西方开启了工业生产世界性拓展的进程。西方的这一做法，在使得自身获得巨大原始资本和物质财富的同时，也使得早期的人类学研究消除了研究领域的紧张性，打破了研究对象的狭隘性及研究主体的单一性。

设若没有西方工业化大生产世界性扩张的过程，人类学就可能在西方领地上戛然止步而停留在早期的发展阶段，成为不过是仅限于某类人的研究。在认识上和在实践上也会沦为一个拘泥于西方本土的有限民俗学科，从而失去普世性的发掘力或解释力。

然而，历史不存在假设。其实，当以理性为核心诉求的启蒙运动试图获得关于世界的永恒真理而制造出意义深远的冲击波后，西方就再也没有平静过（人类学当然也不会让自己平静地处于早期的发展阶段）。随着"上帝死了"（尼采语）的理念问世，作为主体的人便随之复活。世界随之不再由上帝制定标准而存在和发展，相反，则演变成为由主体的人来确定的客观对象。由人的因素注入或作用其间而产生的结构和秩序由之出现。西方从更广泛层面、以更强劲力度、以更充裕动力改变自己和别人的雄心愿望及行为实践得到前所未有的强化和突出。

与此同时，受西方社会生产结构及认识理念发生转型的影响，人类学也爆发出了摆脱传统研究范式的冲动，而将原初基于"猎奇""好奇心"的探索研究视角拉长，并将其伸及启蒙运动力主"唤醒"的、未与西方具有一致性或同质性（以现代化程度为标准）的异域。在西方人看来，像非洲这样的大陆，其所拥有的一切，包括信仰、价值、制度、目标，或生产实践等都因与西方存在距离而只配称其为初民社会的"元结构"。非洲所拥有的一切，俨然不过是人类的过去及早期状态，关于非洲的社会历史"事实"不过是人类原初状态的证据。此种看待及做法，在表面上，似乎在赋予非洲某种存在的合理性及历史性，然而，实则有意于将非洲置于西方的对立面，最终将非洲沦为与西方格格不入的边缘性角色。

当西方人类学家不再满足于"摇椅"上的闲情逸致及思虑情趣之后，身入实地探寻当地民族或部落社会客观实在的生活世界便成为他们的必然选择。一时间，人类学家以历史主体及研究主角的身份，怀揣着自己的"意志"，并践行着西方作为人类"立法者"的惯性认识和行动进入非洲，力图为非洲民族或部落社会确立起"正义"而"有效"的机制，最终实现将这样的机制与某种权力诉求紧紧地捆绑在一起。而"这一理论的假想前提是：各种非西方文明不只低劣，且最终须步西方文明之后尘"①。

在西方中心主义和本位主义的怂恿下，人类学家以西方社会为参照

---

① 刘新成主编：《全球史评论》第 2 辑，中国社会科学出版社 2009 年版，第 26—27 页。

体系，为其研究实践确立起了某种规则或原则。鉴于西方当时汹涌的工业化革命浪潮，人类学家以西方为鉴，而变相地坚持认为只要非洲掌握西方的某种技能，就能够获得一定的发展生机。其中，掌握西方的科学技术及发展理性，非洲就能够较好地与西方保持同步文明或同等文明的步调，最终达到真正的解放和再造。

很显然，这种源自于西方生产经验的科学技术及发展理性，其本质是根植于西方传统文化、宗教信仰、历史文化等基础之上而沉淀或凝析出来的。当将其嫁接于非洲身上时，非洲人能够理解、接受的范围和程度显然是有限的，其与非洲人的价值观和认识理念是存在出入和矛盾的。这样下去，所必然导致的尴尬便是：在人类学家被塑造成为至高无上主体的同时，非洲却遭到压抑性的贬黜，非洲人的主体性被异化了的存在吞没，成为极大地偏离非洲本土知识体系的"拘谨角色"。而人类学自身，却因此顺理成章地参与到为科学理性提供合法证明的进程中来。并且，人类学的有关研究作品及研究成果所折射出的非洲社会逻辑，即是"历史不仅为西方征服世界提供了合法依据，同时也把'他者'当做了一种知识"[1] 的贡献者。

受西方工业化目标的直接驱动，非洲因此被转换成为权力角逐的竞技场。当西方深入非洲后，不仅将非洲丰厚的人力、物力资源转换成为了资本主义生产的重要因素和源泉，而且还以主人翁的身份取得了对非洲人力、物力，甚至政权和制度进行决断与操纵的权力。于是，殖民主义的剥削行为与启蒙运动的价值理念扩张由之"珠联璧合"而产生关联效应。非洲部落社会与殖民主义势力、非洲与西方的二元性对立亦由之产生。即便在非洲获得独立主权后，这种二元性对立具有的影响依旧散发出浓重的味道。在此背景下，缘于西方势力的强制性，从而使得人类学的探索研究不可避免地受到牵制，人类学在反映或呈现非洲历史与现实的同时，却因此创造出更为深刻的历史与现实：最终致使非洲成为静态意义上的存在物，而遭遇着本土知识匮乏的"白色恐怖"。

---

① ［美］杜赞奇：《从民族国家拯救历史：民族主义话语与中国现代史研究》，王宪明译，社会科学文献出版社2003年版，第5页。

一直以来，尽管人类学家力图避免将普遍化的价值观及认识理念凌驾于非洲之上，同时，也力图将其研究动机及研究价值的"阴暗面"造成的不明朗或破坏性降低到最小限度，但是，在效果上却捉襟见肘。对此，却应保持理性而科学的定见。毕竟，一直以来，"种种复杂的历史因素不能代表人类学本身，也不能否定这门学科的存在意义"①。

在整个历史过程中，人类学对非洲的研究历经了一个跨越式的转变过程：一开始，人类学家走下摇椅，怀揣着浓郁的兴趣和好奇心，步入非洲，深入非洲境内，对非洲民族及部落的生活世界及社会状况展开积极探索，试图将非洲的原始面貌竭力地呈现出来。再接下来，随着殖民主义统治势力陆续抵达非洲后，非洲却因此而演变成为各种权力博弈的竞技性剧场，变成了"剧场国家"的代名词：各种权力充斥其间，每种权力各尽其力地展示着属于自身的存在和能耐，暴露出反复无尽的较量和角逐，抢占着属于各自的先机和领地。

第二节 部落

早期的人类学对原始部落及其社会情有独钟。因为在原始部落及其社会，人类学奠定了学科探索的初貌，开启了侧重于初民社会的探索研究之旅。也因为原始部落及其社会，西方探秘与自身存在巨大差异的前工业社会的心情格外激动起来。

随着西方以人类学视野开始探索研究非洲，西方的猎奇探险之心得到了些许的满足，工业革命必胜的信念及所带来的优越感得到进一步加强。

作为大量原始部落及其社会存在的非洲，充满着各种西方社会不具有的生存方式、生活色彩和行为理念，等等。这样的非洲，俨然就是一个西方秩序之外的典型"微观宇宙"。在这个"微观宇宙"之中，一切客观存在都按其固有的内在机制和理路实然地运转着，呈现出本然和应然的严密逻辑，流露出某种符合"道法自然"规律的自然天成的有机

---

① 王铭铭：《人类学是什么》，北京大学出版社2002年版，第40页。

性特点。

而新大陆的发现和开辟，则带来了人类学探索非洲部落社会的一线曙光。紧接着，人类学便开启了探索研究非洲部落及其社会的筚路蓝缕之旅。在新大陆意味着一切新学问，新知识能够塑造一切新可能、新机遇的时代里，人类学家通过深入实地开展探索研究，从而"知道了他们前所未闻的广袤的领土和众多的民族，这些民族的存在完全是出乎意料的"①，也是令人心潮澎湃的。因此，人类学家对此产生强烈的探索兴趣及研究热情在所难免。

鉴于非洲具有众多原始部落生存的社会现实，很直接而明显的一点是，这些原始部落确实能够很少或"尚未分享现代文明所带来的好处"②，并且，"许多非洲……的民族是没有法律的……只有一套习俗"③。基于这一切，所彰显出的非洲俨然不过充满着原始而质朴的韵味，呈现出一定的"前文字性"的特质（人类学借用了"'前文字的'（pre-literate）这个词来说明没有文字的文化"④）。通过这样的"前文字性"特质，人类学试图对非洲人生活的年代学做出考据和解释。这显然是在基于非洲历史之外的时间推演意义（也就是在西方有文字记载历史之上推演其他不具文字记载历史的民族的生活世界），同时，也是在摒弃非洲本土逻辑而对非洲部落社会的"史前知识"做出臆断性的判定。结局却是否定了非洲人的角色、身份及权利等方面内容存在的合理性和必要性。鉴于"前文字性"特质，人类学甚至开始怀疑非洲及非洲人是否真正属于眼下这个世界，是否属于能够彻底领会和理解这个世界的主体。

在此背景下，人类学研究视野中的非洲部落及其社会，所表现出的社会阶段和发展层次无疑就是西方人的"祖先在古代所经历的"⑤，其

---

① ［英］G. 埃利奥特·史密斯：《人类史》，李申等译，社会科学文献出版社 2002 年版，第 26 页。

② 同上。

③ ［英］雷蒙德·弗思：《人文类型》，费孝通译，华夏出版社 2002 年版，第 109 页。

④ 同上。

⑤ ［英］爱德华·B. 泰勒：《人类学：人及其文化研究》，连树声译，广西师范大学出版社 2004 年版，第 377 页。

俨然是人类低级的古老文化的典型代表和古代奇风异俗的生动遗留。对此展开记录保留，甚至探索研究，似乎成为人类学当之无愧的使命和责无旁贷的任务。正如弗斯所言的那样，人类学家注重"那些生活方式和西方文明不同的人民的习惯和风俗。……因为对他们的生活方式进行研究能帮助我们明白自己的习惯和风俗"①。充分动"用所谓'科学'的方法将这些文化排列组合成一定的时间顺序"②，就能够很好地辨识线性历史进程中"前文字性"与文字性历史书写的逻辑和机制，同时，能够洞察出与各自阶段相适应的社会之间的差异和距离。总体上，在针对非洲原始部落及其社会展开探索研究的过程之中，人类学呈现出的典型性特质即是"人类学对于'他者'的论述……深深地打上了文化等级主义的烙印"③，生物进化论由之获得一定程度的印证和支撑。

　　早期的人类学在探索非洲的过程中，尽管无法抹去某种瑕疵的存在，但却由此呈现出了非洲的原始风貌及部落景象。在人类学视野下，非洲的原始"部落是农耕者或游牧者的政治组织。……也是平等社会，没有正式的和永久的政治机构"④。在具体探索和研究环节上，人类学家以个案研究为特定模式，采取"检验、解释、分析和比较民族志的结果——从不同社会中搜集到的数据"⑤——的方式对非洲原始部落社会展开叙事风格的记述。此举除了能够满足人类学家的好奇心和猎奇愿望外，还能通过对非洲原始部落这样的"'没有国家的社会'是如何建立的"展开研究来"理解西方社会与民族国家的重合"⑥之原因及所产生的影响，最终达到"竭力辨识（identify）和解释文化的差异及相同以建立关于社会与文化系统如何运作的理论"⑦的效果，并一定程度地摆

---

① ［英］雷蒙德·弗思：《人文类型》，费孝通译，华夏出版社 2002 年版，第 3 页。

② 王铭铭：《人类学是什么》，北京大学出版社 2002 年版，第 30 页。

③ 同上。

④ 王宁生：《文化人类学调查——正确认识社会的方法》，文物出版社 1996 年版，第 155 页。

⑤ Conrad Phillip Kottak, *Cultural Anthropology*, Tenth Edition, Mc Graw Hill Higher Education, 2004, p. 10.

⑥ 王铭铭：《人类学是什么》，北京大学出版社 2002 年版，第 45 页。

⑦ Conrad Phillip Kottak, *Culture Anthropology*, Tenth Edition, Mc Graw Hill Higher Education, 2004, p. 3.

脱非洲历史受制于某种推测或臆想的窠臼。

从功能主义的角度来审视部落社会的生活世界，似乎就能够某种程度地避免主观推测或臆想的出现，从而达到对部落社会确有其事的客观事实的承认和肯定。为人类学界留下深厚学术遗产和珍贵研究养料的人类学家——马林诺夫斯基就始终"坚持认为……功能概念不仅能解释多样性中的共同规则，而且能解释多样性和差异"①。就拿文化来说，其产生于人们的社会生产及生活实践劳动之中，其反过来又对人们的社会生产和生活实践劳动发挥着一定的反作用，即产生了某种功能性的价值。其间，能够满足人们及其社会的某种需求就是此种功能性价值的具体体现。对此，有人已深刻地指出，"文化作为一个整体，犹如某一特定部落的全部实践……文化现象不是由随即发明或简单借用的后果，而要取决于基本需求和满足需求的诸多可能性"的现实。鉴于此，作为以人及其文化为研究重心的"人类学的最大需求是做更多理论分析，特别是与土著的实际接触中产生分析"②。此番分析无一例外地将重心锁定在了对功能性价值做出分析的层面上。比如，以功能性价值研究为主轴的文化"功能学派的范式，可作为……选择和借鉴的首选……它以广阔的人文世界为田野……能随时随地进行参与观察，从而既不必因为'异域'的现代化而茫然若失，也不必为了学科认同而苦心孤诣地构建'他者'"③，更不必以简单的因果论来界定或解释部落社会的历史和传统。因为，其在整个研究过程中所充斥着的不过是对文化的功能性价值给予剖析，在研究形式与内涵上亦略显单一或急促。

然而，由于人类学家与非洲社会存在边界性及可排斥性（即，人类学家的西方性，非洲的本土性或部落性），以至于当人类学家对非洲展开探索研究时，难免在非洲的历史过程、社会结构、观念秩序等方面产生偏离于非洲本土性的认识和理解。很多情况下，尽管有人类学家表示：愿意对非洲内在的特殊性和特定性做出实质性关怀，然而，当对非

---

① ［英］马林诺夫斯基：《科学的文化理论》，黄建波等译，中央民族大学出版社1999年版，英文序言第26页。

② 同上。

③ 同上书，译序第24页。

洲部落社会做出具体探索研究时，却爆发出了难以回避的尴尬局面。

譬如，当英－埃苏丹政府要求人类学家埃文斯·普理查德对尼罗河畔的努尔人进行研究时，结果埃文斯·普理查德通过研究得出这样的结论："对努尔人进行研究将会是极其困难的。他们的土地和他们的性格一样令人难以捉摸，而我对他们又知之甚少，这使我确信，我将不会与他们建立起友好的关系。"① 鉴于此，埃文斯·普理查德似乎很难做出富有实质性价值的探索研究。毕竟，难以建立起一定的友好关系必然地意味着所得出的研究结论就不会是研究主体与研究对象之间互动交流的结晶。但是，能够让人类学家欣慰的是，之于研究对象身上却可以获得一定的启迪，"从野蛮部落生活里能学习到的经验教训中，可以找到这样的例子：社会没有警察来维持秩序也行。显然，即使是地位最低下的人，不靠德国人所说的拳头权（Faustrecht）……英国人所说的棍棒权（club—law）"②，显然同样依然能维持井然有序的社会秩序。由此可见，西方人与非洲人、文明人与野蛮人、人类学家与原始部落之间的价值取向及行为准则明显俨然有别，他们彼此中的任何一方均不能替代对方。

面对客观事实，人类学家不得不承认，非洲部落社会确实存在着特定的社会或文化维系机制。于是，在研究侧重点上，"人类学更多的是系统性地探索时空进程中生物和文化多样性……的过去、现在和未来"，以及探索"生物、社会、语言和文化"③ 这些重要的社会构成要素存在的内在机制或逻辑。比如，当爱德华·韦斯特马克（Edward Westermarck）在对摩洛哥的阿拉伯人展开探索研究时，就将摩洛哥阿拉伯人信仰的中心思想看作"巴拉卡"（baraka），并认为"'巴拉卡'是一种不可思议的神奇力量，被看成是'上帝的赐福'。它是一种赐予生命的力量。只有'圣人'或'圣徒'，才具有这种权力。某些圣地、某些动物、山岭、岩石、石头、泉水、树木、蔬菜、水果以及药草等也具有这

① ［英］埃文斯·普理查德：《努尔人——对尼罗河畔一个人群的生活方式和政治制度的描述》，华夏出版社 2002 年版，导论第 9 页。

② ［英］爱德华·B. 泰勒：《人类学：人及其文化研究》，连树声译，广西师范大学出版社 2004 年版，第 381 页。

③ Conrad Phillip Kottak, *Culture Anthropology*, Tenth Edition, McGraw Hill Higher Education, 2004, p. 1.

种力量。甚至某些名字，如穆罕默德，也具有这种赐福的魔力。这种魔
力实质上就是赋予生命和保护生命——换句话说，是繁荣兴旺——的力
量"。① 在此，"巴拉卡"显然就是一种具有系统性并兼顾多元性要素的
文化维系机制。在"巴拉卡"的作用下，摩洛哥社会维持了正常秩序，
实现了良性运转，达到了和谐共生。

对具有系统性及多元性要素构成的文化维系机制展开探索研究，同
样体现在埃文斯·普理查德对尼罗河畔努尔人的探索研究之中。通过对
居住在尼罗河畔的努尔人展开探索研究，埃文斯·普理查德由此指出：
作为部落社会存在的"努尔人的政治体系包含了他们与之接触的所有人
群"，这些"人群……讲同一种语言，而且在其他方面，拥有共同的文
化"。② 其中，年龄组制度则是维系社会秩序的最基本因素：在努尔人
中，"每一部落都根据年龄进行分层，分层所依据的年龄与其他部落无
关，不过，邻近的部落在年龄组的年龄分段上可能是一致的"③。这样
的根据年龄的分层性"裂变"爆发出了一种超越地理意义的整合效应，
同时强化了当"与外敌作战时团结一致的义务，并对群体成员受到伤害
时获得补偿的权利予以认可"④ 和肯定。"埃文斯·普理查德也将努尔
人世袭模式以基本不变的形式运用于对昔兰尼加（Cyrenaica）的贝都因
（Bedouin）部落社会结构的描述"⑤ 上。在与福忒思针对非洲的政治体
制展开的合作探索研究上，埃文斯·普理查德还对非洲部落社会具有的
传统机制做出了深刻挖掘，"通过比较烘托出非集权政体的形象"，从
而得出"非集权制度，如游群（bands）部落（tribes），是无政府的，
但有其秩序……没有阶级区分和集权组织"的结论。⑥

---

① G. 埃利奥特·史密斯：《人类史》，李申等译，社会科学文献出版社 2002 年版，引言
第 5 页。

② ［英］埃文斯·普理查德：《努尔人——对尼罗河畔一个人群的生活方式和政治制度
的描述》，华夏出版社 2002 年版，导论第 2 页。

③ 同上书，导论第 8 页。

④ 同上书，导论第 7 页。

⑤ ［挪威］弗雷德里克·巴特等：《人类学的四大传统——英国、德国、法国和美国的
人类学》，高丙中等译，商务印书馆 2008 年版，第 45 页。

⑥ 王铭铭：《从"没有统治者的部落"到"剧场国家"》，《西北民族研究》2010 年第 3
期，第 43 页。

同样，拉德克里夫·布朗也探索了非洲的传统部落社会，他把甥舅制度"当做是某种亲属类型的一个组成部分"，并对种类繁多的亲属制度进行分类，"即把一种类型称为父权型，把另一种类型称为母权型"①。而"在东南非洲，祖先崇拜是父系的，即一个男子依父系崇拜已故先辈亲属的灵魂并参加祭祀"②。但是，拉德克里夫·布朗从中由此意识到将广泛普遍且模糊不清的"亲属制度"当作一种组织类别来看待所具有的不足性。那么，采取超越"亲属制度"的做法，而从亲属成员的具体属性类别上去理解和认识非洲部落社会显得尤为必要。比如，"如果……想研究非洲的班图文化……就必须先将这一整个地区划分为合适的单元。一个单元如果是由祖鲁人—卡菲尔人部落组成，那么另一个单元就应当是由巴苏陀人—贝专纳人部落所组成"③。于此，从成员的具体属性类别上来展开认识和理解，无疑能够从结构上把握部落社会所具有的分类意识及行为。

人类学家特纳通过对恩登布人的社会组织展开细致分析，从而凝练出了非洲社会分裂进程中的延续性机制。通过对饱含丰富"仪式"的物质、行动、关系、事件、体势及空间单位等一系列象征性符号做出考察，特纳由此从中发现："恩登布人的象征符号除了指向许多物品外，还包括社会存在的基本要求，如打猎、农业、女性生育、好天气等等，包括人们共享的价值观念，如慷慨、情谊、敬老、血族关系的重要、好客等等。"④ 借助诸多象征性符号，恩登布人因此确立起了行为机制和交往秩序，同时巩固了身份、角色和地位，并最终确保了恩登布人部落社会历史的延续和现实发展轨迹的推进。

无疑，人类学家深入非洲实地，对非洲部落社会展开探索研究，为世人呈现出了关于非洲部落社会的各种资讯做出了积极贡献，为外界提

① ［英］A. R. 拉德克里夫－布朗：《原始社会的结构与功能》，潘蛟等译，中央民族大学出版社 1999 年版，导论第 14 页。

② 同上书，第 27 页。

③ ［英］拉德克利夫－布朗：《社会人类学方法》，夏建中译，华夏出版社 2002 年版，第 74 页。

④ ［英］维克多·特纳：《象征之林——恩登布人仪式散论》，赵玉燕等译，商务印书馆 2006 年版，代译序第 3 页。

供了一个异于现代化西方的非洲部落形象。在人类学家对非洲部落社会展开探索研究的整个过程中，尽管也存在这样的情况，即：人类学家在探索和研究非洲的过程中以强烈的使命感及责任感，试图通过亲临实地考察获取客观资料和信息从而削减民族中心主义造成的执拗及偏见，但是，在人类学家的研究课题设计中，依然先发制人地存在着某种能够解读或注解非洲"部落"社会结构运转的知识体系。也就是说，人类学家在开展实地调查研究时，可能会将在研究课题中事先已经设计好或准备好的有关部落社会的知识体系或研究框架等直接套用于研究对象。这样所得出的非洲部落社会形象，俨然存在着某种主观性建构的色彩，而与事实中部落社会的真实面目明显地存在着一定的差距。基于此，人类学家作品中的非洲传统部落社会，在一定意义上，确实很难说其就是对被研究对象做出了真切反映的客观事实的再现。而这一切，可归咎为是由于作为解释性或解读性的社会科学本身难以克服的弊端所导致的结果。

第三节　剧场

在人类发展史上，西方殖民主义统治一度改变了世界政治经济格局。西方殖民主义统治不仅使得发生交互往来的民族间关系变得日益紧张，而且还使得被奴役的民族逐渐变成受制于某种权力的不自由对象。

西方对非洲的殖民主义统治及奴役，不仅使得非洲资源耗竭、物产损毁，民族性、国家性被腐蚀，陷入到丧失主体性及自主性的极度风险之中，而且还使非洲的身份发生转变，即，经历了由部落社会向剧场国家的转变，从而引发了非洲身份被新一轮定义主导的发展事实。

随着非洲不断陷入到西方殖民主义统治的深渊，人类学在对非洲部落社会已近贫瘠的精耕细作的探索领域方面，陡然地冒出一大片横亘着的处女地——"剧场国家"。在殖民主义统治背景下，非洲不再是一个独立、自主、自觉而安定的社会或经济单位，而变成了一个各种权力并置（黑人与白人、西方与非洲、理性与非理性）及冲突的"剧场"，变成了一个充满着重重权力牵制的"竞技舞台"。非洲于是便在盘根错节的权力角色交替、交织及展演中遭遇着不确定性。于是乎，作为学科的人类学，对非洲的关注不再仅局限于对原始部落及其传统文化社会的关注方面，而转向到对"剧场国家"权力冲突方面的考察研究上来。人类学的这一研究转换，诚然不是一般意义上的研究方法方式的转换，而是作为背景的整个非洲大环境的根本性转变，激发了人类学家产生做出转换研究领域决定的冲动。

理论上，尽管人类社会组织的存在形式与世界历史发展的动力在于相遇、联结和交流才能成其形，但是，由西方一方主导、引领和塑造对方与整个世界的建构模式，却因其先发制人性而降低了实质性内涵。西方所扮演的单边主义角色，随着时代的变迁而爆发出历久弥新的意蕴。在整个殖民主义统治时期，殖民主义者一直"在非洲主体（African subject）和世界公民（metropolitan citizen）之间进行明显的分门别类（sharp distinction），为后者对前者权利的否定辩护"①。这种做法俨然加剧了殖民主义统治的目的论式和利己性功利式的行为趋向的发生，使得按照一定发展规律延续的世界历史变成单线性的，变成只体现某些权力主体意志的存在。其间，既包含着不全面性和片面性，也充斥着无尽的偏执和扭曲。

与这一进程相伴随存在的是，非洲的身份发生了异于传统的变化。"剧场国家"作为传统部落社会的替代物，以新的身份坐而论道。作为与时俱进的学科的人类学，无疑需要将研究视角转向对非洲"剧场国家"身份的关注上。这样能够使得人类学在研究领域上实现由文化到结构的跨越，塑造出一种连续或系统的感觉（或理论框架），最终不同程度地减轻社会达尔文主义因时间流动而产生的焦虑（即，对进化论中止或间断或得不到认可和支持的焦虑）。但是，在此，不可否定的是："虽说此种历史观对于实现某些现代化目标发挥了一定作用，但它为了

---

① Edited by Robert H. Taylor, *The Idea of Freedom in Asia and Africa*, Stanford University Press Stanford, California, 2002, p. 21.

摧毁和驯化‘他者’，也带来了极权与封闭。"① 其价值性显然捉襟
见肘。

在实际研究过程中，有人类学家力图在西方国家权力执行与非洲
部落社会自行管理之间做出微妙的合理调适。然而，当人类学家以
"入戏的观众"之角色探索和研究非洲时，却难以掩饰其在认识、感
知、理论及范式上呈现出的民族中心性或国家本位主义。人类学家饱
含着典型的政治主体的韵味，其知识、智慧和思想似乎能够超越任何
事件的客观性及其能量的有限性。针对殖民主义统治者用直尺划定的
各区域里的非洲各民族及部落，尽管人类学家也会以学术良知做出人
文关怀，将其视为是能够分享某种规范及意义的区域共同体，但是，
在本质上，这样的共同体与传统的部落社会已然大相径庭。准确地
说，这是由于在西方价值观被不断输出及反复被强化的情况下而制造
出的一种身份性集合及地理性整合。人们之间的差异和雷同，都同时
被地理意义上的实体边界覆盖或吞噬。非洲及非洲人由此不过是某种
伪善规范的亲历者和见证人。人类学家却成为将实体边界或伪善规范
转换为文字等式的主笔，成为为某种权力操作代言的一方角色。作为
"剧场国家"存在的非洲，显然因此而具备了为各种权力角色呈现诉
求的人为因素。

在研究范畴上，人类学倾向于对非洲与西方的社会功能（公共的与
私人的）、非洲与西方的组织原则（即按时间、地点或主题的）、非洲
与西方各自过去与现在的联结机制（即线性的、因果式与类比式的、隐
喻性的）等展开比较性考察。这样的比较性考察，在能够呈现非洲与西
方各自差异的同时，还有利于"更好地理解权力生产以及这一过程中不
同表演者的角色"② 具有的价值和作用。然而，当西方对非洲展开具体
的殖民奴役行动时，非洲本应拥有的权力便让位于西方权力。受制于西
方权力之控制，成为非洲面临的现实。西方因此获得了支配和控制非洲

---

① ［美］杜赞奇：《从民族国家拯救历史：民族主义话语与中国现代史研究》，王宪明
译，社会科学文献出版社 2003 年版，第 3 页。

② ［澳大利亚］林恩·休谟、简·穆拉克编著：《人类学家在田野：参与观察中的案例
分析》，龙菲、徐大慰译，上海译文出版社 2010 年版，第 91 页。

的权限。此番情势，自"19 世纪帝国主义被美化成现代文明与野蛮状态、民族国家与封建帝国之间的原则斗争"① 出现之日始，就呈现出螺旋式上升的递增态势。

通过一系列的专题研究，人们发现，"当非洲劳工受雇进入欧洲企业——矿山、农场或工厂时，相对于他们必须付出的劳动强度而言……人们经常发现这些工人营养不良。在种种文化变迁所造成的新压力下，他们过去原本充足的食物供给变得不足"②。除了食物资源的匮乏导致身体状态的不佳外，非洲人还面临着更深层面的意义丧失和结构残缺。有人类学家甚至注意到："在赞比亚许多地方，人们接触白人和他们的生活方式，这使得非洲古老的宗教观念和实践正逐步消亡。人们受雇从事铜矿开采、铁路建设，做家仆或者当售货员……男人们长期不在家乡——这些因素都导致强调亲属纽带、尊敬老人和部落一体性的宗教走向崩溃。"③ 在此可见，非洲及非洲人面临着由于某种权力支配而丧失本土性特质的风险。

人类学还把对非洲部落社会的研究，当作是为达到一定的治理效果和教育目的而开展的事件。于是，通过一系列的调查研究，得出这样的认识理念便是顺理成章的事，即"社会人类学家对非洲……部落的生活和风俗习惯的研究，对于从事统治和教育这些部落的人有实际帮助"④及助益。在此，人类学与政治，或与某种权力，或与一定的功利性价值关联起来，无疑势在必然、水到渠成。比如，在具体操作环节上，殖民主义统治者就毫不避讳、顺势而为地采取了如下一些做法："在非洲西部的阿散蒂地区、尼日利亚、巴布亚和新几内亚托管地对人类学家任命行政职务；对即将上任管理非洲殖民地的官员进行人类学的预备训

---

① ［美］杜赞奇：《从民族国家拯救历史：民族主义话语与中国现代史研究》，王宪明译，社会科学文献出版社 2003 年版，第 9 页。

② ［英］马林诺夫斯基：《科学的文化理论》，黄建波等译，中央民族大学出版社 1999 年版，第 83 页。

③ ［英］维克多·特纳：《象征之林——恩登布人仪式散论》，赵玉燕等译，商务印书馆 2006 年版，绪言，第 1 页。

④ ［英］拉德克利夫－布朗：《社会人类学方法》，夏建中译，华夏出版社 2002 年版，第 42 页。

练；……在开普敦建立了非洲生活和语言学校及……在悉尼建立人类学学校"①，等等。这一切举措，无疑使得人类学不可避免地与政治或权力等产生交织及连带关系。而对于非洲及非洲人自身来说，其所遭遇到的，除了其利益和权利被直接剥夺外，还要忍受着西方白人的学校、制度及法律等带来的强制性联合统治。由此导致的结局却是：非洲及非洲人最终毫无选择而被动地接受了这种联合统治对他们身份和角色造成的消解。西方权力在此如同钢针样地插入非洲躯体，而干扰和破坏了非洲社会固有的内在机理的正常运转。

鉴于殖民主义统治造成的干扰和破坏，人类学家并非无动于衷，而是着手于对殖民主义统治者动用的知识体系和方法论进行源头性追问。毕竟，社会达尔文主义的话语权不仅需要"使某些民族成为帝国主义强权国家，也要求开展一项以维持殖民地的非民族地位为目的的文化工程"②。当人类学家拉德克里夫-布朗历经了他的祖国对非洲进行殖民主义统治而造成的一系列破坏性影响后，就不断发出警醒性的呼告："在我们这个帝国里……我们已经毁灭了一些土著民族，还对其他的土著民族进行过或正在进行着无法弥补的毁坏。我们的许多侵害行为大部分是由于无知造成的。"③ 这样，一番发自人类学家胸中的肺腑之言，却冥冥之中昭示着殖民主义统治权力正在或即将走向岌岌可危死胡同的必然。

20世纪60年代，非洲大陆国家纷纷获得独立自主权，建立起了民族国家。此举意味着西方殖民主义统治权力走到了尽头，同时也意味着非洲权力迈向了更新和复苏。但是，20世纪下半叶的整个国际政治格局却似乎并未朝着有利于非洲的方向倾斜。尽管国际"政治空间（political space）对迅速萌发的非洲民族主义运动敞开，正如代议制机构（representative institutions）因为非洲人的参与（African participation）而

---

① ［英］拉德克利夫-布朗：《社会人类学方法》，夏建中译，华夏出版社2002年版，第36页。

② ［美］杜赞奇：《从民族国家拯救历史：民族主义话语与中国现代史研究》，王宪明译，社会科学文献出版社2003年版，第9页。

③ ［英］拉德克利夫-布朗：《社会人类学方法》，夏建中译，华夏出版社2002年版，第87页。

形成"① 一样，然而，对于主要侧重于凭借传统历史文化及丰富物产资源提升价值内涵及核心竞争力的非洲而言，却依然面临着重重艰难困境：非洲与西方新一轮的不平衡关系在新的时空中重新爆发出来，进而造成非洲遭遇着更为深层权力要素支配的现实，及面临着更多偏激认识持续发酵的困境。以至于长期以来，随着非洲政治经济发展处于低迷不振境况的持续泛滥，"非洲被戴着近视眼镜看待，整个大陆不可救药、毫无希望"②。在此番认识理念支配下的非洲，无疑依然正在遭受着某种无形权力的牵制及困扰。鉴于非洲贫困和落后的现实，国际上很多国家确实向非洲伸出了援助之手，尽管表面上这些援助国是在为非洲提供或物质，或财力，或技术等方面的支持，但是，在这一系列的援助行为背后，却不可避免地暴露出非洲正在遭遇着新一轮的权力冲突造成的深层围困。

可以认为，在整个后殖民主义时期，人类学家是在历史的缝隙和裂纹中反读历史，同时，对自身的社会和文化背景制造出一丝丝冷嘲热讽的味道，也对西方长期以来将非西方当作对立面的二元划分法展开反思和深耕，对现代技术、政治以及科学所宣称的一些主张做出全新审视和解读。在这种背景下，人类学家一方面隐退了西方中心性，另一方面又不经意地建构起了普世主义的宏大叙事。鉴于"传统田野工作的叙述能力已不足以表现当代社会场景碎片化的性质。为了回应这一挑战，人类学家开始探索研究民族志的新途径"③。但是，却不能因此而否定的是，"在人类学内部，民族志田野工作和写作已经成为当代理论探讨和革新中最活跃的竞技舞台。民族志的注意力在于描写，而就其更广阔的政治的、历史的和哲学的意蕴而言，民族志写作就更富于敏感性，因为它将人类学置于当代各种话语中（discourses）有关表述社会现实的问题争

① Edited by Robert H. Taylor, *The Idea of Freedom in Asia and Africa*, Stanford University Press Stanford, California, 2002, p. 29.

② Cheryl B. Mwaria, Silvia Federici, and Joseph McLaren, *Africa Visionliterary Images*, *Poltitical Change*, *and Social Struggle in Contemporary Africa*, Green Wood Press, Westport, Connecticut · London, 1984, Introduction, p. XIV.

③ ［澳大利亚］林恩·休谟、简·穆拉克编：《人类学家在田野：参与观察中的案例分析》，龙菲、徐大慰译，上海译文出版社 2010 年版，第 61 页。

论的漩涡中心"①。

在各种话语交织而凝聚成为的这一漩涡中，包含着某些难以回避的偏见，及强化偏见的各种因素。比如，"在与受访者发生关联的时候，民族志学者所拥有的角色和身份越多，就越有可能会发生利益、伦理或观点的冲突"②。多样性角色或身份的并进，饱含着各种权力要素的共存。其实，在各种角色或身份展演的背后，是不同权力之间的较量和争夺。此番较量和争夺，不仅造成了被研究对象社会生活的不平静，而且使得权力拥有者之间爆发出矛盾，更为关键的是，还由此引发出被研究对象的反感，以至于最终使得研究对象针对这些权力的持有者下了"逐客令"。

对此，有例为证。比如，长期以来，传统的人类学研究"因其与殖民主义的暧昧关系而在殖民地国家声名狼藉，而第二次世界大战以后某些西方人类学家或自称是人类学家的人打着研究的幌子对第三世界国家进行颠覆活动的事实使得后者对人类学家怀有戒心。一些原来欢迎人类学家的国家开始限制西方人类学家在它们国家里的活动"③。由之，可从中发现：人类学的研究对象已不再是一个任由摆布和随意宰割的静态存在，而变成了具有某种价值诉求和意义期待的角色身份和权力实体。在这样的情况下，作为需要在研究范式和研究领域上与时俱进的人类学而言，则面临着更为艰巨而紧迫的任务：对各种权力较量和争夺的"剧场国家"现实展开探索研究无疑成为一切工作中的重中之重。

客观地，人类学对非洲身份——从部落社会到剧场国家——的转换展开探索和研究，与人类学家所置处的近现代西方历史进程与社会现实处境有着千丝万缕的瓜葛和关联。19世纪西方资本主义工业革命通过扩大社会化大生产而引发的海外扩张，不仅侵犯了非洲人的日常生活，

---

① ［美］马尔库斯、［美］费彻尔：《作为文化批评的人类学：一个人文学科的实验时代》，王铭铭等译，生活·读书·新知三联书店1998年版，作者原序第8页。

② ［澳大利亚］林恩·休谟、简·穆拉克编：《人类学家在田野：参与观察中的案例分析》，龙菲、徐大慰译，上海译文出版社2010年版，第61页。

③ 中国社会科学文献信息中心国外文化人类学课题组：《国外文化人类学新论——碰撞与交融》，社会科学文献出版社1996年版，导言第4页。

也使得非洲的家庭、亲族、社区、社会、民族、阶层等超越传统的部落结构产生变化和面临重组，而且还使得非洲变成了多极权力竞技及博弈的剧场，从而掀开了非洲历史上不平静的一页。

自 20 世纪 60 年代始，尽管非洲各国逐渐获得了独立主权，确立起了相应的自主性及主体性，但是，非洲国家内部的政治动乱及持续的经济低迷发展态势，却再次激起了外界将关注视野重新转向非洲的期待及行动。于是，外界为非洲国家摆脱困境纷纷支招。然而，殊不知，在这一善意举动的背后，却难以抹弃怀揣不同价值期待及利益诉求的权力之间的博弈。在新的历史时期中，尽管社会经济发展时空确实发生了异于先前的转变，但是，非洲国家依旧没能摆脱受制于各种权力牵制的现实处境。非洲被再次植入到"剧场国家"博弈或抗争的新的场景之中。

非洲被植入到"剧场国家"场景中这一客观事实，之所以能够产生及发展，无疑与西方对非洲的侵入，以及其他外来势力对非洲的涉足有着紧密的关联性。其中，现代性（或者说由西方主导的现代性）却相应地成为确定非洲及非洲人在过去与现实之中作为附属性单元（即附属于西方或其他外来势力）的行为、反应、伤害和推进的时间范围，于其间，非洲遭遇着各种权力较量和冲突的不堪现实。

于是，将现代性与非洲现实关联起来，顺理成章地成为了新时期学科发展，尤其是像人类学这样的学科走向新的研究突破的关键所在。毕竟，能够体现出学科抒写风格的戏剧性，以及研究对象角色身份转换的人为性，甚至某种权力主体叙事的政治技巧性，一度被社会科学研究视为不可置疑的圭臬。

第二篇

助力非洲

第八章

去政治化

　　学科，是有其独立性的。所谓独立性，就是需要学科无论在形式上还是内涵上都外在于国家、民族、阶级、政治或权力等而独立存在和发展，在研究价值上应享有一定的普世性、共享性和中立性特质。也就是说，学科不应是寄生于某种内容而存在的附属物，不应是靠某种外来力量支配而得以延续和发展的存在体，而应是依靠和凭借学科自身具有的价值关怀和内在逻辑来延续生命力和创造力的客观存在。总体上，作为具有独立性质的学科，其应是一种有其自身坚持、有其自身关怀重点并有其自身独立见地的"孤独存在"。

　　然而，在人类历史进程中，学科的这种独立性被一定程度地动摇了。学科因此而变成了受制于某种体制、权力或身份的附属物，沦为了服务于某类人群及某种特权的特殊工具。人类学作为一门特定的学科，在对非西方社会的探索研究过程中同样遭遇着类似的情形。

　　19世纪，在自然科学的启发下，人类学展示出一种开放的学科态度和学术热情，力图对所有民族展开实证主义的探索和研究。随着西方对非洲殖民主义奴役的展开，人类学试图给世界呈现出一个比哲学或实验科学更为贴切和精准的关于非洲的形象。于是，人类学便因此转换成为殖民主义统治的婢女，被当作是达到政治统治目的的工具，从而丧失了学科之独立性及其应有的价值性。

　　殖民主义统治瓦解后，人类学对非洲的生产、技术、制度和文化等展开重新考察，对附着于其上的政治因素进行剥离，对曾将非洲的社会问题、发展困境及民族宗教热点问题等进行政治化的做法提出质疑，并力图通过"去政治化"的手段而复归非洲真正的原态。

当下，从政治化及"去政治化"的维度来探索人类学对非洲研究过程中具有的逻辑机制，在价值意义上，能够不断接近和触及历史进程中知识在与"政治"或"政治化"关联过程中具有的内核与实质，同时，能够发掘人类学作为一门学科所包含着的政治语境及权力话语。

第一节　政治语境

19 世纪自然科学的发展，使得社会科学参照自然科学研究方法以探索人类社会进程的决心达到空前高度。自然科学对自然界物质的类型、状态及运动形式展开探索，揭示了自然现象的特点、实质及规律。一时间，自然科学的研究方式及研究成就，激发了人类以挖掘物理世界逻辑规律的办法来挖掘各种社会事实背后蕴藏着的逻辑机制的热情。人类随即向社会科学领域进军，摒弃了古典自然哲学的思辨性方法，而求教于实证主义方法论。这一时期，受到全面推崇和充分动用的实证主义，不仅使得人们的生活世界，而且也使得生活世界中的人们因此而成为被探索研究的直接对象（生理心理学和心理物理学的发展就是例子）。在实证主义的感染和拉动下，人类学塑造出了学科制度化的"实证主义"发展阶段。

人类学试图在知识领域创建出一种普遍主义的理想同样得以激发。人类学寄希望于在实践中合理科学而有目的地利用规律创立各种可能及必然的知识谱系。一时间，人类学将探索触角伸及非洲这样的地域便成为顺理成章的事情。因为人类学家始终坚信，只有这样，方能够将像非洲这样的区域变成能够凝练某种理念以及检验某种认识的试验场。然而，这一过程中，人类学与地缘政治之间也因此而爆发出一种独特的严密性。作为起源于西方的学科，人类学在被用来探索研究非洲时，促成了非洲基于特殊历史时代的特定地缘政治语境的建构和塑造。

这一时期，进入非洲的人类学家，力图找到西方与非西方确实存在差距的证据。加之，殖民主义统治的怂恿及作祟，人类学家似乎更为深信此番证据毫无疑问地必然存在。西方与非洲的差距，于是，便在人类学家的材料搜集及最终的写作过程中得以体现出来。

诚然，在几千年的历史长河中，因特殊的自然环境和特定的社会结构，非洲确实一直按照自身内在的逻辑和固有的轨迹来维持着应有的发展平衡和社会进程。但是，当非洲沦为殖民地后，这种平衡和进程被打破了。外来的规范及原则嵌入到非洲内部，不仅使得非洲原生的机理被打乱，而且还使得非洲因此变成外来规范及原则的注脚，丧失了本应有的独立性及内生性，从而不再是能够自主地塑造行为规则及建立社会秩序的独立疆域。自此，非洲及非洲人遭遇着与其生活世界和生命轨迹极不相吻合的价值偏离。其最终向世界所呈现出的也不过是另一番异于传统非洲的别样印象。

在经历第二次世界大战之后，国际秩序进入到新的调整之中。资本主义国家在文化、商业、科技，甚至政治上的地位得以重新确立和巩固。而资本主义国家并未放弃对国际权利、利益的诉求，以及对塑造国际政治经济秩序及目标的追逐。

在这一时期，尽管非洲国家已纷纷取得了独立自主权，但是，由资本主义国家主导的国际环境却深刻地影响着非洲的地缘政治格局。在这种背景下，鉴于非洲面临的发展困境，西方竭力基于自身的价值理念、行为意识、价值准则等对非洲摆脱困境所做的设计和安排寻觅新的依据和权威说辞。

历史地看，在殖民主义统治前夕，非洲的地缘政治很大程度的是非洲各民族及部落政治生态的延续。殖民主义统治到来以后，非洲的地缘政治变成了种族清洗理论及实践的变形。以至于最终所流露出的情形是：整个非洲大陆不再是它自身历史逻辑的延续，而是想象性的、西方意识主导下的、存在异化特点的新组合。与之相随的是，西方征服与改造非洲的愿望及行动由此得到了前所未有的突出和强化。非洲的地缘政治格局，演化成为了不仅是被制造出来的有形实体的直线性拼凑，而且也演化成为了空间、时间以及同地理相关的任何因素之间的错位叠加。即便是在非洲取得独立主权后，由西方所塑造和主导的国际政治经济格局仍在不偏不倚地影响着非洲的社会节奏。

第二节 政治化

当人类学从自然科学研究中获得深刻启示后，就将关注及研究焦点转向对社会发展规律以及社会发展趋势的探索研究上来。

然而，在这一进程中，人类学在对非西方，尤其是像对非洲这样的国度展开探索时，其研究方式及路径却与寻求真理、规律或趋势的本质性诉求之间产生了深刻的割裂。以探索人及其文化本质为切入点的人类学，在确立自身研究议题的过程中，也因为西方工业革命扩张主义的诱惑和捆绑而使其偏离了初衷。人类学似乎不再对人及文化本质的探索而抱有兴趣，其曾立下的某种学术信仰被一定程度地动摇了。

以西方经验为参照，对非洲做出符合西方中心主义的解读将人类学置于了某种特殊的语境之中。受制于意识形态与政治诉求、政治概念与学科概念的鼓动，人类学的学科思想与政治诉求之间产生交织。人类学因此沦为特定意识形态下文本阅读与话语阐释的结合体。人类学作品，也因所衍生出的工具性价值而越来越是政治性生产的体现。[1] 作为学科而存在的人类学，在学术的应有之义外明显地增生出政治性韵味。当然，作为学科的人类学，客观上是存在于国家之下，并对国家内部存在的主体展开研究的学科，难免滋生出不可避免的政治性。毕竟，"只要有权力关系，就会有政治；……权力关系广泛存在于社会之中"[2]。随着殖民化进程的持续推进，权力关系的广泛存在将成为不可遏制的趋

---

[1] 关于政治性的理解："人们难以找到一种对政治的明晰定义。政治一词往往在否定的意义上与其他各种观念对照使用，比如政治与经济，政治与道德，政治与法律等对比；在法律内部则有政治与民法的对立，等等。借助于这种相互否定而且往往是相互冲突的对立，并根据语境和具体的情况，我们通常能够清楚地阐明某个对象的特征。但是，这仍然不是一个特殊的定义。无论如何，'政治的'一般而言是与'国家的'相互并列，或者至少是与国家之间存在着某种关系。由此，国家似乎是某种政治性的东西，而政治则是某种属于国家的东西——这显然是一个令人不快的循环。"（［德］卡尔·施米特：《政治的概念》，刘宗坤等译，上海人民出版社 2003 年版，第 128—129 页）

[2] ［英］杰弗里·托马斯：《政治哲学导论》，顾肃、刘雪梅译，中国人民大学出版社2006 年版，导言第 10 页。

势，人类学流露出鲜明的政治性色彩也越来越成为自然而然的事件。

抛开殖民主义统治来单纯审视欧洲的工业化进程，其流水线的生产作业方式，以及对原材料及市场的强大诉求，也会毫无例外地使得欧洲以外的民族和社会被卷入到"由欧洲的扩张所触发的全球化过程"① 中来。更为重要的是，这些欧洲以外的民族和社会最终被纳入到欧洲塑造的政治、经济秩序之中来。基于这一秩序，这些欧洲以外的民族和社会不是变得更具自主性及更能彰显主体性，而是变成了受制于"西方专家指导系统"支配下的被动存在。

另外，换一种角度来看，欧洲的工业化进程其实也是欧洲通过扩展公共领域而壮大区域成员的一种有效做法。这些区域内成员，与欧洲的关系并不是平等主体之间的关系，而是围绕资源供给与资源需求形成的利益关系，在本质上和客观现实中其应当能够对欧洲的发展形成认同、辅助和支持的效果。殖民主义侵略的最终发动，正是欧洲从范围和程度上扩展公共领域、壮大区域成员以确保资源及利益最大化享有的一种体现。由此，可以认为，历经了工业革命、殖民主义以及后殖民主义的西方，其"政治的历史就是公共领域扩张和收缩的历史"②。

在整个西方工业革命时期，国际政治格局呈现出显著的时代特征。这一时期，能够被视作是有利于国际体系创建的国家只有主权国家。而这些真正拥有主权的国家又几乎都是西方国家（因为西方正在使一大批非西方国家屈从于西方主权下，将其变成无主权的角色）。国际政治格局也因此而成为由西方主权国家塑造的产物。

在西方看来，像非洲大陆这样分布着广大国家的领土，通过遵循西方塑造的国际政治格局就能改变生存和现实状况，政治、经济、文化等方面的发展也会因此得到相应优化。于是，基于由西方塑造的不可避免的外来强大政治力量的冲击，非洲势必成为西方张扬政治制度及行政体制的优良场域。当人类学与殖民主义统治产生交叉后，这一情形得到了

① ［丹麦］克斯汀·海斯翠普编：《他者的历史——社会人类学与历史制作》，贾士蘅译，中国人民大学出版社 2010 年版，导论第 2 页。

② ［英］杰弗里·托马斯：《政治哲学导论》，顾肃、刘雪梅译，中国人民大学出版社 2006 年版，导言第 12 页。

前所未有的突出和强化。表面上，作为学科的人类学是能够消除某种因政治或权力因素威胁而造成的紧张的，然而，本质上，人类学却没能很好地兑现此番愿景，而是某种程度地演变成为了西方制度及体制张扬的工具。在整个过程中，人类学对非洲的探索研究不可避免地沦为"人类学家手中所遇到的不同政治运作过程"①的展演和博弈。

在这样的背景下，非洲一方面因独特的历史文化而被西方褒奖为伊甸园形象（如人类文明发源地、繁茂音乐舞蹈天堂、丰富物产之沃地），同时，又被无情地视为可怕的地狱。此番既是伊甸园也是地狱、既是世外桃源也是愚昧落后大陆、既是幽雅缥缈也是邪恶难堪地域的凿凿说辞，难免塑造出一个含糊而懵懂又无可救药的非洲形象。

在西方看来，能够体现人类全部真理的只有西方自己，"丑陋的"非洲或作为"白人的负担"的非洲，能够带给它们自己心灵的不过是以"一种非常奇异的情感去感激"西方"所身履的文明，感激它所有的过失及所有仁慈"，此种认识无疑能够起到"昭示西方文明有权去征服和以人道的名义驯化野蛮种族和取代他们的古代文明信证"②的作用效果。西方似乎拥有一切基于仁慈和解放生灵的资格和权力，而能够义无反顾地采取反对奸邪、暴虐及野蛮的行动。事实上，西方在非洲所采取的一系列行动，很难说就不具有西方是在以使用自身拟定的标准、规则、原则等更替和覆盖非洲固有的内在机制及逻辑的疑点。

非洲沦为殖民地的整个过程，潜在或直接地为人类学开辟出一个走向政治化的渠道。尽管人类学家坚持按照"实际发生的情况"来呈现非洲，根据现存的客观材料或客观事实来再现非洲，但是，由于政治化强大势头的涌动，人类学家并未能在研究中做到真正的学术独立或价值中立。这一方面是由于殖民主义统治对人类学的工具性需求远远超出了对人类学作为学科或科学具有的学理兴趣；另一方面，则是由于受西方扩张主义的鼓动而造成的个体热情高涨与集体意识狂欢的怂恿，从而导

①　［美］迈克尔·赫茨菲尔德：《人类学——文化和社会领域中的理论实践》，刘珩、石毅、李昌银译，华夏出版社 2009 年版，第 141 页。

②　［美］克利福德·吉尔兹：《地方性知识：阐释人类学论文集》，王海龙、张家瑄译，中央编译出版社 2004 年版，第 49 页。

致人类学的学科真理遭遇着被淡化的境遇。

在实际操作中，欧洲以其历史经验的连续性观念为重要参照，竭力以各种可能的途径及方式一再证明着非洲之所以与西方在政治、经济、制度、文化等方面存在差距的原因。在高度知识化启蒙思想的鼓舞下，西方坚持认为人类的历史是持续的、直线性的，"欧洲以外的世界代表着'传统'；泛欧世界代表着现代化、进化、进步"①。与此相应的却是非洲"'他者'被排除于'我们的'历史外，放置在一个完全不同的时间里"②。有教养的、受教化的西方，同粗鲁的、缺乏教化的非洲，无疑存在着相互对立和冲突的一面。这是一种基于西方价值观而得出的认识，该认识却因此塑造出了外界对非洲的认识以及人们对非洲的印象。因为有教养的、受过教化的人们（欧洲人或西方人）在具体实践中却未能弱化主观上的判断而使自身臻于真正的理性思维和客观实践行动之中。以至于在从传播西方"福音"到推行"人权"的整个过程中，关于非洲的一些概念，比如"土著民族""原始民族"等一并使得某种种族主义的成分渗透到非洲社会历史实践的内部。与此同时，西方以理性、科学和民主"三位一体"方式对非洲展开征伐的步伐和节奏也并未有所缓和，反而使得西方"神圣使命"前行的步伐得以不断推动。作为在这一过程中扮演着重要角色的人类学家，也由此而"认为自己担负着揭示绝对真理、守护绝对真理的神圣职责。更令人惊讶的是，他们的无上地位在西方文化中得到了认可'"③。

科学和社会革命的相辅相成、相得益彰，确实谱写了西方在非西方增辉生色的壮丽一页。萌芽于19世纪、到20世纪前期已渐趋丰满的人类学诸派别，不仅锁定了西方在这一学科领域上不容撼动的历史地位，而且还由此确立起了西方开人类学研究先河而享有的发言权及话语权。尽管人类学是一门学科，但是，也正是因为这样的学科，一定层面地使

---

① ［美］伊曼纽尔·沃勒斯坦：《美国实力的衰落》，谭荣根译，社会科学文献出版社2007年版，第79页。

② ［丹麦］克斯汀·海斯翠普编：《他者的历史——社会人类学与历史制作》，贾士蘅译，中国人民大学出版社2010年版，导论第2页。

③ ［美］迈克尔·赫茨菲尔德：《人类学——文化和社会领域中的理论实践》，刘珩等译，华夏出版社2009年版，第217—218页。

得西方在近现代社会化发展进程中赢得一定的软实力。

作为一门学科，人类学科学活动的本质在于找出支配社会生活的源泉及力量。满怀雄心壮志的人类学家从而深信只要立足于非洲，就能发现西方的过去或整个人类的过去。非洲必然地蕴藏着西方或人类前现代的社会逻辑和历史条件。

对于人类学及人类学家而言，其关注的重点绝不是人们单纯地理解和认识的那样，即只停留在对当前现象做出简单罗列的满足上。而是要通过发现现实中的非洲，找出现实中的非洲的症结所在，并以现行的西方所拥有的一切来矫正非洲。这样，才能符合当前非洲是西方或人类前现代的认识，也才能符合非洲摆脱困境需要参照西方拥有的成就来改变的认识。

在殖民主义统治过程中，通过对人类学家所从事的探索研究展开考察能够洞见其所面临的整个工作并非简单易事：人类学家扮演了特定历史阶段赋予他们的特殊角色。为了实现帝国梦想他们甚至甘愿牺牲一切，旨在发现他们的民族是否真的在时间上早于"野蛮人"、在文明上是否优于"原始人"、在角色身份上是否更符合上帝选择、在空间上是否更能得到上帝眷顾的客观事实。于是乎，在整个研究过程中，人类学家就不可回避地制造着对非洲这样的"他者"的文化合法性进行抽离的事实，他们甚至认为非洲确实很糟糕，并因此刻薄地"做出令人难以相信的断言：非洲没有历史"[1]。这样的断言，使得非洲与西方之间不可避免地滋生出难以逾越的鸿沟，从而导致非洲大陆内部各民族、部落之间，以及非洲与世界各国之间分层历史的形成。分层，从理论意义上看，一定程度地意味着某种直观或潜在的能够包含和体现政治成分的因素爆发的可能。鉴于此，非洲遭遇政治化，似乎有其必然性。

另外，在此番特定的时代背景下，为创造一种可行而令人信服的被治理者的政治生活，人类学必须从知识谱系角度来切入研究领域。在殖民主义统治进程中，西方将剥夺非洲的主权和掠夺非洲的资源当作殖民工作的生命线，出现了包办一切、替代一切的泛政治化现象。

---

① ［美］伊曼纽尔·沃勒斯坦：《美国实力的衰落》，谭荣根译，社会科学文献出版社2007年版，第75页。

客观地，整个殖民主义统治时代，无疑是作为一个政治思想高度统一的时代而存在的。在此期间，人类学在高度统一的西方一元化政治思想的笼罩下，在写作范式，内容和目标上无疑会首当其冲地被政治因素感染，或面临着陷入到政治语境纠缠的情形中。关于人类学作品本身，也相应地转换成为一种体现一定知识谱系、价值准则以及政治色彩特点并置的文本。出自人类学家之手的各种水准迥异的作品，一再对非洲形象做出塑造或再造，在确立起关于非洲的形象或印象的同时，也将非洲塑造成为一种直线的兼具想象性与仿真性特质的存在。非洲人的时间与空间概念及认识，亦相应地被错置为与西方常态化情形不相一致的另类图景，而非被合理且正当地当作是构建非洲人生活世界的自觉维度。

在具体研究环节上，人类学还借助固定语汇和表现手法表达了一定的政治文化和社会思想观念。比如，"原住民""土著""移住民"等概念，就包含着一定的政治文化色彩韵味。毕竟，身份或角色迥异的背后意味着所置身的政治环境的迥异。在一系列固定词汇的牵制性作用力下，非洲人抵御外力以及规约自我的机制遭到一定弱化，而遭遇着必须接受规制性的概念或说法定性的现实。这样的定性，似乎早已注定就属于不可违抗的事件。

纵然，通过这样的概念对非洲做出定性，确实能够表明西方基于自身认识理念、知识脉络，以及历史经验来理解和探索"他者"历史而暴露出的片面性和强制性。这些概念，作为一种表述体系，在根本上无疑忽略了非洲自然环境与社会文化之间具有的内在关联性或固有机理性，最终不可避免地破坏了非洲全面而真实的客观形象的准确谱写和传递。更为严重的是，人类学从技术层面上将非洲历史与现实割裂开来的做法，在本质上并不利于一个综合性的、研究各民族或部落社会及其文化的人类学的建成和发展。

就整个殖民主义统治时期而言，人类学并没有揭下面具来真诚地看待非洲，而是将直接或潜在的政治性因素不断地植入非洲。结果既造成了人类学爆发出政治化的韵味，也造成了非洲被强制性地嵌上外来因素的事实。

在具体的实践操作层面上，西方人始终深信不疑，即使在制度冲突的环境中，他们在进行广泛的、不同的活动时，也能够较好地遵循貌似令人尊敬的一些普遍价值，并能够制造出人类学虽然面临政治化却似乎无损于学术价值的迹象，但是，人类学在对非洲展开探索的进程中却不可避免地烙下了难以根除的印痕，错置了非洲各民族、部落的时空条件和场景，从而至少在理论上创造了非洲作为被治理者的政治。

第三节　去政治化

殖民主义统治瓦解后，尽管西方对非洲的探索仍难以摆脱以市场、发展、理性、科学、民主国家及进步社会等为轴心的量化标准，但是，某种"去政治化"的呼声却日益高涨而演变成为新的常态。

20世纪60年代，非洲独立主权的纷纷获得，很大程度地说明西方试图建立某种独特的并为一些国家接受的普遍主义其实并不存在。在这种背景下，作为学科的人类学的探索研究，也开始朝着批评性方向转型，开启了揭露种族或文化优越感错误的行动，并力图探索和重建具有世界性意义或普遍性价值的学科真谛。

殖民主义体系的瓦解，伴随而来的是，西方人类学家开始质疑自身社会，他们力图打破对人类历史独一性、单线性、西方性的定位，以消弭狭隘视角及进化思维造成的影响。

西方精心构筑的殖民体系的崩溃，一方面冲决了西方对"他者"的幻想或想象，另一方面也使得人类学家产生了警醒。究竟该如何审视研究对象，以及怎样反映并呈现研究对象？对此，人类学家试图以有意识地弱化或抹掉政治色彩的方式重塑学术良知，以中立性的人文关怀克服一直以来所形成的局限和偏见，确立起科研与政治分开的思路，以创建或重振人类学学科内部诸系统之间优化协调的学科风范。

在过去很长时间里，人类学家致力于追求某种形式的结构、整体和一致性之间的关联性，却并没有注意到特定社会现象与一定社会内在机制之间连续且不可割裂的关系，以至于将社会现象与社会内在机制之间的关系做出静态处理，而根本地忽略了"改变是所有社会固有本色"之逻辑，致使在对非洲进行探索研究时采取了共时性的研究姿态，最终塑造出了现代意义上直线而单调的非洲历史，极大程度地将处于困境中的非洲视为是人类历史的前定。

非洲获得独立自主权后，随着西方对非洲采取一系列摆脱困境的做法遭到失败，以西方经验的物质性或发展理性对非洲展开定性或定位的做法也随即遭到叩问。西方认识中的非洲与客观现实中的非洲缺乏一致性的事实随即被揭露。事实上，西方经验下的物质性或发展理性本质地"在很大程度上也是特定文化的产物，因此不足以用来阐释某些普世性的问题"①。当将其用于非洲身上时，产生牵强附会在所难免。作为具有特定文化背景和知识结构的人类学家，也深感到以文化持有者的内部眼光来揭示蒙着面纱的文化闯入者，以及最终达到俘获这些文化闯入者内心的目的是完全具有可能性的。并且，同时作为观察者的研究主体和研究对象，"永远是他或她所观察到的变化中的情景的关键部分"②。于是，人类学家，作为以观察者身份而存在的研究主体，不得不开始学会像理解自身的文化一样理解不同时代中，同样作为以观察者身份而存在的研究对象（包括其他民族或部落）的生存法则及生活世界。人类学家显然再不能对研究对象的感知及思维世界熟视无睹。

鉴于变化了的非洲（相较于先前而言，发生了摆脱殖民主义统治，获得独立自主权的变化），人类学不仅着手于关注其变迁，而且还萌生出了主动诱发研究对象变迁的冲动。然而，人类学家又矛盾地发现非洲一方面动荡不安，另一方面又死水一潭。尽管如此，人类学家仍然寄希望于将曾被殖民主义统治者拆散的元素，包括非洲的习俗、心理、语言等进行重新拼合以重振非洲的价值和内涵。

鉴于变化了的非洲，人类学家也开始从中体察学术政治化给研究带来的危机。鉴于此，人类学家开始对过去世界体系所传授的概念范畴展开重新认识，对先后以进化论和传播论为叙事框架的古典时代进行"后现代解构"。同时，人类学家还通过对历史制作的传统社会关系展开考察，寄希望于发掘关于本土知识固有的叙事逻辑，以最终避免研究方法

---

① ［美］迈克尔·赫茨菲尔德：《人类学——文化和社会领域中的理论实践》，刘珩等译，华夏出版社 2009 年版，第 217 页。

② ［丹麦］克斯汀·海斯翠普编：《他者的历史——社会人类学与历史制作》，贾士蘅译，中国人民大学出版社 2010 年版，导论第 5 页。

的"暴力循环",最终达到遏制研究作品"无效供给"的效果。

在实际探索过程中,人类学家确实发掘了非洲历史根植于结构之中——偶发事实的系统化秩序——的事实。当然,对非洲展开新一轮的审视和探索,就人类学家而言,既需要重塑学术道德品质及学术良知,又需要在研究中使用非种族主义或非西方性的措辞来描述、解释或呈现真实的非洲。同时,被边缘化的非洲各民族倡导的价值诉求或所具有的特殊要求,显然不需要也没必要一定要同西方所倡导的民主、理性协调一致。客观上,非洲所需要的不仅是独立的地理区位概念被承认,而且比地理区位概念更有意义的政治身份同样需要被给予承认。

某种意义上,人类学在殖民主义统治体系崩溃后所尝试的"去政治化"努力,本质上是要破除历史上囿于西方的门户和定见。其中,探索非洲社会中一部分集体同其他部分集体的关系,非洲同其他地域的文化或历史关联,以及非洲以特定意识建构自身历史与现实的机制,就是重要的尝试。在认识上,人类学家开始"鄙视西方中心主义,注重探究非西方文化的内涵与延伸价值。他们质疑西方传教士、探险家、商人、旅行家的见闻和偏见,反思古典人类学获得知识的方法,以不同方式提出了'译释'不同文化和理解人文世界的新思路"①。在手法上,人类学家力图在小规模的、"异文化"的非洲部落或群体社会中找到类似于实验室工作能够得出的集体心智与行为理性的一致性。在价值上,人类学家倾心于非洲地方权力的发掘或重塑,强调只有基于"地方性""本土性"知识展开挖掘才能重塑非洲的主体性。在角色上,人类学家以"文化持有者"自身的视角来认识和理解研究对象,以异乎寻常的胸怀和气魄像真正的当地人一样去思考和感知,为"现代人类学"的创建积极建言献智。

在具体实践中,一些对西方现实失望的人类学家,再次深入跨文化语境中,力图重振人类学的学理性。对摩洛哥深有体悟的美国人类学家保罗·拉比诺,他反复多次踏上非洲故土,力图以人固有的本性以及人在自然界中的位置作为切入点来探讨土著民族的政治经历与文

---

① [法]马塞尔·莫斯:《人类学与社会学五讲》,林宗锦译,广西师范大学出版社2008年版,总序(王铭铭作)第1页。

明认同之间的关系，从而发掘摩洛哥作为一个自我定义的社会空间存在的客观事实。在此空间中，摩洛哥人围绕着特定的价值命题而生活、生产、繁衍或改变着。诸多的像拉比诺这样的人类学家在深入非洲进行研究时，他们寄希望于非洲人能够为自己的过去辩护，同时，也期待他自己所做的研究能够得到非洲人的信任，并希望非洲人为他们的研究提供真正可靠的地方性知识。此举无疑能够潜在地创建出西方与非洲作为共同体的平等成员之间的关系，能够承认由于外力嵌入而使得非洲以特定模式制作和思考历史的现实，能够披露"西方倡导的文明模式表现出一种放纵人类欲望、滥用人类智慧的极端主义倾向"的危害。又如，作为一位在英国学成，在美国得以提升的人类学家维克多·特纳，他通过对非洲中部的民族或部落的仪式生活展开探讨，发现了集体生活的秩序，从而提出了"一种作为部落文化中再生和更新程式的'社会戏剧'的见解"，指出了"从国家到家庭的各个层面的社会组织"变迁的逻辑机制。

　　进入新的时空，随着全球化进程的不断推进，人类学家日趋意识到变通研究方法的重要性及价值性，针对深刻而历史地形成的权力不平等所造成的西方与非洲之间的分化进行平衡也尤为必要。非洲各民族或部落需要被动员和组织起来，而塑造成为能够表述自我的真实主体，以最终能够创造出一种真正属于非洲的地方性政治共识。作为主体的非洲及非洲人，他们才是最能有效地掌握非洲制度并对此拥有绝对发言权和影响力的人选，是唯一能够为其生活世界做出客观性定性及抒写的核心角色。人类学家同时极力倡导，在社会化进程中，人类学需要处理历史张力中造成的对抗性，重新揭示各种事件之间应然的承接顺序；非洲人需要被引向他们所期待的目标；人类学家需要对各种利益集团包括政府机构、企业组织等施加正确的压力，以有利于促进非洲主体性的重塑。

　　直面全球化的汹涌浪潮，人类学家对非洲社会变迁的关注呈现出一种新的趋势。在人文情愫及尊重本土知识关怀的刺激下，人类学越来越将注意力适切地导入非洲现实，彰显出非洲俨然存在着突破发展的可能性和必然性。人类学家意识到，新时期的非洲人类学研究日趋需要等待时间和科学理论的"援助"。尽管由于特殊的历史进程使然，非洲已不具备完全本土性的地方性知识结构，但是，能够确定非洲人生活空间及生命轨迹的依然是"传统的稳定性"，而不是那些所谓的现代化指标。

即便全球化浪潮凶猛袭来，非洲同样需要在全球化之外而再定义。毕竟，全球化浪潮完全不可能创造出非洲与世界的均质性或同质性，非洲始终饱含着自身的本土性或多元性。人类学家在经过深刻的"重新反思……'他者文化'之后"，逐渐认识到非洲"'他者'（otherness）的范围，也包括数目庞大的个别历史（separate histories）"。① 也就是说，在非洲整体历史之内必然地包含着各个民族、部落、种族及单个非洲人的具体历史。了解他们各自是以什么样的方式认识过去及表达现在，才是让非洲回归到非定制性历史起点及彰显本土性特质的关键所在。

在殖民主义统治体系瓦解后，人类学一直尝试着以"去政治化"的方式重建非洲价值。这无疑有利于彰显非洲社会的主体性，同时，也有利于更好地呈现非洲社会的本土性，以最终确立起人们对非洲社会历史的、客观真实的具体感知。而且，从技术层面和研究实质上将非洲的历史与现实结合起来，不但有利于建设一个研究对象能够包括非洲各民族或部落的人类学，而且还能将非洲隽永的本土知识谱系和社会原生机制纳入人文视野，最终以便于更好地挖掘出非洲文明既是非洲人自己的创造物，同时，又那么深刻地属于人类文明总体构成部分的客观事实。

总体上，人类学对非洲的解读方式发生由政治化到"去政治化"的转型，在实际操作中，需要超越"非此即彼"的思维定势，克服简化处理的倾向。人类学"去政治化"的研究诉求既是人类学迈向理性研究的关键一步，又一定程度的是非洲能够摆脱某种威权控制的理论试探。在"去政治化"浪潮的席卷下，即便是人类学家也不得不承认在以西方中心主义、物质主义和进步发展观等看待和处理非洲时所产生的不可逆转的客观事实，即，由人为缔造出的对垒、冲突、矛盾的深沉性，以及非洲所遭受困境的必然性及客观性。时代进程的不断转换及推

---

① ［丹麦］克斯汀·海斯翠普编：《他者的历史——社会人类学与历史制作》，贾士蘅译，中国人民大学出版社 2010 年版，导论第 1 页。

进越来越表明，非洲固有的价值才是振兴非洲社会发展的重要基石；非洲的发展日趋需要基于非洲本土特色资源而扩建一种广泛的多元价值联盟。

第九章

回归角色

非洲获得独立自主权后，就在再造传统与重塑主体性上做出积极探索。从非洲传统社会中挖掘逻辑机制和有机元素以形成非洲内部联合发展而非抗衡对立的格局，已成为非洲大陆在摆脱殖民主义统治后提振自我价值以夯实独立主权地位的策略之一。而角色的回归，则是最终能够使非洲在国际舞台上及全球化机遇中发出自己的声音及争取到一定话语权的重要凭仗。

第一节　再造传统
——人类学视野下的"非盟"

传统是现实社会中的一种发展资本。传统能够成为国家维系历史价值以及促使国家走向发展突破的重要纽带。非洲，作为一个有着自身特殊性的大陆，其所具有的深厚传统及传统模式，无疑为当今"非盟"的建立和发展提供了事实依据及理论逻辑起点。

在历史上，整个非洲大陆就形成了以文化共同体的形式结盟、组织与发展的格局，并由此确立起了标识本土与区分外界的传统符号。然而，非洲特殊的历史进程却一度中断了这一情形。

进入新的发展时空中，为了能与世界其他共同体形成抵御或抗衡的优化力量，非洲大陆国家之间产生了结成"非盟"（非洲联盟）的价值认同及诉求。此情形潜在地为非洲国家在当今国际舞台上抒写出"共同体"身份埋下了重要伏笔。作为新时空中对旧事相的复活，"非盟"的出现很大程度的是以新的结构方式组合并再现了非洲历史共同体的象征系统及文化意义的，同时，其出现也为丰富当代国际社会的共同体意识提供了活泛而生动的注脚。为此，对当今的"非盟"展开民族志研究，能够洞察到非洲大陆各国在国际化进程中应对新环境、新趋势、新挑战的策略性部署。

一　原始的非洲共同体模式与国际政治趋势

在人类历史进程中，社会化，作为一股客观存在的力量，会使得处于不同角色或身份的人们被不同程度地卷入到某种"共同体"范围内，会使得具有不同认识理念及价值观的人们结成某种共生性的同盟关系，而不至于使自己丧失集体行动的能力、成为孤立的行动单元。人类历史发展进程业已表明，人类需要聚合力量、协同共进，才能在创造出更大生产力的同时，创造出更加适宜的生产关系，最终获得更具实质性意义的身份价值和利益收成。当今的国际舞台，越来越是"共同体"角色集合的体现，越来越是"共同体"形象打造及"共同体"实力塑造的汇总。

在远古时代，人类需要聚群而居、共同行动才能抵御低下社会生产力的考验，才能为种群的繁衍以及生物系统的平衡植下坚实的根基。

历史上，非洲众多的原始部落社会，不仅维系了非洲古老的政治生态格局，而且还打造出了非洲各部落作为"共同体"存在的最初模式。在这一过程中，非洲人推动了社会发展进程并兑现了生命的价值及意义；各部落之间联合而成的"共同体"模式在使得非洲的地缘政治格局得以持续延展的同时，也使得非洲因此而滋生出一套基于内部价值的意义整合系统。

在近现代过程中，由于西方国家所缔造的世界体系与国际规则对非洲的强制性吞噬，致使非洲固有的共同体模式遭遇断裂。整个非洲大陆不仅资源、物产丧失殆尽，而且维系非洲生活世界的共同体机制也完全被剥离。西方扩张主义的肆虐，明目张胆地覆盖了非洲既是本土的、民族的，同时也是经济的、政治的客观存在的共同体模式。非洲最终在所难免地陷入到殖民主义统治的深渊。

尽管西方殖民主义以剥夺非洲一切声音的做法，将非洲置于难堪的发展境地，但是，非洲历史以来就形成的身份认同、文化共识，却在促使非洲人最终以揭竿而起方式赶走殖民主义统治者上，爆发出巨大的作用力和推动力。确实，在整个殖民主义统治过程中，非洲各民族、部落之间的共同体意识，被殖民主义统治者从形式上瓦解了，但是，整个非洲大陆最终独立主权的获得，却不得不说明西方殖民主义者试图以形式代替内容的构想的失败。而非洲国家之间在独立主权争取上表现出的相互帮助和支持，很难说其就不是非洲各民族、部落作为一个共同体所具有的力量源泉的反映和折射，很难说其就不是基于历史传统而形成的"共同体"模式具有的历久弥新价值及作用的体现，很难说其就不是新的历史时期中重振"共同体"模式的发端。

这一切，既是非洲历史进程向前推进的必然，也是当代国际政治发展在所难免的大势。

如果可以忽视第一次世界大战与第二次世界大战带给人类社会的血腥，那么，人类还是能够从这两次大战中获得些许教益。固然，国家之间的结盟事实使得两次世界大战留下了不可抗的沉疴痼疾，但是，国家间的结盟也因此让国家第一次深切地感受到在联合或共同行动中能够保全自我和分享利益的好处。

以至于在之后的国际政治舞台上，出现了国家间某种意义地以分类形式结成联合的局部"共同体"格局。第三世界、南北国家、发展中国家、发达国家等国家间分类形式的出现，无疑将国家间试图建构共同体的愿望彻底地激发了出来。进入"冷战"时期，美国与苏联两大超级大国的争霸，将对"共同体"角色和力量的追求和塑造推到了历史巅峰。尽管"冷战"最终以苏联的垮台戏剧性地结束了，但是，"冷战"遗留下的共同体创建模式却产生了历久弥新的影响。例如，欧洲出现欧盟，美洲出现北美自由贸易区，亚洲出现东盟，非洲出现非盟，等等，就很大程度的是"冷战"所创建的以美苏各自为阵营的共同体模式后续发力的体现。"冷战"营造出的"共同体"氛围毫无疑问地成为各大洲、各区域在之后加大"共同体"盟誓转换成为具体实践的动力及源泉。

在当今的国际舞台上，虽然国家依然是最重要的行为体，但是，国家间共同体模式的建构却成为一股能够与国家行为体抗衡的重要力量。

比如，欧盟、非盟等的建立，就很难说其就不是为对抗某个/些国家或某类利益集团而出现的必然产物。作为一定层面上能够与国家行为体或利益集团相抗衡的国家间"共同体"模式的问世，其能够在丰富国际政治形式和内涵的同时，也使得国家间的合作因为共享的成分或因素而呈现出一种独特的严密性。

鉴于当今国际社会日趋根据共享价值、利益或诉求联合行动的客观现实，非洲重现传统的"共同体"身份显然是一个极为应时的科学判断，也是一个较好地符合发展趋势的优化选择。而非洲之所以最终能够在区域内建立起自身的"共同体"格局，完全是基于其固有的本土历史文化资源及传统的内生机制而发起的。毕竟，只有根植于非洲本土，才能保证非洲"共同体"的重构具有强固而稳健的坚实纽带。

在当今时代中，对历史及传统资源展开功能性的挖掘，不论是对一个国家的发展而言，还是对国家间关系的拓展来说，无疑都具有很强的现实价值及理论意义。一直以来，无论是一个国家，还是具有联合关系的几个国家之间，当面对更大的国家力量或国家间联合力量释放出的威胁时，或者当遇到多维势力的钳形夹攻时，或者当面临着更为强大的力量或集团包围冲击时，可能采取的方略便是对地缘政治上接近的、能充分动用的各股资源发出"求救"，并对各股资源采取整合利用的做法，或者以动员组合的方式将局部的一体性特质或"共同体"角色具有的力量重新激发出来，以期最大可能地达到抗衡外力或强权的目的和效果。其中，从历史及传统文化资源上来推动整合或开展动员组织，以达到激发"共同体"角色具有的能量的效果，则是一种成本低廉、回报高效的价值性投入。

现实国际政治发展的经验已深刻表明，当今国际舞台上，"在任何竞争体系中，能够吸引到盟友都是一种极其有价值的资源。相反，引起其他方联合起来反对自己者，则处于明显的不利地位"①。鉴于此，国家之间在一定区域、地理范围内创建"共同体"格局势必演变成为一股不可遏制的汹涌的时代潮流。

---

① ［美］斯蒂芬·沃尔特：《联盟的起源》，闫丕启译，北京大学出版社2007年版，序言第1页。

二　传统非洲共同体对"非盟"的激发

客观地，文化是人们在生产劳动实践中创造的产物，是人类智慧的结晶。文化来源于社会生产实践，又反作用于社会生产实践。文化既维系了社会的整合性发展，也延伸了社会的历时性走势。文化始终贯穿于社会发展进程中，或者说整个社会发展进程中都弥漫和充斥着文化因素。客观地，不同时代、不同地域、不同民族、不同国家均拥有不同的文化风貌。不同的文化风貌由不同的文化载体表征和呈现出来。不同的载体又凭依各自的特定构成元素来展示所属文化具有的行为逻辑、认知理念及价值意义等。

文化还具有自身的属我性及排外性特点，能够赋予特定群体归属感和凝聚力。文化在标识一个民族、一个群体、一个地域的同时，相应地模塑出了另外一个异于自我文化的"他者"。文化由此具备了某种权力能力，达到了表征自我和塑造他人的目的。在此，通过对非洲纷繁多元的文化构成展开探讨，可洞察到其拥有的原生性特质，并发掘其在非洲社会历史发展进程中具有的维系功用及凝聚效应。"非盟"的出现，很大意义上就是非洲文化原生性特质及其所具有的维系功用与凝聚效应而滋生出的产物。

作为新时期出现的新的"共同体"模式，"非盟"在很大程度上是由基于非洲传统文化层面而生发出的机制来维系与整合的，其内部是由一致的记忆、共同的认知及行为逻辑来支撑的，在对外行动上则是由一套自我表述机制、主体性诉求来彰显和推动的。

科学的探索研究一再证明，传统的非洲有着属于自身的历史记忆和符号系统。非洲丰厚的历史资源为人们洞察非洲社会的整体性提供了极佳的线索，从史前的非洲、古代非洲、7 世纪至 11 世纪的非洲，以及12 世纪至 16 世纪的非洲等①，均可目睹到在变换时空中属于传统非洲社会的维系机制具有的生命力及创造力。借助于此番情势，还能够扭转外界，尤其是西方所认为的非洲是没有历史、文化及教养的看法和认

---

① 参见《非洲通史》第 1—4 卷，中国对外翻译出版公司、联合国教科文组织出版办公室 1984 年版。

识。客观地看，"历史上的非洲在文化之差异、发展先后、制度之分化方面，要比世界上一些地区和大陆相对较小"，非洲大陆确实"存在着某种文化与文明的整体一致性特征"，以至于"某种所谓的'非洲个性'、'黑人性'或'非洲精神'"成为能够"赋予这块大陆一种普世性的精神文化特征"的代名词。① 于是，"以复兴和重建非洲文化传统、恢复非洲文化自尊为内容的'非洲个性'或'黑人性'运动"，便产生了"特殊的意义与影响"。②（"'非洲个性'或'黑人性'思潮，是20世纪非洲大陆为实现复兴和统一而高举的精神旗帜，是非洲人民团结奋斗的情感认同对象。这一思潮的传播过程，集中体现了 20 世纪非洲大陆为实现复兴与统一所作努力的特殊性质与艰难过程。"③）当然，重建"非洲个性""黑人性""非洲精神"等口号及行动的出现，潜在或直接地整合和塑造了非洲各民族、部落的思维及行动，为之后非洲"共同体"格局的建构埋下重要伏笔。

针对非洲各类历史文化及传统知识展开深度挖掘，能够发现非洲在历史上就形成的具有深度整合的一致性。比如，各类实物考证就对此做出了精准的注解。通过"在非洲撒哈拉以南地区进行的考古研究中了解到：在技术上处于不同发展阶段的各个民族曾同时生活于非洲各个地区。……许多地区的居民……直至我们纪元一千纪末，仍然以狩猎和采集食物为主，使用的仍然是石器时代的技术。但是，任何社会都不是静止的，而在大多数情况下，往往跨越相当远的距离进行活跃的不同文化间的接触。……这种接触表现得最强烈的地方，却是跨越人们本来认为最难跨越的障碍撒哈拉沙漠进行的，而且这种接触竟然形成非洲历史上一种统一的力量"④。

由此可见，非洲恶劣的地理环境条件并没有阻止历史上境内各

---

① 刘鸿武：《一块大陆的觉醒过程与复兴努力》，载罗建波《非洲一体化与中非关系》，社会科学文献出版社 2006 年版，序二第 7 页。

② 刘鸿武：《"非洲个性"或"黑人性"——20 世纪非洲复兴统一的神话与现实》，《思想战线》2002 年第 4 期，第 88 页。

③ 同上。

④ ［埃及］G. 莫赫塔尔主编：《非洲通史》第 2 卷，中国对外翻译出版公司、联合国教科文组织出版办公室 1984 年版，第 415 页。

民族、部落之间的交互往来。撒哈拉沙漠并非是人们难以跨越的地理屏障，非洲各民族、部落之间也并未出现发展进程中的文化滩涂。平实的生活、生产、生计规划及行动在非洲人穿越撒哈拉沙漠、延续文化生态上发挥了桥梁作用，起到了良好的交流、沟通效果。显然，历史上的非洲各民族、各部落之间早已前置性地萌发并创造出了一体性或"共同体"的价值观念及行为实践。同时，各种各样的生产工具、生活用品的互换使用也对一体性或"共同体"认知模式的塑造同样功不可没。总而言之，各民族、部落之间的不断接触及交往一直是非洲社会跨越地理疆界，打造一致性或"共同体"的时代先声。

与此同时，即便在人种上，同样也没有因为地理疆界的分割而使非洲呈现出迥异的人种特质。很明显的是："从西非一直到南非，各地非洲居民在生物学上都属同种。"① 另外，尽管非洲同一语言在经历分裂和流散后，在不同区域呈现出不同的地域性特征，但是，其在流动过程中却是与一定的生产力和生产关系相适应的。比如，"直到最近，考古学仍无例外地把班图语和农耕与金属冶炼社会画等号。……这些语言的扩散和晚期时代陶器的扩散是一次大的文化高潮"②。

在这些流变的语言中却始终保留着古朴的结构性元素。比如，"在非洲东部、南部和中部有两千多种班图语各种语言在词汇和句子结构方面都相同，由此可知他们之间有密切联系。……远在 1889 年，迈因霍夫就已辨认出班图语和西非诸语有联系，那时人们称西非诸语为西苏丹语"③。显然，语言或句子方面的相似因素，能够反映出人们之间具有的历史交往基础。又如，"在赞比西河和林波波河之间地区，绍纳语、文达语和聪加语，长期相互影响。这可以说明为什么在恩古尼语和索托语中有大量的相关词，为什么社会习惯中也有相当多的相似之处（父系

---

① ［埃及］G. 莫赫塔尔主编：《非洲通史》第 2 卷，中国对外翻译出版公司、联合国教科文组织出版办公室 1984 年版，第 417 页。

② ［塞内加尔］D. T. 尼昂主编：《非洲通史》第 4 卷，中国对外翻译出版公司、联合国教科文组织出版办公室 1992 年版，第 477 页。

③ ［埃及］G. 莫赫塔尔主编：《非洲通史》第 2 卷，中国对外翻译出版公司、联合国教科文组织出版办公室 1984 年版，第 418 页。

继承、行割礼和一夫多妻制）。相同的习惯和相同的社会—政治组织形式，是长期共同生活的结果"①。基于这一切，某种一致性或局部的"共同体"明显地得以塑造出来。

　　鉴于之上诸多的事实探索，目的在于突出传统的非洲社会（如果用具体的时间来衡量应该是在殖民主义到来之前）明显地遵循了"祖制成法"的运行机制。而殖民主义的出现则打乱了这一历经千古的传统秩序。但是，殖民主义在抹杀非洲固有的内在机制的同时，也通过其强制性的压制手段将非洲培育成为了殖民主义统治的掘墓人（面对殖民主义统治，非洲并非是屏声静气地接受一切，而是以不断的反抗方式最终瓦解了殖民主义统治）。

　　其间，非洲民族主义的勃兴就是较为有意思的话题。若以非洲民族主义的崛起作为认知非洲大陆历时性社会变迁的分水岭，那么，可看到民族主义爆发前夕能够整合非洲民族、部落情感的质朴因素已悄然萌生："民族主义时代以前非洲模式的社会群体也具有强烈的 narodnost 或民族情感。它们从信奉同一种神祇，使用同一种语言，具有同一文化的小群体逐渐发展到信仰多种神祇的大群体，这些大群体虽然在政治方面不尽一致，但却仍旧保持着共同的文化观念。"② 共同的文化观念对塑造文化共同体或统一的文化模式有着积极的功效。"到 19 世纪为止，非洲文化模式早已经历了一个极其漫长的发展阶段。20 世纪后期的史学研究成果表明，非洲有一个明晰可辨的社会——经济发展过程，因而也是一个文化的发展过程，它至少可以追溯到 6 个世纪之前。略微模糊但仍能辨清的历史则可再上溯许多世纪，甚至在个别情况下，竟能早到远古时期，先于开创大多数非洲地区历史文化发展的非洲铁器时代（约公元前 400 年）之前。"③ 由此可以认为，随着统一文化模式的持续演进及所产生的作用力，整个非洲大陆的一体性认知，即便在西方缔造出的所谓的民族国家构建过程中，非洲各民族、部落也将彼此视为亲如一家

---

　　①　［塞内加尔］D. T. 尼昂主编：《非洲通史》第 4 卷，中国对外翻译出版公司、联合国教科文组织出版办公室 1992 年版，第 477 页。

　　②　［英］巴兹尔·戴维逊：《现代非洲史：对一个新社会的探索》，中国社会科学出版社 1989 年版，第 38—39 页。

　　③　同上书，第 39 页。

的血肉之躯。比如，"位于西部的尼日利亚认为，它是成千上万里之外遥远西部的肯尼亚的好兄弟好邻居。反之，肯尼亚也这样认为。它们都认为彼此生死与共，患难同当"[1]。无疑，共同的文化根基在其间发挥了纽带作用。

诚然，殖民势力的侵袭打乱了非洲固有的文化模式。为了重现和复兴统一文化模式，非洲人不屈不挠地掀起了反抗殖民主义的激烈运动。这种由非洲人发起并在整个非洲得到积极响应的运动，传递出了传统文化的强大凝聚性及整合力在笼络人心与打造统一行为方面具有的表征意义和工具性价值。当赶走殖民主义统治势力后，非洲人继续发出声势浩大的"'救赎'非洲，让黑人获得自由"[2]的号召。最为典型的是，基于深厚的文化根基而推动"泛非洲主义"运动，在本质上是一种"把非洲、非洲人和在外国的非洲人后裔视为一体的一种政治和文化现象，其目的在于非洲的更新与统一，以及促进非洲人世界团结一致的精神"[3]，最终以实现区域一体化，成就一个包含共同价值诉求及理想愿景的"共同体"格局。

综上所述，在殖民主义统治前夕，非洲就以传统文化为根基而形成了富有影响的"共同体"格局。在经历殖民主义统治考验后，非洲固有的传统文化仍然是非洲维系"共同体"格局的核心所在。即便是当下或在未来，非洲的传统文化将继续是维系、巩固和凝聚非洲为统一体的重要源泉。新的时空背景下，"非盟"的崛起从本质上看来，无疑就是深受非洲传统文化因素激发而形成的崭新的"共同体"格局。其产生既具历史渊源性，也具现实必然性。

---

[1]　"Africa and Peoples：Africa"，*Grolier Incorporated*，Volume 1，1985，Africaan Introduction，Page 1.（原引文：The Nigerian in the west believes that he is "his brother's neighbor" to the Kenyan thousands of miles away in the east，and vice versa. They feel that they belong together and will sink or swim together.）

[2]　［肯尼亚］A. A. 马兹鲁伊斯兰主编：《非洲通史》第 8 卷，中国对外翻译出版公司、联合国教科文组织出版办公室 2003 年版，第 512 页。

[3]　P. O. 埃塞德贝（Esedebe），1980 年，第 14 页。转引自［肯尼亚］A. A. 马兹鲁伊斯兰主编《非洲通史》第 8 卷，中国对外翻译出版公司、联合国教科文组织出版办公室 2003 年版，第 526 页。

三　作为意义表征的"非盟"

作为文化"共同体"，总免不了凭借一套象征体系或符号体系来表征和传递意义。在新的历史时代崛起的"非盟"，俨然就是由一套源于传统并超越传统的象征体系或符号体系维系着的，其使得整个非洲大陆在当代国际环境下越来越呈现出了蓬勃且整合的"共同体"格局。在当下，可以认为，"非洲联盟的成立是这个大陆取得的最伟大的成就之一。它标志着伟大的泛非主义运动和非洲统一组织的创始者们的愿望得以实现"[①]。毕竟，"非洲的联合与统一是非洲人民长期以来的梦想，也是几代非洲人不懈努力的政治追求，非盟的成立正是这种泛精神的体现"[②]。而这一切又借助于一系列的视觉形象、运行规则、首脑会议等得以充分铺陈。

（一）视觉形象

"非盟"以维护和促进非洲大陆和平、稳定，并最终以实现非洲社会的发展与复兴为宗旨。这种积极的探索得到世界各国的理解和支持。中国政府对设立在亚的斯亚贝巴的"非盟"会议中心的援建就是例证。

从建筑形制上看，非盟会议中心是非洲大陆集体声音表达的物化平台。在这里，非洲作为一体的力量被充分调动和展示。固然，"非盟"会议中心，因为具体的建筑形制展示出了作为建筑实体的功能性价值（会议、会晤、办公等），但是，这一具体的建筑形制也是某种共同期待和集体愿望的集中体现。从视觉形象上看，"非盟"会议中心的设计在建筑意境上，是以"在非洲大地上萌发的橄榄枝形象的动态表达来塑造一个自由、舒展、平和的非盟会议中心形象"[③]的，在平面布局上呈现出橄榄枝的样态，在深层次上将"自然、生态、可持续发展的理念贯穿于设计的始终"，并重在彰显出"质朴、和谐"之特质，以达到对非

---

① 非统秘书长萨利姆·阿赫默德·萨利姆语。转引自罗建波《非洲一体化与中非关系》，社会科学文献出版社 2006 年版，第 107 页。

② 丁逾：《非盟：关山飞度难从容》，*The Contemporary World*，2001 年第 8 期，第 20 页。

③ 郑勇、王琪：《和平的橄榄枝——非盟会议中心方案设计》，《四川建筑》2007 年第 27 卷 2 期，第 78 页。

洲大陆"本土文化的理解与演绎"① 之效果。从整个结构布局上看，"非盟"会议中心是基于非洲本土文化的创造。此番建筑形制无疑能够比较容易地在非洲各国之间模塑出认同、树立起共识。作为一个别具一格的象征性符号，"非盟"会议中心以其独到的平面形象传达出社会空间具有的凝聚效应或整合效果。

作为一个组织，"非盟"同样有其会旗和徽章等。其会旗呈长方形，上下两侧为绿色，中间嵌入白色。在白色条带上绘有非洲大陆的地图。两侧的绿色条带传递出非洲人对和平的向往与渴求。中间白色条带象征着撒哈拉沙漠。借此隐喻南北非洲大陆的各民族、部落能够跨越撒哈拉沙漠，从而推动跨地域、跨国家、跨民族或跨部落和平统一格局的塑造和建构。徽章呈现出椭圆的形状。非洲大陆的图形镶嵌其间。会旗和徽章作为象征性的符号，其是将非洲凝聚为共同体的表征力量，能够传达出非洲人对非洲一体格局的追逐和表达。更大意义上，会旗和徽章还可实现激情的煽动和意识形态的凝固，可将身居海内外各地的非洲人凝聚起来，建构出更大层面的"共同体"意识或格局。此种情势必然能够促使更多的，甚至所有的非洲人参与到对非洲及非洲人发展和命运的关注上来。从根本上来看，这显然是通过符号化和制度化方式来提升非洲各民族、部落作为命运"共同体"的象征性实践，同时，也是塑造整个非洲作为"共同体"的记忆的工具性概念及手段。

（二）运行规则

为了实现非洲社会的民主与稳定，达到消除贫困落后，促进共同发展这一宗旨，"非盟"拟定了相应的运行原则。总计十六条。（1）"非盟"所有成员国主权平等和独立；（2）遵守在获得独立时已有的边界；（3）各国人民参与"非盟"的活动；（4）制定非洲大陆的共同防御政策；（5）通过由"非盟"首脑会议决定的合适的方法和平解决成员国之间的冲突；（6）在成员国之间禁止使用或者威胁使用武力；（7）一个成员国不得干涉另一个成员国的内部事务；（8）在发生战争罪行、种族屠杀和反人类罪的情况下，"非盟"有权根据首脑会议的决定对某

① 郑勇、王琪：《和平的橄榄枝——非盟会议中心方案设计》，《四川建筑》2007 年第 27 卷 2 期，第 78 页。

一成员国进行干预；（9）成员国之间和平共处，它们有权生活在和平与安宁之中；（10）有权要求"非盟"进行干预，以便恢复和平与安全；（11）在"非盟"范围内促进集体的自力更生；（12）促进男女平等；（13）尊重民主原则、尊重人权、法治国家的权利以及实施良好管理的权利；（14）促进社会正义，以保障经济的平衡发展；（15）尊重人的生存权，谴责和拒绝对犯罪行为不加惩罚的做法，谴责和拒绝政治谋杀、恐怖主义行动和颠覆活动；（16）谴责和拒绝以违反宪法的手段来变更政府的行为。① 显然，"非盟"作为一个统一的联合体，需要一套具体的规则来规范成员国之间的行动。这些运行规则，有利于推动"非盟"各成员国之间的关系朝着良好健康的方向迈进，实现成员国之间利益的维护及国际形象的塑造。

"非盟"所拟定的这些规则有着很强的意向性。参与其中的每个成员国都有权利和义务阻止不良行为的发生，都有对所认同的一体化局势做出积极捍卫的决心和责任。本质地，运行规则是"规定性的，它们规定了有关人们的行动和交往的规则，本身没有真值，其目的在于影响人们的行动"②。在"非盟"内部，由于统一规则的存在，各会员国之间必定能够较好地塑造出整齐划一的格局。对于非洲社会这样一个历史以来无论在地理位置、殖民统治、历史记忆方面，还是在文化模式上都存在着一致性的国度来说，此种规则在具体的运营过程中无须太多强制力的施加，就能让各成员国较好地将这些规则内化，就能够比较容易地将各成员国之民心凝聚和整合起来，达到强化大陆观念、淡化国家意识、塑造统一认同之目的。可以说，这一系列规则是一种象征性的意义机制，也是一种整合认同的系统力量。其在产生约束或规制的同时，也使得广大成员国分享了一定的民主和自由。

（三）首脑会议

首脑会议是"非盟"按照共同体惯例而召开的例行会议。"非盟首脑会议是非盟最高权力机构，原每年召开一次例会，从 2005 年起改为

---

① 丁丽莉：《非洲联盟》，《国际资料信息》2002 年第 9 期，第 39—40 页。

② ［芬兰］冯·赖特：《知识之树》，陈波译，生活·读书·新知三联书店 2003 年版，序言第 12 页。

每年两次，其中一次在总部，另一次可应邀在成员国举行。大会主席团由一名主席和14名副主席组成。"① "非盟"作为非洲各国联合的统一力量，是由一定的机构、特别的组织以及代表各国人民利益的相关人员组织而成的。首脑会议的召开，使得各国对社会问题的关注得以集中表达，同时，也使得各方关注的问题能够直接进入到决策者的头脑，并有可能将其转化成为非盟国家重大的攻关性战略。

与此，"非盟"首脑会议的召开在很大程度上还推动了非洲各国人民共同意志的建构，同时，还为成员国代表人员之间定期及定点的认识和思想表达开辟了渠道。比如，"第二届非盟特别首脑会议在利比亚的锡尔特举行，会议通过了《非洲共同防务与安全政策》，对通过集体行动保证非洲安全做出原则性规定。同以往比较，《非洲共同防务与安全政策》强调，除了国家主权和领土安全，还应更多地关注与公民个人直接相关的权利，某个成员国的安全问题将不可避免地与其他国家发生联系，非洲的安全是一个统一的整体"②。在亚的斯亚贝巴召开的第三届"非盟"首脑会议上，"非洲领导人围绕非洲大陆所面临的重大问题展开讨论，认为非盟应当在非洲应对全球挑战中发挥主导作用，通过政治、经济一体化推动非洲发展"③。2008年6月在沙姆沙伊赫召开了第十一届非盟首脑会议，"确定了建立非洲联盟政府的终极目标"④。由此可见，几乎在每届首脑会议上，"非盟"各成员国的首脑代表都会就非洲所面临的热点、难点、痛点等做出实时的关切和讨论，并拟定相应的发展计划和应对策略。

四 作为文化策略的"非盟"

文化是人们在实践行动中凝练出来的意义集结，文化也是人们应对实践行动的有力武器。

---

① 新华社：《背景资料：非盟首脑会议》，2017年9月20日（http//www. chinamil. com. cn/sitel/xwpdxw/2008-01/31/content – 1110322. htm）。

② 孙永明：《非盟加快非洲一体化步伐》，《瞭望新闻周刊》2004年第28期，第51页。

③ 同上。

④ 《温家宝致函祝贺非盟首脑会议在埃及召开》，人民网—《人民日报》（http：//politics. people. com. cn/GB/7440352. html）。

（一）非洲人认知理念的重申与巩固

一致性的认识理念是人们在共同的社会生产实践劳动中提炼出来的，它的产生和形成经历了一个历时性的发展过程。而知识和文化与人们的一致性认知理念的形成具有息息相关的联系。传统非洲社会中的各民族、部落就是在其固有的知识和文化体系下塑造出一致性认识理念的。这样的认知理念对非洲一体化或共同体格局的塑造产生着一定的积极作用及深刻价值。作为体现非洲一体化的"非盟"，其所持有的理念、目标、规则、秩序等，无疑就是基于非洲人的一致性认识理念而产生的。"非盟"所秉持的这一套理念、目标、规则、秩序等，在本质上，则有利于在各成员国之中灌输一种方向性和目的感，并最终能够对整个非洲大陆发展的宏伟蓝图的拟定，以及推动非洲大陆在实现共同发展、兑现社会和谐共处愿景方面产生积极而深远的意义。一致性认知理念显然确实能够在非洲统一联盟的形成和发展过程中产生着强烈的凝聚效应和整合效果。

（二）非洲一体化或"共同体"尊严的维护

历史上的非洲是以"共同体"身份而存在和发展的。而殖民主义势力的入侵却使得非洲传统的"共同体"格局被打破。在殖民主义统治势力强制性的圈点和割据下，整个非洲被切割成为一个个的文化孤岛和碎片化的领土空间。于是，非洲人由此不得不面临着放弃自身内在的、固有的传统逻辑而屈服于殖民主义者的理念、思想的灌输及行为的塑造。可是，尽管这样，非洲人并未放弃抗议和斗争，而是始终坚持不懈地对自身人格、尊严、价值等做出极力维护。即便是在殖民主义统治体系瓦解后，非洲人的这一努力也随着新时代的到来而爆发出历久弥新的深意。其中，非洲大陆各类组织，包括政治、经济、文化、科技、产业等方面组织的出现，都直接或间接地展示出了非洲维护一体化或"共同体"格局的期待及诉求。比如，"非盟"就是一个能够促使非洲拥有声音、立场，并表达诉求的重要组织。"非盟"的成立将非洲及非洲人对一体化或"共同体"尊严的维护推向历史巅峰。

（三）种族多元性的维系

非洲是一个多元种族共生共存的大陆。各种族之间有着相同的或迥异的特性。种族在身体、外貌上的天然属性是由于特殊的地理及气候环境造成的。"就非洲大陆的人种结构来说，世界上的三大主要人种群体——白色人种群、黄色人种群和黑色人种群都有分布。但是撒哈拉以北的北非地区，包括撒哈拉大沙漠在内，基本上是白色人种群，或称之为欧罗巴人种……而在撒哈拉以南的非洲，居民的主体则是黑色人种群，即尼格罗人种群。"① 这些迥异而各具特色的人种，表征了该大陆的独到之处和民族文化多样性共存的现实及特征。在新的时空背景下，这些多样性的种族越来越能够超越各自所具有的特殊性而演变成为抒写非洲共同体的重要角色。作为重要区域性组织而出现的"非盟"，则是能够将非洲多样性人种整合在一起，并能够将多样性人种所具有的社会文化、价值理念及权利诉求凝聚在一起的重要支撑性平台。

除了以象征体系、文化策略的形式存在和运转着外，"非盟"还以知识体系的形式存在和运转着。作为知识体系的"非盟"，其将国家个体的经验与集体经验、单个国家的愿望与所有国家的共同目标联系起来。作为单一的每个非洲国家以及区域性的西非、南非、东非、北非等，在某些方面毫无疑问地存在着各自的独特性，在彼此之间存在着体现各自特色的差异性。尤其是在遭遇殖民主义势力入侵后，独立的非洲各国在国家建设的历程中所表现出的差异性越发突出。此差异性不仅主要体现在政治、经济方面，也体现在价值观和利益动机上。其中，某些人为的差异性，很大程度上是由殖民主义统治者肆意缔造出来的。在殖民主义统治体系瓦解后，这些差异性依然继续存在，甚至得到一定程度的强化。而当下"非盟"的成立，就旨在消除这种差异性，而试图将各国的具体经验与整个非洲作为一个整体的愿望、目标和事项结合起来。同时，"非盟"作为联系整个非洲大陆的合作性组织，还极大地保证了区域与整体、局部与全局、单个民族和国家与所有民族和国家的意义共建。其中，一致性的意识形态、共同的行为目标、共享的价值观念及归属感，则是这种意义共建的具体体现。

由上可知，作为一体化的"非盟"显然是基于传统非洲社会历史的文化"共同体"再造。作为文化"共同体"，"非盟"存在着一套维护和表征其共享性及一致性的意义机制。这一意义机制本质上导源于对

---

① 刘鸿武：《黑非洲文化研究》，华东师范大学出版社 1997 年版，第 82 页。

非洲传统文化的深度挖掘。"非盟"的出现，可以说是非洲大陆历史以来对一体空间重申的体现，是对经殖民主义势力切割后非洲政治版图和国家疆界产生异化后果的修复，是对非洲历史同根性与文化同源性的溯源追踪，也是对全体非洲人民及各民族、部落共同记忆及意志的重构。

第二节　重塑主体
——本土的俗言俚语与全球传播的艺术文化

在人类历史长河中，每个民族都应该既是自身社会生活的主导者，也是自身社会生产的实践者。千百年来，非洲人在自身的社会生活和社会生产实践中创造出了属于自己的社会发展轨迹。其中，流传于非洲人口中的各种各样的传说故事，就呈现出非洲人作为历史主体创造自身社会发展轨迹的记忆。尽管在近现代历史进程中，非洲人的主体性身份确实被剥夺了，但是，透过留存在非洲人记忆里的传说故事，仍然能够发掘非洲人作为历史主体所彰显出的时代价值及现实意义。

一　非洲俗言俚语中的社会轨迹

任何一个民族都有自己的社会发展轨迹，但是，这一社会发展轨迹既可置放在档案馆里或印刷在教科书中，也可留存在人们的记忆里或口头传说中。借助一系列的口头传说来洞察社会轨迹，可因此弥补各种史料或其他知识体系在呈现对象时造成的欠缺。

很长时间以来，非洲人以神话、民谣、诗歌、谚语等口头传说展示着本民族的立体记忆。这些口头传说既是非洲人生产劳动的智慧结晶，也是非洲人认识世界的知识宝库。通过对非洲丰富的口头传说展开考察，能够发现其间蕴藏着的社会轨迹。沿着这一轨迹，非洲人形成了特有的价值观、人生观和世界观。

（一）人的主体性与历史创造

任何一个民族在历史发展过程中都有着自我意识、自我思维能力及相应的历史创造。对主体性的突出与表达是一个民族生活逻辑和生命过程中的必然诉求，这也是一个民族立足于世，并区别于其他民族的根本。只有拥有主体性，一个民族才能形成独有的气质，才能模塑出人类共享的知识结构。非洲人的主体性，是非洲成为独立自我的一个身份标志，同时也是人类共享知识的构成部分。众多的非洲口头传说是非洲人自我意识和思维能力的体现，是非洲人在生产劳动中凝练出来的智慧结晶。无论这些口头传说的形式是什么，诚然都隐含着非洲人的主体性诉求。

固然，只有在人存在的前提下，才有相应的意识及历史创造。非洲人通过口头传说传递出的非洲世界，反映了在地球的这一端，确实存在着一个有着自身价值和历史的民族及其文明体系。在这些丰富的口头传述中，非洲人极大地展示了非洲人作为历史主体的创造作用。大量的俗言俚语就极富深意。

比如，织工织布摆弄梭机时就会说道：“我再从左岸到右岸，毫不振抖我的肚肠。生命就是不断往返，生命就是永恒自给。”[①] 从此俗言中，可发现整个所要表达的主旨内容都显然“被设定为在我之内，具有我的东西的规定，因而也具有普遍性，自我联系性、简单性”[②]：梭机被赋予了隐喻价值，肯定了作为主体角色的“我”的存在，突出了作为历史主体的非洲人其生命过程中，始终需要凸显由自身主导的意义目标。又比如，“自己的半截斧子也比借来的强”[③] 这样的俗言，同样在强调自身作为主体、由自身主导的重要性。只有作为主体的自身真正具备一定条件，拥有一定基础，才能谈论后续一切可能或必然发展。因而，主体性身份不仅需要争取，而且更需要不断打造。再比如，有俗言如是说：“羚羊站在倒下的树旁，称自己比树高。”[④] 显然，这从一个侧面深刻地折射出，当审视自我时，需要客观审视参照物；在顾及自我的同时，也需要合理地顾及他人。对于“我”的评价，是建立在对他人科学看待的基础之上的。如果没有对他人的客观认识，那么，所得出的自我认知必将是片面而武断的。因而，在非洲人的认知世界里，自我认

① 艾周昌主编：《非洲黑人文明》，中国社会科学出版社 1999 年版，第 203 页。
② ［德］黑格尔：《小逻辑》，贺麟译，商务印书馆 1980 年版，第 69 页。
③ 艾周昌主编：《非洲黑人文明》，中国社会科学出版社 1999 年版，第 216 页。
④ 宁骚主编：《非洲黑人文化》，浙江人民出版社 1993 年版，第 338 页。

知的形成是建立在对周围的人及事的准确评判之上的。可见，非洲人的主体性观念蕴藏在非洲人的俗言俚语中，并对非洲人自我认知及行为实践产生着深刻的导向作用。

然而，非洲不凡的历史际遇，却致使外界在书写非洲历史时总是更愿意从殖民主义统治时期开始，而且，在书写内容上也会毫不留情地渲染上浓烈的西方中心主义色彩，结果却歪曲了非洲的本来面目。鉴于此，设若要重构非洲的历史及价值，显然需要借助于大量的丰富传说等口头材料。因为在这些口头材料中，存在着诸多的体现非洲本真态的内容，其能够极大地反映出非洲人的真正经历、实践、认知、态度及观念等，其也能够真正成为标榜非洲人内在精神与外在形象的根本要素。

（二）信仰原则与和谐发展

信仰原则与生命轨迹、生活逻辑之间具有很强的关联性。一个民族的信仰原则影响着其生命轨迹、生活逻辑。每个民族都有属于自身的信仰原则，并以其来指导相应的行为实践，最终模塑出一定的社会秩序或结构。设若一个民族没有自身的信仰原则，那么，这个民族就不仅会缺乏一定的秩序感或规范性，同时，还会失去一定的机遇，而变成一个没有任何根基、飘忽不定的游离存在。事实发展业已表明，一个民族只有拥有坚定的信仰原则，才能塑造出持续的生命轨迹及生活逻辑，才能在历史进程中创造出非凡的历史光辉及现实成就。毕竟，事实已充分彰显出："一种伟大的精神创造出伟大的经验，能够在纷然杂陈的现象中洞见到有决定意义的东西。"[①]

很长时间以来，非洲人基于坚定的信仰原则形成了特定的生命轨迹和生活逻辑，并塑造出彰显自身文化脉络的发展阶梯。一系列的口头传说中就包含了这种机制。比如，"不再尝试就是失败"[②]，反映出了非洲人的信仰原则与生命轨迹、生活逻辑之间的关系：人生需要不断尝试，社会的进步也需要不断尝试。反复的尝试就意味着向成功靠近或迈近了一步。由此，作为概念或规定而存在的信仰原则与实际行动之间是存在一致性的。

---

① ［德］黑格尔：《小逻辑》，贺麟译，商务印书馆1980年版，第87页。
② 艾周昌主编：《非洲黑人文明》，中国社会科学出版社1999年版，第216页。

又比如，"路再长也有终点，夜再长也有尽头"① 同样极大地表明：非洲人坚信时空是持续转移和流变的。即便是苦难，也不过是暂时的、阶段性的，是有始有终的。于此，假如将某种既定事实当作无限的或永恒权威的存在内容去思考、看待和行动，无疑将导致错误后果的出现，而非洲人却在静观之中洞察到事物以普遍运动方式存在和展示的逻辑精髓。同样，"绳子总是在不结实的地方断"② 极大地说明：非洲人已认识到在一个民族、部落或社会内部，只要其中的一个环节处于薄弱状态或出现问题，那么，就会使得民族、部落或社会整体面临着被冲击或瓦解的风险。这种风险可能是来自于内部的影响，也可能是由于外力的干扰所致。处于北非之巅的利比亚在 21 世纪所面临着内外交困的局面，显然为非洲人的这一古朴认识做出了富有价值的深刻注解。

与此同时，在这样一个传说中，同样能够表明非洲人早已秉持着对同类之间互不相蚕食的理念："很久很久以前，中部非洲出现了一次罕见的洪灾，房屋坍塌，生灵涂炭。洪水消退后，幸存的人们争先恐后地寻找食物充饥，幸存的动物也贪婪地觅食。遇到几具人的尸体，动物们扑过去大吃大嚼。只有一种鸟例外，它与人一样，面对人的尸体怎样也不忍心下口，后来便掉头随人们一起到别处觅食去了。这种鸟就是白鹭。"③ 非洲人将这种同类不相蚕食的认识赋予了白鹭，并由此而构建出人与自然之间和谐共生的良好关系。尊重同类，不侵犯同类，即便是与亡人的关系也应该是互不侵犯，而和谐共处的。白鹭这样的动物都能这样，何况人与动物、人与人之间，当然更需要彼此间照顾，彼此间爱怜，彼此间宽怀，彼此间尊重。

总之，非洲人在口头传说中塑造出了关于本民族的精神理念和价值丰碑。当前，在纷繁的社会发展进程中，非洲人正在将丰富的口传知识及传说文化不断导入其观念世界与行为实践之中，从而顺理成章地谱写出了非洲人独特的民族化育方式，并在主动的精神创造中以抽象的知性规定，不断推进着人作为历史主体及社会创造主角的事实依据。

---

① 宁骚主编：《非洲黑人文化》，浙江人民出版社 1993 年版，第 336 页。
② 同上书，第 337 页。
③ 同上书，第 323 页。

二　非洲艺术文化的全球传播

非洲作为人类的古老文明之地，在长期的社会生产实践中发展出一套表达自我、发展自我的认知系统。这一套认知系统是生活于此的人们在社会生产实践活动中，凭自觉的人格意志及发挥主观能动性而创造出的结果。本质上，这是非洲人成为具有自我意识、自我思维能力历史主体或认知主体的体现。对非洲艺术文化全球传播展开探讨，可重申非洲作为历史主体存在的客观事实，同时，对提振非洲在国际舞台上的地位和声誉也大有裨益。

（一）非洲艺术文化传播与其历史主体性之关系

具有丰富内涵的非洲艺术文化是非洲各民族、部落在社会生产实践劳动中的创造，其在全球广泛而普遍的传播，经历了一个历时性的跨越过程。也就是说，非洲艺术文化的全球传播并不是某个阶段或某个时期就已完成或已定型的事件，而是在人类的社会交往过程中始终不断延续发展和存在着的现象。虽然非洲艺术文化在传播过程中呈现出不同的阶段性特质，但是，透过这一系列迥异性的特质，却能发掘其背后潜藏着的共通性内容：非洲艺术文化传播对非洲历史主体性的重申。

在展开具体探索研究时，将目光锁定在全球或全球化这样的时空发展概念上，可从非洲与西方的历史遭遇及现实磨合中来思考非洲在表达主体性时呈现出的二元维度之间的关系：被动调出与主动吸纳，隐喻表达与直抒采借等。以非洲文化的全球传播作为考察重点，不仅能够从静态的层面上展示出被传播的非洲艺术文化所具有的历史主体性，同时，还能够发掘特定历史阶段中非洲主体性表达方式的流变及价值深意的变动。

由非洲人创造的非洲艺术文化，具有明显的民族性和空间性特点。它对维系非洲社会的运转有着巨大的功用。历史以来，由于各种正面与负面因素的错综交织，致使非洲艺术文化超越了培植它的地域，产生了流动而传播到世界各地的现象。各种传播到异域并在异域留存下来的非洲艺术文化痕迹或价值元素，无疑成为非洲与世界各国历史联系和现实交往的有力见证。

诚然，文化传播到异域，并在异域以继承或创新的形式存活下来，说明该文化对于当地民族或国家来说，确实是有着一定的契合性、适切性和需求性的。即便这样，文化所具有的固有的内在的民族性或空间性却是难以抹去的。而这一难以抹去的特质，恰好是作为文化主体的人所具有的不可替代的主体性发挥应有价值和作用的充分体现。设若可以抹去这一特质，也就无情地抹去了创造该文化的人的主体性地位，从而也就否定了该文化具有的历史价值及人文奠基。那么，文化也就由此丧失了与作为主人翁的人有着紧密关联的客观现实性，而变成一个脱离人本身的、想象性的空洞存在，从而违背了文化发生和发展的客观逻辑机制。

在非洲艺术文化向外传播的整个过程中，虽然它历经了各种不同的处境，与其他文化被动或主动地互动，积极或主动地融入，抑或保持了本我特色，抑或沾染上其他文化的元素而使自身转换成为其他文化的注脚，但是，无论怎样，有一点却是不可忽视的，即，作为主体的非洲人所具有的历史主体性仍然深藏其间的事实。也就是说，非洲人作为创造非洲文化的这一重要角色是在任何情况下均不可能以任何理由抹去的。由非洲人创造的文化所承载并体现出的非洲人认知与思维的过程和结果同样是不可取代的。

即便是在当今的全球化语境下，其他艺术文化就算再强大，依然取代不了非洲艺术文化所具有的内涵和外延。非洲艺术文化带给人们的除了古朴奇美的韵味外，还具有一种能够提升情怀素养的格调。由此，在异域传播的非洲文化，仍然是非洲人自我意识、自我思维能力的表征，仍然是非洲人作为认知主体或历史主体存在的见证或载体。通过对非洲艺术文化的对外传播做出考察，可对非洲各民族、部落在创造历史和文明过程中所发挥的作用进行充分审视，以利于重现非洲大陆及非洲人作为认知主体和历史主体的地位，并重振非洲在当代国际舞台上的主体性角色和地位。

（二）非洲艺术文化对非洲主体性的表达

在人类历史上，每个民族都有着属于自身的生产、生活和生计模式，并都有以特定手法表达对这一模式的具体实践及行动。以艺术方式做表达，既能够对民族记忆制造出诗意，又能够隐喻地体现出文化主体具有的抽象性价值。

　　艺术是人们在社会生产实践中创造的产物，其来源于生活，又高于生活，是人们在与外部世界长期接触的过程中，自觉地发挥主观能动性的体现和结果。固然，凡是艺术都带有创作主体的个性化特点。但是，这一个性化特点在外延上难免拒斥民族的、区域的或国家性的因素的左右。在这种情况下，艺术也就俨然成为自我意识、本我精神及主观能动性的集中展示。

　　本质地，生存环境对艺术个性的塑造起着延缓或推动的作用。对非洲艺术文化展开考察，同样不可轻视自然环境这一因素所具有的影响。

　　神奇的非洲大陆，赤道从中穿越而过。沙漠、高山、丛林、湖泊等将非洲切割成多个形式迥异的板块。当人们在这些板块之间穿梭时，浩渺的沙漠、凶残的猛兽、崔巍的高山、密织的丛林等，难免威胁着人们的前行步伐，生存繁衍，甚至发展进步，但是，这一切也由此激发出了非洲人丰富的想象力，最终致使其抽象思维不再是单纯而简约的表达，而变成是总体关照、全局观察、综合看待的集中体现。

　　恶劣的生活环境挑战着非洲人的生活世界及人口发展。因而，非洲人对人的生命力表现出深深的敬畏。他们产生了将关于人的各种知识和信息留在器物上的做法。非洲人将几何形状的人像"画在水罐上，装饰在茅屋里，织在衣服上，或用斑纹描绘在面部和皮肤上，对一切意义，他们都能用人像表达：有矮人、胖人、浓密的人群、紧挨着的人群"①。非洲人对生命力和繁殖力的信仰与崇拜情有独钟。对人，尤其是女人，在臀部、腹部、腿部、胸部、腰部等都以强烈的纹线做出特写，这在很多木刻作品中较为普遍。比如，班巴拉人的祖先雕像，其"面部表情沉静威严……颈部细长，胸肩宽厚，两乳凸起，胸部是波浪状装饰图案，两臂长而下垂，但是雕像的腹部骤然变细"②。以如此笔法来刻画女人，能够展示出非洲人对人丁兴旺的企盼。健硕的女人象征着旺盛的生育，是传宗接代的好兆头。这对于人口数量遭到多重因素挑战的非洲来说，此种艺术性的创作能够起到很好的精神慰藉及激励作用。作为基于现实

---

　　① ［法］艾黎·福尔：《世界艺术史》上，张译乾、张延风译，长江文艺出版社2004年版，第223页。

　　② 宁骚主编：《非洲黑人文化》，浙江人民出版社1993年版，第260页。

处境而创造的艺术作品，显然是对本土社会发展状况的一种折射。

　　非洲艺术家在创作过程中，极大地调动了非洲大陆恢宏壮阔的地理位置给予的灵感和想象力，创造出了深富地域性特点的艺术文化，以至于"无论是哪个部族的艺术家，他的作品都表现出真挚大胆的创作精神和强有力的节奏，雕刻构思也富有强烈的表现力"[①]。在黑人木雕上的几何人像呈现出的是一种明快、直接、猛烈的简单线条："惊人的单纯率直、粗糙的形面、短小的四肢、兽形的头颅、下垂的乳房"[②]，都可从一定层面上透射出热带非洲哺育出的人种特质，同时，也彰显出非洲大陆风土人情刺激下翻滚的创意心潮。黑色木雕，让人容易产生敬畏感，这种敬畏是源于对那里的黑猩猩和爬行的鳄鱼等动物的最初冲动，也是对非洲人黑皮肤敬畏的真情流露。

　　另外，非洲人也挑选了特定的空间来表达认识和思维。非洲人甚至把自己的游牧和冒险经历铭刻在洞窟石壁上。例如，布须曼人"用红琥珀色画出生动的狩猎和战争场面，描绘舞蹈的人群，正在奔跑和行走的牲口。……石壁上如影子一般的侧面形象以同样的动作行走，它们是被追杀的野牛，在斜坡上攀登的羚羊，或是穿越蓝天的灰色大鸟"[③]。非洲人用能够获取的近地资源，把所经历的、所认识的宇宙万物表达出来。对于刻画，非洲人通常将其"作于较软的砂岩上，也作于花岗岩和石英岩上，有新石器时期的捶石敲打尖石进行镌刻"[④]，所采用的手法是粗线条的，在凹槽部分使用了潮湿的沙子进行摩擦。在绘画上，所取用的色料，皆出自于不同的原材料。比如，"红色和褐色，来自氧化铁赭石；白色来自高岭土、动物粪、植物汁液或氧化锌；黑色取自木炭、焙烧的骨粉，或取自烟墨"[⑤]。当然，这些笔法和原料，在世界其他地方是非常少见的，也是十分难以生产和复制的。因为这是需要特殊条

[①]　宁骚主编：《非洲黑人文化》，浙江人民出版社1993年版，第259页。

[②]　[法] 艾黎·福尔：《世界艺术史》上，张译乾、张延风译，长江文艺出版社2004年版，第223页。

[③]　同上书，第225页。

[④]　[上沃尔特] J. 基－泽博：《非洲通史》第1卷，中国对外翻译出版公司、联合国教科文组织出版办公室1984年版，第492页。

[⑤]　同上书，第493页。

件、特别环境和特定技法才能成就的。总之，非洲艺术文化是基于本土特色资源、地域条件及手法技艺而培植出来的，具有极强的鲜明性特质，其是非洲人思想意识和认知理念的表达，在实质上承载和传达了非洲人的历史主体性及发展自主性。

总而言之，非洲艺术文化具有极强的民族性和地域性特点，是非洲人作为历史主体和社会主人的意义呈现。非洲艺术文化具有其他民族或区域艺术文化所不具有的特性，而正是这一特性，从一定高度上浓缩出了非洲人作为思索或认知主体存在的依据。非洲艺术文化的产生和原汁原味的保存，诚然离不开非洲和非洲人作为历史主体和社会主人所发挥的主导性价值及作用。

（三）非洲艺术文化的全球传播对非洲主体性的重申

由上可知，靠艺术文化传递的非洲主体性是在特定的自然环境、历史条件及人文氛围中产生和塑造出来的。但是，由于非洲大陆从来都不是作为一个孤岛而存在的，其自古代以来就与世界其他国家有着深厚的交互往来，以至于非洲的艺术文化，也相应地被传播到了世界的其他角落。随着艺术文化的向外拓展，非洲的主体性也由此得到了彰显和重申。在这一过程中，非洲艺术文化与非洲及非洲人的主体性之间的关系，同时转换成为了一种既能相互决定又能彼此印证的共生关系。

尽管在之后的很长时间里，特别是进入近现代，非洲在历史进程中遭遇了殖民主义的奴役，非洲与外界的交往由此面临着极大的被动性，但是，非洲艺术文化走向世界的脚步却并未因此而停止。即便非洲艺术文化在向外传播的过程中，冥冥地被置入难堪的境地之中，但是，非洲艺术文化的最终走出去，却对非洲主体性的重申产生了积极的作用和效果。

对非洲艺术文化的全球传播展开探索，需要充分考虑人文环境因素。人文环境可以说是非洲艺术文化向外扩展的一个重大条件。具体地，国际环境因素和非洲文化品格（自信心）在非洲艺术文化全球传播中产生了不可忽视的支撑性作用。

在殖民主义统治者到来之前，非洲人通过遣使、朝贡和商贸等就早已同外界产生了接触和交往。比如，"在伊斯兰教兴起以前的阿拉伯与穆斯林世界，也可见到非洲人的足迹。英国著名的探险家——库克船长的船员就有两名黑人，一起参与南半球的探险"①。非洲早在远古时代，就同世界建立起的交往关系当然远不止这些。透过这一系列的交往关系，可从一定层面上折射出，历史以来非洲人始终在参与着世界进程。伴随着美洲新大陆的发现，"兴奋时代的欧洲（1600—1800 年）"② 的来临，殖民主义统治的阔步前进，全球化进程的汹涌澎湃，等等，这一切，显然为非洲艺术文化走向世界打开了一扇扇崭新的窗子。尽管不是所有的窗口都能够摆脱血腥和高压的色彩，但是，透过这一系列的窗口，却难以排除非洲艺术文化始终在以隐喻性方式表达主体性的可能及必然。在此，无论场面及手段等如何，都能够较为容易地发现非洲艺术文化在向外传播过程中，所具有的主体性诉求。

在帝国主义疯狂掠夺的时代，"西方几乎扩展到世界的每一个角落，而最重要的就是对非洲撒哈拉沙漠以南地区的占领。欧洲的殖民主义在那里得到了最好的诠释。19 世纪最后的 20 年里，欧洲列强完全改变了非洲的面貌。凭借先进的技术和军事实力，他们得到了任何想要得到的土地"③，他们掠走了非洲人的躯体和物产，造成了非洲人身份的扭曲和生活的贫瘠。

在 400 年的奴隶贩卖活动中，非洲黑人被贩卖到世界各地，"在美国到 1860 年有 400 万黑奴，外加 50 万自由黑人。到 1847 年巴西有 300 万黑人奴隶和 450 万非洲—巴西人。到 19 世纪中叶，在英属和法属加勒比海地区，约有 200 万非洲裔人，在除巴西外的中南美洲也有同样数量的非裔人"④。这些黑人由非洲转运过来，变成了黑人奴隶，被剥夺了主体性，转换成为了任人宰割的对象。迫于强大的强制性统治力量，他们无法反抗，而只好听天由命地接受着被凌辱和欺诈的现实。但是，不堪的残忍现实并未因此而磨蚀掉他们的传统记忆，他们依旧凭借一切可能的方式和途径，竭力做到不忘却自身的历史和传统，并潜在地坚持

① ［英］维克托·基尔南：《人类的主人：欧洲帝国时期对其他文化的态度》，陈正国译，商务印书馆 2006 年版，第 212 页。

② ［英］乔纳森·希尔：《兴奋时代的欧洲：1600—1800 年》，李红译，北京大学出版社 2007 年版。

③ ［美］乔尔·科尔顿：《二十世纪》，中国言实出版社 2005 年版，第 9 页。

④ 艾周昌主编：《非洲黑人文明》，中国社会科学出版社 1999 年版，第 370 页。

和传承自己的历史和传统。其中，对艺术文化的坚持、传承和发扬，就是他们为了不忘却的记忆而做出的优化选择。

可以说，当这些数目庞大的非洲人被贩卖到异域充当奴隶的时候，他们的艺术文化也同时被捎到异域他乡。艺术文化中深藏的主体性精神及理念也相应地得以保留和体现。通常情况下，非洲"黑人奴隶来到拉丁美洲后，一般集中在种植园和矿山劳动。他们虽然受到残酷的剥削和压迫，但他们居住集中，休息时便是他们娱乐和重新体验民族文化的时机"①。通过娱乐和重新体验民族文化，他们借此释放了内心中的思乡情怀，也释放了作为非洲人所固有的价值、理念及认知。

随着以娱乐和释放内心情怀的实践行为得以不断重复，能够代表非洲及非洲人价值的文化元素也因此而逐渐被注入到异域。非洲黑人的音乐元素，慢慢地注入到美国音乐之中，就是例子。在美国流行的布鲁斯就是黑人艺术文化在异国他乡发扬光大的体现。"布鲁斯在美国20世纪初与生活在社会底层的黑人文化紧密地联系在一起，他们用歌声表达发生在身边的事情，抒发内心情感的方方面面"②，在旋律上呈现出悲凄哀怨、低沉幽深、荡气回肠的特点和韵味。

在黑人露宿的街头、车站、码头或货运船只等地方，几乎都充满了布鲁斯歌声的回荡。可以认为，"黑人的布鲁斯音乐的表现内容从题材到歌唱声调都是来自生活，有血有肉，与黑人的思想感情和生活境遇十分吻合，因此布鲁斯音乐在20世纪初期大都是在黑人社会区域里广泛流行，而中产阶级以及白人阶层对布鲁斯音乐是嗤之以鼻的"③。但是，再到后来，布鲁斯音乐却以感人的歌声魅力及动听的节奏旋律吸引了越来越多的观众，于是，其流行范围便因此延伸到美国各大城市及地区。以至于在一些新兴的工业城市，像芝加哥这样的城市，尽管其商业文化氛围极为浓厚，但是，却云集了大量的布鲁斯歌手。最终结果是：使得芝加哥这样的城市自20世纪30年代至今，仍然保持着布鲁斯音乐发展中心的地位。当然，尽管随着时代的发展变

①　艾周昌主编：《非洲黑人文明》，中国社会科学出版社1999年版，第375页。
②　王岷：《美国音乐史》，上海音乐出版社2005年版，第352页。
③　同上书，第353页。

迁，布鲁斯音乐风格确实发生了一定的变化，同时，伴奏乐器逐渐多样化，参与人员日益多元化，现代化元素不断丰富化，这一系列变化，无疑对传统的布鲁斯音乐产生了一定的冲击和挑战；但是，这样的冲击和挑战，并不能从根本上颠覆布鲁斯音乐所具有的黑人文化渊源性及内在精髓性。

无独有偶，在美国流行的爵士乐，同样是"非洲民间音乐文化和美国移民音乐文化的融合产物，缺少这两个方面的任何一部分，这个乐种就不可能产生，也更不能发展到今天成为传遍全世界的优秀大众音乐体裁"①。应该说，非洲民间音乐能够抵达美洲，确实是伴随着欧洲殖民主义者贩卖非洲黑人奴隶、开发北美行径而发生的。在黑人被贩卖到美洲之后，他们显然是在极其困苦和艰难的条件下工作与生活的，他们并未因此而摒弃自身具有的传统及历史，而是"依然信守自己的固有文明，使许多黑人文明因子适应了新大陆的环境，在语言、宗教、音乐、舞蹈、服饰以及社会结构方面存留下来"②。在这里，外在的环境条件，的确没有构成阻挡非洲黑人继承和发扬其历史及传统的障碍。相反，非洲黑人却做到了既留住了自身文明的"根"和"魂"，同时，也给美洲等地域注入了新的艺术文化元素。只不过，在这一过程中，由于非洲黑人所置身的国际环境与异域历史环境的特殊性，却使得他们不得不以隐晦或间接的方式演绎自身作为一个历史主体存在的客观事实，他们采取了托物抒情、寄物言志的手法，而不能明目张胆地依据传统的普遍原则直接明快地决定自己的思维、理念、意志，甚至抱负。

可以认为，非洲黑人艺术文化最终能够深入西方的日常生活之中，除了有殖民主义势力无心插柳因素的间接促成外，还有一个根本性的因素，理应归于非洲文化所具有的良好品质。设若非洲艺术文化自身不具备良好的品质，那么，要使其在异域他乡最终扎根下来，显然是具有很大难度而不可理喻的。这一良好品质首先根植于及得益于黑人的思想精髓，即"黑人的世界观是原始的，因为它既不是理想主义也不是物质主

---

① 王岷：《美国音乐史》，上海音乐出版社 2005 年版，第 384 页。
② 艾周昌主编：《非洲黑人文明》，中国社会科学出版社 1999 年版，第 371 页。

义的"①。此番思想精髓无疑影响了黑人艺术的基本特征，即，基于自由原则的实践理性。

　　客观地看，基于自由原则的实践理性，在非洲艺术文化中可谓比比皆是。比如，"黑人面具的外貌怎么会如此激动人心，是因为它受到了自由思想的启迪，同时影响了毕加索、德兰以及其他现代画家"②。黑人艺术文化中所包含的自由原则还体现在其舞蹈之中。非洲人开展的宗教仪式以及特殊场合下举办的集体舞蹈，不分穷富贵贱、身份等级、男女差序，任何人均可参与。在具体表演环节上，"根据乐师即兴敲打的鼓乐，每个人按照自己的调律、创造力与才能即兴发挥舞蹈。……因此……可以说……在非洲，自由是在团队中体现出来的。……个人与团体在同一个社会结构中紧密结合与团结一致"③。非洲人在舞蹈中所渲染出来的此番意境，与其他民族、国家或地域等将个人与社会分离开来或模糊起来的做法恰好相反。于此，非洲黑人艺术文化之所以能够深入到西方日常生活之中并最终扎下根来，深层次上是由于其所具有的原始观念、自由品质等内在机制使然。即便是在新的时空条件下，非洲黑人艺术文化也在以新的姿态不断占据着西方人的日常生活世界。比如，"黑人面具、黑人玩具娃娃越来越进入西方人家庭，还有黑人音乐超出所有其他非欧洲音乐，今天完全被西方吸收"④。这一切，很明显的是由于非洲黑人艺术文化所具有的内在机制及精髓使然。

　　确实，非洲黑人艺术文化在向外传播的过程中保持了极强的生命力和创造力，同时，也彰显出了非洲人具有的主体性和自主性。通过对非洲艺术文化的世界性传播展开考察，能够从中觅取到在整部黑奴历史发展过程中闪耀着的不灭真谛："尽管我们见到成堆成山的黑奴凋残殒身，这个种族竟然存活下来。"⑤　其间，所蕴藏着并爆发出巨大作用的便是

---

　　①　［塞内加尔］阿卜杜勒耶·瓦德：《非洲之命运》，丁喜刚译，新华出版社 2008 年版，第 27 页。

　　②　同上书，第 32 页。

　　③　同上书，第 32—33 页。

　　④　同上书，第 28 页。

　　⑤　［英］维克托·基尔南：《人类的主人：欧洲帝国时期对其他文化的态度》，陈正国译，商务印书馆 2006 年版，第 214 页。

一种深刻的内在逻辑机制及价值精髓。正是因为这一逻辑机制及价值精髓成为了这个种族活下来的关键因素。

纵然，非洲黑人艺术文化传入异域是同西方扩张主义紧密地联系在一起的，在人类历史上制造出了极为不光彩的一页，但是，借此却能从中揭示出作为非洲人表达自我意识的文化元素在被移植到异国他乡后，客观上是以一种含蓄的方式来承载和表达主体性意识及诉求的。在非洲被西方奴役的整个过程中，尽管非洲人以及被贩卖的黑人奴隶最终被殖民主义统治者或西方人当作会说话的工具来使唤，但是，在他们流畅的粗线条艺术文化背后却无法抹弃其作为具有精细认知能力与敏锐思维能力的主体性身份。

第十章

文化拯救

当下，对于世界各国而言，要真正理解非洲，认知非洲，做好非洲研究，应该有人类学的视野与角度。对于中国来说，随着中非交往的日益密切以及彼此间在各领域合作的进一步加深，这一情势显得格外紧要和迫切。更为重要的是，借助人类学对非洲展开探索和研究，能够使得当前的中国较好地做到从文化的深层机制上来处理同非洲交往的各类别关系。诚然，从文化中可发现一个民族，可以认识和了解一个民族，通过文化也可拯救一个民族，再现一个民族的价值及理念。与此同时，通过对一个民族的文化展开探索，也可在充分认知对方文化的同时，发现自我，并达到客观、中肯审视自我的效果。当前的非洲人类学研究急需从呈现非洲文化机制的内容上来彰显非洲的社会本质。中国的非洲人类学研究，更需要大力提振研究士气。

新的国际社会发展诉求无疑拉近了众多国家之间的距离。不同国度的人们需要沟通与交流，需要在对彼此的了解与认知中达成共识，需要在合作中共享发展。其间，对对方文化给予充分认识、了解及尊重，则是交互双方关系得以维持和推进的根本。尤其是随着国际交往变得日趋密切，对文化或软实力的关注已成为国家间继续保有合作发展态势的关键。文化或软实力已成为时代发展的重大主题。时代发展，尤其是政治经济的发展，越来越需要以文化或软实力为基础。人类学的学科关怀及研究主旨，诚然能够提升文化在国际社会政治经济发展中的价值。中国人类学特殊的学科历史发展进程，即，一直以来仅限于对国内汉人社区及少数民族社会及其文化研究的事实，使其在研究范围和领域上存在着局限性。中国人类学要获得新的研究突破，无疑需要借助国际交往的大势，扩展研究范围和领域，包括对非洲展开探索研究，以创新研究方法及范式，从而赢得一定的发展生机。加之，随着中国与非洲交往的日益加深，中国人类学同样需要对非洲展开深入探索。这样，中国人类学不仅由此能够丰富自身的内涵和价值，而且能够在极大程度上对中非合作朝着可持续方向迈进做出积极的贡献。

第一节　非洲的文化

人们在生产劳动实践中创造了文化，又以文化来规范自己的行为意识及实践。民族①作为特定社会中的人类共同体，其在生产实践劳动中创造了文化，又通过文化塑造了自我，同时与"他者"区分开来。纵览人类社会的整个历史进程，可洞见到文化的民族特质，以及民族的文化风貌。文化需要以民族为载体，民族作为一个行为主体需要文化符号来表征。文化与民族酷似双螺旋，抛开其一，任何一方都将难以为继。没有民族的文化，没有文化的民族，都同样是不可能的。

在发展成为时代主题的当下，需要借助文化来认识一个民族，需要从民族身上来发现维系其社会运转的文化机制。社会的发展进步需要民族以及民族的文化联袂推动。如同所有的区域空间一样，非洲大陆同样有着自己的文化，以及承载这一文化的载体——非洲各民族及部落。目前，尤其是对于那些同非洲大陆有着交往的国家或其他行为体而言，对非洲各民族、部落的文化做出认识和了解，无疑能够产生硬实力难以企及的效果。当今的中国，从一定的战略高度上来认识并推动非洲文化研究，已是刻不容缓的重要事项。

一　非洲文化的历史价值与现代意蕴

非洲是人类文明的发源地，有着广袤神秘的自然景观、妙趣横生的动植物世界和源远流长的民族文化。生活在这片土地上的人们用智慧的双手创造了醇厚的人文历史：去古已远的法老文明、强烈奔放的音乐舞

---

① "民族"在此主要是指具有一定文化特性的区域共同体，而涉及了较少的政治含义。

蹈、灵心慧眼的雕刻画像、韵律卓绝的古迹遗产、滞重盛炽的祖先崇拜、绚丽多姿的口述传说、脍炙人口的俗谚俚语、万马齐喑的本土知识等，一并折射出了非洲大陆恢宏而深厚的文化底蕴及魅力四射的民族思想。在这里穷极一生的不同氏族、部落或民族等，以独特的游牧及农耕方式培植了自身的生活世界和交际网络，以原始宗教、基督教、伊斯兰教等为主要信仰陶冶出了平实的价值取向及道德情操。整个非洲大陆，所呈现出的是人文与自然、传统与现代、古老与新颖、质朴与荣华、发展与和谐、经典与大众陈陈相因的壮景。一代代的非洲人，在以文化为主轴的同心圆中迎来送往着季季春秋。非洲文化锻造出了非洲人的社会化历程、构拟了非洲人的精神气质、形塑了非洲各民族或部落的社会秩序。这可从以下几个方面的内容中得到理解。

首先，非洲文化串联成了非洲人的生命链条。非洲文化，是非洲人代代相续的前提，是非洲大陆历史连贯相续的根本，是非洲人处世待人的价值轴心。非洲文化，既是非洲人的创造，也是表征非洲人及非洲社会的符号；其既是一种被创造的产物，也是通向某种结果的条件及基础。

其次，非洲文化彰显了非洲人的行为逻辑。非洲文化形塑了非洲人的价值观念，陶冶了非洲人的道德情操，规范了非洲人的认知行为，支配了非洲人的理性实践，并促成了非洲人与世界交往模式的建构。可以说，非洲人从身体的内在塑造到超身体的外在型构，皆俨然根植于其固有的文化脉络之中。

复次，非洲文化再现了非洲人的民族共性与个性。非洲文化，因各民族共享的历史轨迹与社会秩序，而呈现出共性特点；却亦因各民族所处地域的差异与风俗的差别，而呈现出迥异的个性化特质。非洲文化既是集结非洲所有民族、部落意识的概念，也是非洲各民族或部落之个性展演的"万花筒"。

最后，非洲文化还是非洲国家及社会建设的"工具箱"。在全球化背景下，非洲凭其文化同世界生产及再生产着社会化的国际关系。当前，非洲的历史文化、产品文化、旅游文化、礼仪文化、艺术文化等均是其与外界建构和巩固关系的重要载体。非洲丰富多彩的文化元素，正在成为非洲创建新型对外交往关系的有效"工具箱"。

当下，随着全球化进程的持续推进，尽管现代文化、世界文化日益强劲地簇拥到非洲境内，并致使当前的非洲呈现出驳杂的文化大拼盘之景象，但是，非洲固有的传统文化依旧保持着历久弥新的生命力及创造力。非洲文化始终贯穿在非洲人的社会生活始末，其仍然是依赖文化规则生存和发展的非洲人的价值标尺和行动根基，是非洲人的行为理由、价值取向及信念认知的支撑性平台，同时也是非洲大陆国家塑造社会秩序的力量源泉。

即使世事变迁，传统的非洲文化始终不可能从其民族、部落实体中剥离出来，非洲国家及社会同样不能抛开其固有的传统文化而坐拥发展和进步。现实发展业已明证，当前非洲传统文化所具有的价值和深意，正在成为有利于非洲自身发展，以及提振非洲国际交往内涵的重要元素。不仅非洲正在努力盘活其传统文化具有的生命力和创造力，而且其他国家也正在跃跃欲试，力图在非洲传统文化上做足文章，以期与非洲建立起深远而广博的战略性互惠关系。中国，作为一个已与非洲建立起一定合作关系的重要国家，从重视和探索研究非洲传统文化具有的内在机制上入手来提升对非战略显得尤为必要。

二 挖掘非洲文化价值及意蕴的现实性

鉴于文化在非洲历史和现实中的价值及意蕴，中国重视非洲文化的探索研究，诚然具有举足轻重的价值和作用。随着中非合作关系的日益推进，中国越来越需要以非洲文化为突破口来增进双边之间的外交互信及战略内涵。

诚然，中国与非洲几千年前就有了交互往来，但是，国际关系意义下的中非双边关系的建立，却是在20世纪60年代以后才启动的。也就是说，当中国与非洲其中一方，或双方都在不具有完全独立主权的情况下，所开展的关系，都不是严格意义上的国际关系。20世纪60年代，非洲大陆各国的纷纷独立，无疑开启了国际关系意义下中非关系建构的旅程。

进入80年代后，一方面，实行改革开放的中国，逐步解放思想走向世界，积极、成功地融入到全球化进程之中，并同非洲国家建立了合作发展关系，双方之间的相互依存日益增强，经贸领域的合作关系尤显突出；另一方面，冷战的结束，两极对立局势的打破，国际政治步入多极化阶段，这无疑为中国赢得与非洲交往的更多机会和难能可贵的发展平台。但是，中国要与非洲取得长久而深远的合作发展却并非是顺利而坦荡的。寻找突破口，增进与非洲的外交关系，必然地成为中国的现实诉求。

并且，在新的国际形势下，中国与非洲通过经贸合作推动互惠双赢、和谐共进、繁荣富强，已成为新时代中双方交往合作的新目标。针对能源、矿产、科技、信息等领域展开合作，已成为中非可持续关系得以继续推进的增值点。这也是世界各国在非洲与中国竞相争夺的一个炙热焦点。在这种情况下，一个国家采取何种方式，而成功地达到与非洲开展合作的目的，无疑成为考验各国战略情商的重要环节。中国，作为在21世纪将自身发展与世界其他国家联系起来的国度，同样需要对此给予深思熟虑。

对于中国来说，当前非洲已是其对外投资的利好市场，并且"非洲不像欧美市场对投资有较高的技术和资金门槛，它的投资环境非常适合中国为数众多的中小企业到当地投资"①。而中国目前的经济增长又极其需要众多的中小企业参与进来。因此，抓住非洲这个有利市场对中国来说，是一个难能可贵的机遇。中国的现实发展形势，业已呼唤必须将对非洲的重视提到重要的战略日程上来。从非洲文化上入手，则是中国获得可持续性利益增长的关键所在。加之，现实发展逻辑已表明，中国与非洲的合作关系需要一如既往地以信任、沟通和理解来获得不断的支持。当前，对对方各方面包括文化在内的社会构成内容进行认识、了解，则能起到意想不到的推助作用。而对对方文化给予尊重，并做出客观理性的分析探索，显得尤为必要。

鉴于新时期的中非关系，一切情形恰如我国当代著名学者周谷城先生所言："但要使这些关系发展得很好，甚至合乎我们的理想，则研究、考察、寻找正确方向或理想前途的工夫，为不可少"，而"着眼于文化方面的关系、组织学者、专家研究世界文化，……已成为我们当前的迫

---

① 周波：《非洲投资，大有可为》，载上海市外国（对外）投资中心、《国际市场》杂志社编《非洲投资指南》，2008年12月，第1页。

切要求"。毕竟，通过研究文化，可有效通融并恰当解决中非合作过程中爆发出的一些事件。因为中国与非洲在交往过程中面临的一些事件，对它们的认识和解释就在历史文化之中，对他们的解决或疏通就依赖文化规则来处理。因之，针对非洲文化开展探索研究势在必行。

三 中国挖掘非洲文化价值及意蕴的措施

对中国而言，从重视非洲文化的角度出发，努力从非洲文化中挖掘有利于增进双边外交关系的因素，能够有利于中非关系的持续巩固。这样，中国既能使已有的外交关系获得一种深刻的思想导向力，也能使得新近的外交关系获得内在精神动力的支撑。因而，挖掘非洲文化的价值及意蕴，是当前和今后很长一段时间内中国提升对非战略内涵的一个重要环节。具体地，需要做出以下几方面的考虑：

第一，扭转非洲研究中文化研究失衡的状态。自非洲独立以来，中国学界就展开了一系列的针对非洲的探索和研究活动。改革开放后，这一趋势得到进一步加强。各种研究机构相继成立，各色研究队伍相应组建，各类译著、专著、编著、论文等随即出版和刊发。虽然如此，但中国在非洲研究上对文化的研究相较于其他方面研究而言，却显得较为冷清和单薄。甚至在当下，中国的非洲文化研究仍然是一个相对边缘的话题。不仅研究人员、机构、课题、成果等较为匮乏，而且认识程度和支持力度等也极为浅显和单薄。由之，向文化研究上倾斜和迈进，是丰富当前中国非洲研究内容的重大课题，也是扭转非洲研究中文化研究失衡的重要突破。

第二，突出文化研究在当前非洲问题研究中的作用。一直以来，由于非洲特殊的社会化进程，中国学界对其探讨主要围绕着殖民史、革命史、独立史、边界领土、地理概貌等方面展开。即便是有关风俗习惯方面的作品，也大多停留在对奇风异俗的捕捉上，而较少地对文化所具有的价值和意蕴进行深入挖掘。进入21世纪，较多的作品则更多是与时俱进地针对中非战略合作及互惠发展题材而展开的。确实，对当前热点及焦点问题展开探索研究，能够产生可资利用的实效性，但是，殊不知这些热点和焦点问题却往往具有一定的文化根植性。因而，即使是对当前的热点问题展开探索研究，同样不能忽视将非洲文化纳入考察研究的范畴。

第三，搭建软硬件兼具的研究平台。随着中非合作关系的日益推进，中国加大非洲文化研究软硬平台同建的力度，比以往任何时候都显得更为迫切。中国的发展诉求决定了，新时期的中国需要更大层面地加强对非洲文化研究人才队伍的培养，鼓励和支持对文化研究有兴趣、有毅力的更多人员深入开展研究工作，并加大相关研究机构的扩展与项目资金的扶持力度，同时，大力推动多学科交叉互动，最终建立有利于非洲文化研究的大学科，重点从人类学、民族学、社会学、伦理学、语言学、文化学、宗教学、政治学、管理学等学科上来加强。

第二节　非洲人类学

以人类学的视角来关注非洲，是同社会发展进程一脉相承的。不同时代，不同国度都会根据各自所具有的特定性需求对非洲社会做出探究。在历史进程中，发展的硬道理是催使非洲人类学研究走向高潮的必然因素。非洲人类学研究是在利益争夺及博弈的基础上发起的，又是在利益均沾的驱动下走向国际化的。非洲人类学研究是在殖民主义统治需要的基础上发迹的，又是在超越殖民主义统治需要的研究的基础上得以丰富的。

一　历史上强制政治的需要

殖民主义势力的到来，开启了非洲人类学研究的阀门。殖民主义时期，大量的人类学家奋不顾身地来到非洲。从学科发展史的贡献上看，这些人类学家的功绩是显赫而深富开创性的。但是，促成曾为摇椅上的大师们迈进田野的力量却不得不归于殖民主义统治的残暴事实。特殊的研究动机及欲望，催生出了研究主体对客体的凌驾态势。在整个文本表述过程中，所呈现出的理路就是主体怎样实现对客体抒写与控制的问题。从研究主体的话语中，一种自上而下的权力奴役充斥其间，而自下而上的权力诉求却隐退在历史的边缘。且这般以书写文本体现出来的话语支配仍延续至今。譬如，"由于跨大西洋的奴隶贸易，在美国，非洲经常在黑人身份的构成中作为界定历史的和身体的瞬间而借用。现在，种族的社会建构立足于对历史和地理的工具性使用。社会建构的原型差别经常依赖神话里的家乡，地理地点成为不同创始事件的起源点（有时是想象的）"①。

于此，一种生理上的天然特征以及偶然的历史切割造就了一个共同体对另一个共同体的经久认知。而这一结局终就没能逃脱当主体与客体相遇时的单向强制趋势及色彩，也就是说，主体在一味地表征着作为主体的认知逻辑，而客体总也没有取得应有的主动权及本我性。由此所呈现出来的结局便是，欧洲中心主义对非洲的强力渗透与强行占据。而这一切，却在欧洲以人类学的视野来探索研究非洲的过程中，得以淋漓尽致地体现。人类学的文本资料同样传达出了不同种族、性别和阶级成分（国家认同）是如何影响一个人对非洲的理解与经历的，并折射出了由于强制力所在，非洲被发现与建构的特定时代手法。

二 当代西方反思的需要

随着非洲取得独立自主权，国际上对非洲社会的关注力度也得到了极大的加强。从学科研究上来对非洲展开关注，得到了前所未有的重视。各国由此不同程度地加强着关于非洲研究的各类学科的建设。人类学在新的时空背景下的范式新建，无疑就是此番努力的结果。而这一结局，却是在国际利益博弈与共存理念的推动下才得以实现的。

20 世纪 60 年代，殖民主义体系在非洲土崩瓦解，非洲各民族由此打开了束缚其身的枷锁。尽管殖民主义统治遗留的阴影挥散不去（殖民时代留下的区域划分、文化空间割裂、非洲民族牵强的新认同以及后来者对非洲社会关注时所依据的对殖民时代遗留下痕迹的参照等），但是，一种由非洲人发出的独立、自主的声音被传开了。与非洲有着极大历史关系的人类学也开始基于非洲社会觉醒的现实开始审视其方法论问题。

西方社会的现代化发展困境也在很大程度上使得一度以探知"野蛮民族"为业的人类学家开始从"他者"的适存方式中来反思本我社会。

---

① ［美］古塔、弗格森编著：《人类学定位：田野科学的界限与基础》，华夏出版社 2005 年版，第 114 页。

再加上，人类学广被四海的研究普及，以及多方知识力量之间的制衡，驱使殖民主义时代得意受宠的人类学研究开始朝着"非殖民化"的方向倾斜。以至于"现今在非洲从事研究的人类学学家通常用当地的术语来建构他们的地域性的特殊概念，这在20世纪60年代之前是没有什么意义的"①，而现在，当人类学走出殖民主义笼罩的阴影时，这一情形显得格外骄人和难得。缔造人类学的西方不得不开始反思人类学的殖民过程以及人类学的人文研究初衷。反思性的观念及行为催使了新的研究范式的生成。

西方深刻地认识到，通过反思能够确定研究主体和研究对象各自的所需所求。同样，也能够避免重蹈覆辙或再走历史弯路的可能。本质上看来，通过反思，能够较为客观而公正地看待非洲的历史，并在现实中达到公平合理地对待非洲的效果。此番理性的行动，能够与民主政治及自由经济很好地产生契合。其无疑是时代发展的必然呼声及应有之势。

总之，人类学作为一种被西方制造出来的知识工具，它曾助佑了西方势力的东进，发明了一个个人类史上的"残缺"。而当西方东进势力逐渐消弭甚至瓦解之后，人类学又以收复失地的姿态，重新发明出在新的时空背景下，西方民主政治与自由经济相辅相成的关系在其他国度或民族中可能产生价值，也必须能够产生价值的"事实"。

三　当前中国走向世界的需要

鉴于殖民主义统治及现代化背景下非洲人类学研究的情况，中国的非洲人类学研究该将置于怎样的位置，是时下亟待做出思考和探索的问题。鉴于目前中非合作发展热劲的猛涨，尤其是商贸领域蒸蒸日上的发展势头，中国有待从文化研究上来深化对非洲的认识和了解。只有这样，方可确保双边关系的不断推进及可持续性发展。

同为第三世界的中国与非洲，互惠性的现实发展目标是建立在对彼此文化体系做出客观认识和理解的基础上的。对中国而言，加强非洲人类学研究，则是能够认识和理解对方文化的关键。借此还可改变国际社

---

① ［美］古塔、弗格森编著：《人类学定位：田野科学的界限与基础》，骆建建等译，华夏出版社2005年版，第11页。

会对非洲大陆"一堂言"的定位及定性，优化非洲的处境，同时，还能够确立起中国与非洲源自文化机制的深层交往关系，提高非洲对自身文化的自信心，并增强非洲对中国作为礼仪之邦的信任感。鉴于在新的时空背景下，共同的发展诉求愈来愈将中国与非洲联系在一起的客观事实，中国日益需要加大对非洲文化探索研究的力度。

固然，要在这个日新月异的新时代中树立起国家威望和形象，发展经济必然是重中之重。然而，发展的综合性命题决定了在经济发展的同时，需要兼顾到社会文化、思想意识的同步性推进。当下的中非关系，究竟能够走多远，很大程度地取决于双方能否在基于自身与对方的文化基础上培植出富有韧性的纽带。这才是双边关系能否经得起时间检验的关键及核心所在。对当前中国而言，重视非洲文化研究其价值和意义不言而喻。

第三节　中国人类学

人类学作为一门学科，进入中国的学术视野是一件较为晚近的事情。尽管在中国历史上以人类学的手法来呈现文本资料早已有之，但是，人类学作为一门学科在中国得到科学的运用则是在西学东渐过程中携带来的偶然性"插件"。中国的社会科学由此多了一个审视社会的视角和一个处理问题的独到方法论。然而，将人类学用来研究域外对象，特别是像非洲这样的社会则是中国人类学学科史上较为鲜见的案例。中国学界也有从人类学的视角上来关注非洲社会及其文化的研究内容，但是，在范围和力度上却略显微不足道。抱憾之余，在中国打开探知世界之窗的当下，对非洲人类学研究做出建设性的重视和研究推进无疑是应有之举。毕竟，建设性的重视和研究推进，将会反转学科的命运，并在具体操作中弥补历史上造成的不足或缺憾。

一　历史缺失

（一）中国人类学对非洲研究的有限性

传统中国在"天下观"的导引下，与各国、各民族展开了广被四海的通勤往来。中国自汉代始就与非洲有着间接与直接的贸易往来。这一过程中，中国与非洲不仅实现了产品的互通有无，同时，还留下了关于对方的物产风俗、地理概貌、人情风土等方面的文本性材料及文字记述。当然，这一文本型材料及文字记述虽然不是严格意义上的以人类学的标准方法论来呈现的，但是，却可在某种程度上代表着中国最早的关于非洲社会的准"民族志"的抒写和呈现。譬如，"中国唐代段成式所著《酉阳杂俎》中有关于'悉恒国出好马'的记载"①，以及之后在航海业上达到高潮的郑和下西洋时期，其随从人员所作的文字记述，像马欢的《瀛涯胜览》、费信的《星槎胜览》和巩珍的《西洋藩国志》等都对非洲社会做了记载。② 清代各类志书和游记也对非洲社会展开相应记录，如林则徐主编的《四洲志》、魏源编纂的《海国图志》和徐继畬撰写的《瀛环志略》以及张德彝撰写的《航海述奇》和王锡祺编纂的《小方壶斋舆地丛钞》里收编的《探地记》《三洲游记》等，③ 都对非洲做了一定的抒写。这诸多的作品，尽管为后人认识和了解非洲提供了难能可贵的资讯及信息，但在本质上却算不上是真正意义的人类学作品。

伴随西学东渐，新文化运动、"五四运动"浪潮的袭来以及"中体西用"的昭示，中国开始引入包括人类学在内的起源于西方的人文及社会科学。仅就人类学本身来看，当时，"从美国、法国、英国等地留学归来的学者直接师承于当时的人类学大师，回国后既及时传播西方人类学的知识，又基于最新理论的发展开始从事独立的田野考察工作"④。他们所选择的田野之地，主要是中国的少数民族地区和汉人社区。⑤ 由于时代、社会等因素和条件所

---

① 刘鸿武、姜恒昆编著：《列国志（苏丹）》，社会科学文献出版社 2008 年版，绪言第 6 页。

② 杨人楩：《非洲通史简编——从远古至一九一八年》，人民出版社 1984 年版，第121 页。

③ 参见彭坤元《清代人眼中的非洲》，《西亚非洲》2000 年第 1 期，第 61 页。

④ 王铭铭：《西学"中国化"的历史困境》，广西师范大学出版社 2005 年版，第50 页。

⑤ 参见林耀华主编《民族学通论》，中央民族大学出版社 1997 年版，第 141 页。

限，致使当时的中国学者很少有以人类学的视角来关注和研究非洲。当然在20世纪60年代前夕，从人类学角度对非洲进行垄断性研究的主要是英、法两国。随着殖民主义统治体系在非洲瓦解后，国际社会对非洲人类学的研究步入崭新阶段。遗憾的是，在这一宽松的新时代背景下，中国人类学界也没将研究触角伸及非洲大陆。即便在今天，中国人类学界也没有称得上真正意义上的非洲人类学作品。

（二）译著的有限性

翻译人类学著作，拓展了学界对西方人类学研究的认识和理解。自严复于1896年首译赫胥黎（T. H. Huxley）的《天演论》以来，中国学界打开了翻译西方人类学名著的窗口。一些源自西方社会的名著得到翻译并出版。

近年来，随着中国学术研究视野的进一步打开，由西方人撰写的非洲人类学著作不断得到翻译。举世瞩目的英国人类学学家埃文斯·普理查德在非洲的两本田野名著《努尔人——对尼罗河畔一个人群的生活方式和政治制度的描述》（褚建芳、阎书昌、赵旭东译，华夏出版社2002年版）和《阿赞德人的巫术、神谕和魔法》（覃俐俐译，商务印书馆2006年版）已翻译出版。除此之外，以仪式研究响彻人类学界的英国人类学家维克多·特纳的《象征之林——恩登布人仪式散论》（赵玉燕、欧阳敏、徐洪峰译，商务印书馆2006年版）、美国的保罗·拉比诺著的《摩洛哥田野作业反思》（高丙中、康敏译，商务印书馆2008年版）等名著也相继出版。这无疑给中国的非洲人类学研究提供了较好的经典读本，丰富了中国人对非洲社会的认识和理解。

然而，从总体上看来，中国在非洲人类学著作的翻译上仍然存在着局限。非洲人类学的很多经典著作主要是在20世纪中写就的作品，具有很高的历史价值，但这些经典著作在中国境内并非都得到相应的翻译。比如，法属西非殖民地的政府官员德拉佛斯，著有《上塞内加尔－尼日尔》（Delafosse. M.，*Haut-Senegal-Niger*，Paris，Gallimard，1912），拉德克里夫－布朗和佛德合编的《非洲的家庭和婚姻制度》（1950年），法国人种学的创始人格日奥勒于1931年在达喀尔－吉布提进行探险活动时写成的代表作《水神》（1948年）①，人类学大师英国的埃文斯·普理查德的人类学名著《非洲的政治制度》（*African Political Systems*，1940）等经典人类学著作在汉语界都没有译本问世。即便是同一时期的其他人类学作品，同样未得到大量的翻译。

20 世纪 60 年代以后，非洲以崭新的面貌出现在世界舞台上，西方同时也开始以崭新的视角重新审视非洲。这样的变化情形，无疑会给非洲人类学研究带来生机。但是，中国学界目前对这些在变迁情形下写就的作品的占有依然非常有限。比如，英国人类学者辛格雷顿，"从 1969 年开始在非洲进行实地考察研究，直至 80 年代中期，足迹踏遍大半个非洲"②，关于他在非洲调研的情况以及他的人类学作品在中国学界很少有介绍，当然更不用说翻译了。

固然，学术上需要重读经典，并从中获得新思和启迪，但是，仅仅局限在对特定时代部分经典作品的过问上，难免会制约学科发展的步履。对目前中国学界而言，极有必要打破时代界限，对非洲人类学作品的翻译需要延伸到现代、后现代。不同时代的作品，会带来不同的知识谱系和思索维度，会对概念、事件和情境等做出符合时代的解读。总之，拓展不同时代非洲人类学研究作品的翻译力度，是利在当代、功在千秋的伟业。

二　现实展望：加强中国非洲人类学研究

多重因素的交织，致使中国的非洲人类学研究存在极大的历史局限性。面对此景，中国人类学需要拓展研究视野，需要在累积本土少数民族地区和汉人社区经验研究的基础上，对域外非洲做出建设性或卓有成效的探究。在实际操作中，有几个方面亟待突破：

（一）加大人才队伍建设力度

自人类学传入中国始，中国学界就将其用来关照中国本土社会。虽

---

① 潘华琼：《非洲人类学研究：希望与困难并存》，《亚非论坛》2000 年第 3 期，第 50 页。

② 同上书，第 51 页。

然在发展过程中，中国人类学几经遭到冲击，但是，到目前为止，中国人类学对中国社会各阶段展开的应用性研究，以及对中国现实社会的挖掘已取得一定突破，并因此积淀了深厚的学养。中国有着一大批在中国本土研究上成绩斐然的人类学家，以及家喻户晓的经典作品，也有着在高校和科研院所培养研究型人才的深厚传统。然而，无论是在历史上，抑或在现实中，中国人类学的研究对象主要限于对境内少数民族社会和汉人社区的关注上。中国人类学研究向域外拓展，特别是向非洲大陆的拓展几乎是空白。因而，对于当下的各高校科研院所而言，无疑有待进一步加大对非洲人类学专门研究人才队伍的培养和建设力度。对于已经开设了人类学学科的高校及科研院所来说，需要在加强人类学知识传授的同时，给研究人员、人类学专业学生创造适当的可选择到异域非洲做田野的机会。此举无疑可丰富中国人类学研究的内涵和外延，也可达到更好地认识和了解非洲的效果。当前的中国，需要加大非洲人类学研究人才队伍的培养和建设力度，以突破中国人类学在人员结构上的传统局限。

（二）加强专业化学科机构建设

为了更好地研究非洲，中国高校和科研院所设立了相应的非洲研究中心或非洲研究院。由于非洲是异趣于中国且与中国有着外交往来的另一个国度，一直以来，对中国与非洲战略关系的考量始终是这些机构关注的重心和焦点。就目前中国的非洲研究中心、非洲研究院等来说，其研究重心和焦点主要是锁定在中非战略关系或者是中非合作发展等方面。这些机构很少以人类学视野来对非洲展开探索研究，以至于所开展的非洲研究不可避免地暴露出一定的狭隘性或局限性。

近年来，部分高校或科研院所经过摸索也在一定程度上加强了非洲人类学的探索研究。比如，云南大学非洲研究中心，在成立之初，就将非洲人类学的研究、非洲历史文化、非洲对外关系等领域指定为了主要的研究领域。其间，云南大学非洲研究中心之所以做出非洲人类学研究的决定，很大意义上是要借助云南大学具有的少数民族研究优势，推进非洲人类学研究。在学科建设上，云南大学非洲研究中心正在加大非洲人类学的教学和科研力度。即便在人才引进上，该中心也较多地侧重于人类学研究人才方面的倾斜。但是，由于刚刚起步，云南大学非洲研究中心所开展的非洲人类学研究存在着一定的瓶颈，目前既没有形成一定的研究体系，也没有组织起专业的研究人才队伍。随着研究的不断深入与加强，像云南大学非洲研究中心这样的机构之下，可考虑设置非洲人类学研究室这样的"车间"，并根据需要可再增加其他"车间"，那样，每个"车间"所做的工作就能对其他"车间"的工作形成补充性。这样，多个"车间"的共同作用，才可能打造出一个全面表述非洲、认识非洲的"成品"。因而，随着时间的不断向前推进，学术机构研究领域或内容的丰富和完善指日可待。

（三）开展"田野"调查和研究

人类学把深入实地、做出参与性的"田野"调查，视为学科的生命力及价值所在。"田野"调查方法，是人类学能够获得一手资料的重要保证。在日常生活或研究过程中，为了获得有关非洲的资讯或信息，人们可通过网络、电视、书籍、杂志、报纸等途径来实现。但是，通过此番途径而获得资讯或信息，属于二手性质的题材，对于在研究本质上倡导以掌握第一手资料为核心的人类学来说，其研究价值和意义无疑会受到一定程度的影响，甚至面临着大打折扣的风险。

人类学的可贵之处，就在于其强调以"田野"方法来获取第一手资讯或信息资源。更为重要的是，人类学是以多维度的视角来对非洲社会进行关照的（"由于人类学是从生物学的、考古学的、语言学的、比较的和全球的观点来看问题，因此掌握了解决许多重大问题的钥匙"①），因而，占有第一手资讯或信息资源显然能够较好地体现出多维度的视角所能产生的研究效果，体现出研究的真正价值及意义，而深入实地做"田野"调查，则是能够避免二手材料挫伤人类学研究价值的有效举措。

就当前的中国而言，对非洲展开"田野"调查，一方面，可促使国人能够客观、全面地认识和了解真实的非洲，另一方面，能够在很大程度上削弱西方霸权主义的一家之言造成的片面性或武断性，从而在一定层面上摆脱西方中心主义以及霸权主义笼罩的阴影，并因此避免西方

---

① ［美］马文·哈里斯：《文化人类学》，李培茱、高地译，东方出版社 1988 年版，第 4—5 页。

将中国学术当作跟随性模仿而无实质性创造的尴尬。在此，中国的非洲
人类学研究完全可从"田野"调查来切入，形成自身的独到视角，确
立起体现自身的立场及关怀的研究范式，展示出中国特色的非洲人类学
研究具有的时空性与价值性，最终赢得中国人类学学科发展的独立性。

（四）强化政府引导及支持

固然，学术有着自身的独立性，它本应该脱离于政治或避免政治色
彩的感染，而传递出真正意义上的研究理念及价值；然而，由于政治主
体、政治因素等内容的客观存在，又使得学术遭遇着失去自身独立性的
危险。其中，至少从事学术研究的人员，在很大程度上需要依附于国
家、政府等，方可获得一定的物质条件以维持基本生存。

另外，从更大层面上来看，学术研究需要政府在社会关系、资金人
员、涉外联络等方面开通渠道及创造条件。在具体的研究机构设置方
面，政府的政策引导和资金扶持同样能够较好地体现出研究的实效性与
高效性。由此，学术摆脱政府或政治等因素而独立存在，似乎只是一种
纯理论上的想象，而不具真实的客观现实性。

当前，在中国国内，对于已开展非洲研究的高校、院校或研究机构
而言，无论是在资金注入方面，还是在研究交流计划项目方面，仍然急
需政府给予尽可能的援助和支持。非洲人类学研究需要研究人员身临其
境于非洲境内做"田野"调查，政府为此需要从中创造出更多的便利
或便捷，出面引介或推动研究人员做好研究。当然，即便研究人员深入
到非洲境内之后，也同样需要政府给予尽可能的支持，包括生活调适、
权利保障、安全维护等方面。

故此，随着中国同非洲交往关系的日益加强，对非洲的研究也相应
地提上了重要日程。在这种背景下，为了更好地巩固中国与非洲既有的
传统关系，中国需要从"去殖民主义化"的文本材料中树立起对非洲
的新认知，而不是继续受制于西方表述的左右或牵引。中国需要加强对
非洲社会的直接研究，而弥补中国非洲研究的不足，尤其是非洲人类学
研究的不足，这已是时代的迫切呼声，也是中国基于自身知识脉络与文
化底蕴认识非洲社会的根本。而人类学"田野"调查，则是能够从中
发挥重大功用的方法论。

三 研究的意义

长期以来，国际舞台上存在着一种情形，即，一些国家采取了通过学术研究来提升外交战略品质的做法。鉴于此，中国需要做出积极探索，并力求有所突破。为了能够更好地与非洲推进战略关系，实现更高端关系的建构，中国有必要加强非洲人类学研究。这已是当前时代发展的迫切需要。

而在客观现实中，中国的非洲人类学研究却面临着缺失，需要继续"补课"。随着中国与非洲交往的日益密切，弥补这一缺失显得尤为紧迫。中国与非洲能否在诸多领域继续保持可持续性的合作状态，很大程度地取决于双方能否很好地对对方的历史文化做出深刻的认识和了解。人类学显然能够担负起这一任务，以发现非洲人的价值理念以及非洲社会运转的机制。

具体地，开展非洲人类学研究具有以下方面的价值：

（一）呈现非洲本真态

非洲有着自身的本土性特质，但是，不凡的经历却使得非洲丧失了自身的天然特性。殖民主义统治作为"罪魁祸首"，它不仅在地域上重新设定了非洲，而且还将非洲原有的文化逻辑打乱，赋予非洲历史文化异化色彩。即便是殖民主义统治期间遗留下来的文本材料也强烈地散发出殖民主义的韵味。中国作为一个同非洲有着友好往来关系的国家，在当前，需要对非洲社会做出符合实情的深层次认识。中国需要借助丰富多彩的学科视野对非洲展开充分认识。人类学的特殊方法论以及特定的研究范式，无疑能够为中国认识和了解非洲打开一扇通透的视窗。并且，人类学研究也能让国人，甚至世界对非洲的认识和了解超越殖民主义统治时期的表述，达到全面科学地洞察非洲本真态之效果。

（二）加深中非之间的相互理解

国家之间的共识互信及相互理解，是建立在彼此对对方社会深层机制有所了然的基础上的。进入 21 世纪，各种信息渠道的开通，诚然打开了国家之间探知对方的视野。但是，通过学术研究，觅取维系对方社会运转的逻辑机制，则算是从根本上把握了国家之间相互交往及增加互信的要旨。人类学的多维视角，无疑可从一些看似琐碎无意义的细节上丰富一个国家对另一个国家的认识。"以小见大"的特定研究视角，可带来意想不到的研究价值及现实效果，从而发现对方思想行为背后藏匿着的深层逻辑机制。人类学特有的研究视野，无疑能够使得人们学会从最为细节的地方来认识和了解非洲。毕竟，宏观的国际关系战略理论恰恰需要借助于一系列的具体细节来铺陈和酿造。

（三）丰富中国人类学研究内涵

传统意义上的中国人类学，在研究领域上主要限于对中国的少数民族地区和汉人社区方面展开探索。自人类学传入中国始，中国的研究人员就在推动人类学本土化研究过程中做出积极努力和探索，最终立下了汗马功劳。他们以中国的经验印证着人类学理论，用人类学的研究范式定义及规划着中国的民族问题，同时建构着汉人的社区模式。此种研究，无疑为洞察及透视中国社会开启了一扇崭新的视窗，但是，也因此而限定了人类学研究的空间性及边界性。以至于在之后的很长时间里，中国的人类学研究人员很少将人类学研究推及周边国家或遥远的异国他乡，很少形成以域外现象来充实本土理论内涵的研究惯性。当然，这一情形的出现，既具有学术意识单调与探知视野狭隘的原因，也具有历史因素与习惯性行为使然的可能。无可否认，一直以来，中国人类学所倡导的本土化研究，无疑是要在实践层面上尽可能地基于中国的少数民族及汉人社区的"田野"经验，在理论层面上尽可能地建构起属于中国及体现中国经验的话语权。然而，人类知识体系的发展逻辑一再表明：理论的全面提升需要借助于多维性实践经验的集结与凝练，否则平庸、乏味势必暴露其间。有鉴于此，中国的人类学研究，在已有的汉人社区及少数民族研究领域上增加对非洲各民族、部落的探索研究，显得尤为具有现实需求性及理论价值性。

综上，随着中非交往关系日益走向密切，以及彼此间在各领域中互惠性合作的进一步加深，理解非洲，认知非洲，做好非洲研究，已是迫切的现实任务。对于当前中国而言，借助非洲人类学研究，能够从文化的深层机制上来较好地达到认识和理解非洲的目的和效果，从而创建出与非洲良好的交往互动关系。毕竟，文化是一个民族的精髓和灵魂。只有抓住了对方的精髓和灵魂，才可使得与对方的交往关系超越表面性而达到深层次性，才可使得双边关系最终上升到游刃有余、步步为营的境界。

　　在现实中，人们可从文化上来发现一个民族，也可从文化上来促使一个民族走向复兴，还可借助于文化来定位一个民族在全球化语境中的角色与价值。文化既能够实现一个民族的自我认同，也能够使得该民族获得相应的社会定义。借此，当前的中国在加大同非洲交往关系建构的同时，需要从文化的深层机制上来推动双边关系的建构和发展。这一切离不开人类学的参与及贡献。因此，在当下的时代进程中，建构和完善中国的非洲人类学研究体系，已成为不可或缺的重要事项。毕竟，借助于人类学所具有的人文关怀，可在拯救一个民族的同时，达到拯救自我的效果。

第十一章

主体互构

　　国际往来，是一个基于彰显自身主体性以及尊重对方主体性的双重过程。对主体性的突出，是确保"我"是谁，以及对方是谁，并维持交流与合作的根本要件。人们在突出自身主体性的同时，建构和表征了对方的主体性，塑造了对方主体性表达的空间，并促使双方关系朝着纵深方向挺进。不同国别、迥异民族之间的交往和互动能够可持续性地延展，正是在突出各自主体性的同时，兼具了对对方主体性的尊重。由此，不同国家、民族的主体性的彰显呈现出相互依赖的辩证性特点。抛开此理，国家、民族之间的合作共赢只会沦为一纸空文，而陷入到无任何实效可言的境地。

　　在当下，对国际关系进程中国家间主体性生成的机制展开探索研究，越来越具有不可低估的价值和意义。而人类学，作为一门以研究人本身及其社会与文化为重的学科，显然就能够担负起挖掘国家间主体性生成的逻辑机制的任务。但是，中国人类学也需要根据国际社会发展进程而做出适时的研究取舍和定位，以更好地凝练出有利于中国与非洲双方之间主体性互构的因素及成分，同时以更好地在推动中国与非洲国家的互动与合作上做出积极贡献，最终使得中国与非洲的交往互动达到"知己知彼，百战不殆"的效果。

第一节　视角流变

　　人类学的不俗起源，开启了学科发展史上的另一种可能。当其他学科在运用层面上达到制高点的时刻，人类学在特殊的时代背景下，从另一个侧面同样使其运用性得到了淋漓尽致的发挥。殖民主义统治时代的非洲人类学将这种运用性推到了历史的巅峰。随着殖民主义浪潮的逐渐退却，非洲人类学研究亦相应地发生了转型及流变。伴随着此种消长关系的发生，人类学的关怀重点也产生了转移。殖民主义统治时期所关注的是主体与客体之间不平等的主次关系，后殖民时期所关注的是主体与客体之间平等的互动关系。正是这样的转移将当前的中非关系带入到了崭新的视野之中。

当非洲大陆作为一个整体被殖民主义统治势力切割后，非洲被当作了与殖民"主人"相另类的"客人"身份来对待。被当作"客人"的非洲，不仅丧失了发展自决权，而且对传统也丧失了继替权，而陷入到由"主人"设置的规划性定制的模式之中。被赋予"客人"身份的非洲并未得到"客人"般的尊重及礼遇。相反，"客人"的身份使得他们面临着危险性及不确定性（同时，在一定意义上也使得他们的内部凝聚性加固了，这样作为"客人"的他们才会生活得更加稳定，形成所谓的外压内紧的态势）。由此，作为与殖民主义统治者有着千丝万缕关系的人类学，对非洲的关注同样带上了主体与客体对立统一的气息，突出和强化了主体与客体之间的不平等性，同时也加剧了主体与客体之间不平衡关系的建构。

随着非洲各国摆脱殖民主义统治，纷纷获得独立主权，西方殖民主义者开始反思其行径。曾助佑殖民主义统治的人类学，也开始做出深刻反思。

鉴于殖民主义统治体系的最终崩溃，似乎能够说明以"反客为主"方式来对待非洲的做法，势必为历史及道义所唾弃。尊重非洲的主体性，将对方当作历史与事实主体来研究，诚然是人类学在经历世界变局后得出的新的认识。新时期的主流价值趋势业已彰显出：人类历史的发展已越来越不容剥夺主体性的任何理论与实践的存在。当今的人类学，之所以不断成为一门日益受人重视的学科，就在于其在发展过程中凝练出了对主体间关系平等的倡议及实践行动。

传统中国，除了与周边邻邦诸国建立起和睦友善的关系外，同时，也拓展了与遥远非洲的交互往来。在这一漫长的交往进程中，可以说，技术革命和信息更新换来的每一次成就，都是推动中非交往关系朝着纵深方向挺进的有效动力。其间，不可忽视的是中非主体性得以较好彰显这一客观事实，在促成双方关系互构中产生了不可替代的效用及价值。

诚然，主体性的确立，是一个表明自我与对方身份和角色为何的过程，是一个表白自我与肯定对方的同步行为，是彼此可以互通有无的基础性条件，同时，也是实现人类和衷共济、走向和谐的建设性要素。中国与非洲的历时性交往与现实性合作关系的生成，无疑能够鲜明地折射出双方主体性价值于其间产生的力量。

一　主体性萌动：传统的中非交往

传统中国以开放的胸怀开启了同非洲的交互往来。间接或直接的贸易活动成为双方首当其冲的重要交往平台。

历史上，"中国很早就从非洲输入象牙、犀角、乳香、琥珀等。中国的特产如锦缎、漆器、瓷器等在非洲受到了特别的欢迎"①。据考证，中非之间的间接贸易关系在中国两汉时期就业已形成，②"汉代人是通过大秦获得非洲的"③风土常识和人情世故的。众多的事件一再表明：在历史的早期，"中国和非洲虽尚无直接的交往，但可以肯定已通过西亚诸国而与北非有经常的间接贸易关系"④。其间，"丝绸之路"表述和见证了中非沟通的一个时代，瓷器等物件传递和延伸了中非相互认知的价值及视野。自唐代始，中国与非洲开启了直接的贸易往来。"中国唐代段成式所著《酉阳杂俎》中有关于'悉恒国出好马'的记载，一些学者认为，'悉恒'应是当时中国对苏丹的称呼。据说，历史上苏丹在红海最大的港口萨瓦金曾接待过中国的商船。"⑤

---

①　葛佶主编：《简明非洲百科全书》（撒哈拉以南），中国社会科学出版社2000年版，第71页。

②　杨人楩：《非洲通史简编——从远古至一九一八年》，人民出版社1984年版，第112页。

③　彭坤元：《清代人眼中的非洲》，《西亚非洲》2000年第1期，第60页。

④　杨人楩：《非洲通史简编——从远古至一九一八年》，人民出版社1984年版，第112页。

⑤　刘鸿武、姜恒昆编：《列国志（苏丹）》，社会科学文献出版社2008年版，绪言第6页。

　　另外，考古学也通过一系列的考古实践，一再印证着中非交往这一深厚的历史传统及文化积淀。"唐代的青白瓷器在东非沿海地区被大量发现。肯尼亚的蒙巴萨、坦桑尼亚的基尔瓦，都发现了大量的中国古代瓷器。在科摩罗群岛、坦桑尼亚等地也发现唐代的瓷器，在索马里的摩加迪沙及坦桑尼亚的卡珍格瓦等地相继出土了唐代的钱币。"① 在中国境内，同样发现了不少关于非洲的历史文化痕迹。到了宋代，钱币流通、商品交易等继续在中非交往中发挥着重要的价值和作用。比如，"在索马里、肯尼亚、坦桑尼亚、马达加斯加、津巴布韦等国先后发现了数目更为巨大的宋代瓷器和钱币"②；"宋代统一中国后……造船业已居于世界先进行列……在经济和科技发展的基础上，宋代在印度洋上的贸易、中国与东非的经济交流和友好关系得到进一步发展"③；元明时，探险和航海业的发展加速了人们走出去的步履。"元世祖曾遣使臣到马达加斯加'采访异闻'，中国著名的旅游大家汪大渊也远行到桑给巴尔。"④ "元时地理学家朱思本，在公元1311—1320年绘制了我国第一幅非洲地图——《舆地图》。在此图中已把非洲大陆画成三角形，而当时欧洲和阿拉伯人所绘制的非洲地图，非洲还是一个向东延伸的大陆。"⑤ 这一情势俨然表明：中国对非洲作为独立社会实体的认识已经比较详细了。到了明代，著名的航海家郑和拉开了中国人走向非洲的磅礴气势，中国船队直航东非。"郑和（三宝太监）从明成祖永乐三年（1405年）开始……明成祖即令郑和回访非洲东海岸诸

---

　　① 刘鸿武、暴明莹：《蔚蓝色的非洲——东非斯瓦希里文化研究》，云南大学出版社2008年版，第129页。

　　② R. Oliver, ed., *The History of Africa*, Vol. 3, pp. 203, 206, 215 – 216, 225. 转引自刘鸿武、暴明莹《蔚蓝色的非洲——东非斯瓦希里文化研究》，云南大学出版社2008年版，第131页。

　　③ 中国非洲史研究会《非洲通史》编写组编：《非洲通史》，北京师范大学出版社1984年版，第145页。

　　④ 刘鸿武、暴明莹：《蔚蓝色的非洲——东非斯瓦希里文化研究》，云南大学出版社2008年版，第131页。

　　⑤ 中国非洲史研究会《非洲通史》编写组编：《非洲通史》，北京师范大学出版社1984年版，第148—149页。

国。郑和在其第五次出航时，首次在永乐十五年（1417 年）到达
非洲东海岸访问。郑和后来又在永乐二十年（1422 年）第二次，
在宣德六年（1431 年）第三次，访问了非洲东海岸的一些国家。"①
1405 年至 1433 年郑和七下西洋的航海壮举，比 1497 年欧洲的葡萄
牙航海家达·伽马（1460—1524）提前了几十年。郑和航海舰队在
远洋时还绘制了"《郑和航海图》，这份地图不仅是中国最早的一份
远洋航海图，也是 15 世纪以前中国关于亚非地区最详细的地图"②。
这幅地图向世界描绘出了关于非洲作为区域独立体的整体性画面。
随同郑和出使的马欢的《瀛涯胜览》、费信的《星槎胜览》和巩珍
的《西洋藩国志》也为中非交往的源远历史提供了许多可靠的宝贵
资料。③ 到了清代各类志书和游记纷纷问世，如林则徐主编的《四
洲志》、魏源编纂的《海国图志》和徐继畲撰写的《瀛环志略》以
及张德彝撰写的《航海述奇》和王锡祺编纂的《小方壶斋舆地丛
钞》里收编的《探地记》《三洲游记》④，等等，皆进一步证实了中
国与非洲交往的增多及认识的加深。晚清时期各类航海探险史的研
究不仅唤起了中国人的冒险意识、海权意识，以及强国智民的追
求，更为重要的是，中国人在外患内忧的境况中，与域外非洲的交
往在认识层面和实践层面上均得到了极大的提升。

综上，贸易、航海以及各类书籍、器物、产品等，都一并传达出了
传统非洲与传统中国在交往过程中是以突出各自主体性身份来分享资讯
及资源的。各种商品、技术和物件的流通成为彼此间主体性得以确立的
要素及表达的载体。而主体性得以彰显的前提，却是中非双方需要根据
各自的价值判断和认知逻辑做出适宜性的抉择。中非各自乐意接受对方
的产品或商品，是在基于价值判断基础上的资源给予与利益共享。允许
对方船只驶入与停泊其境，是双方超越地理及文化边界而对对方的主体

---

① 葛佶主编：《简明非洲百科全书》（撒哈拉以南），中国社会科学出版社 2000 年版，第 73 页。

② 马平：《郑和研究的时代意义》，《回族研究》2003 年第 1 期，第 61 页。

③ 杨人楩：《非洲通史简编——从远古至一九一八年》，人民出版社 1984 年版，第 121 页。

④ 参照彭坤元《清代人眼中的非洲》，《西亚非洲》2000 年第 1 期，第 61 页。

性给予严肃尊重的体现。中国所作的各类书籍和图案，以无声的语言传述和重申了作为空间、区域以及文化上自成一体的非洲社会的内在特质。

传统中国在表述非洲的同时，也传递出了中国本身作为一个主体而存在的客观事实。这样一个双重性的效果，是对人类整体共享主体性的具体彰显，同时，也传达出了作为特定行为体的中国与非洲，在双边关系及世界格局的塑造上总是力图使得各自的价值判断、意义取向、知识结构以及文化认同等，都得到充分的展示和呈现。

二　主体性张扬：中非合作的现实诉求

新中国成立后，中国与非洲的交往呈现出积极的发展态势。双方不仅建立起了邦交关系，而且还达成了发展共识。双方凭借主体性角色自主地参与到世界进程中的步伐也由此加快了。中国将对非洲主体性做出尊重这一客观事实提到了重大的交往日程上，非洲同样以高尚的姿态尊重着中国作为独立主权国家和统一国家的客观事实。

在第一次亚非会议上，中国就以积极姿态表明了对非洲独立主权的积极维护。1954 年 4 月 18 日，"为了确保这次会议能围绕反帝反殖的主题进行，中国政府确定了中国代表团参加亚非会议的总方针……考虑到与会各国的不同政治倾向和会议上可能出现的各种复杂情况，中国代表团制定了具体的策略方针：会上多提亚非国家的共同性问题……；从大多数亚非国家的要求出发……；中国支持它们"①。这个在后来被称为"求同存异"的方针，极大地凸显了中国对亚非国家独立主权地位的坚决捍卫。中国所做的这一番表态和行动，显然是将同中国有着外交往来关系的非洲，当作是一个充分秉持独立见解、拥有自我意识、能够表达诉求、充分享有一切权利的行为主体。

进入新的历史时空中，打破旧体系的新中国与获得复兴的非洲社会增大了彼此间交往的深度及进度。双方之间的交往关系不断朝着纵深方向挺进。中国与非洲各国不断实现建交，高层往来日益频

---

① 谢益显主编：《当代外交史》，中国青年出版社 1997 年版，第 100—101 页。

繁、互动逐渐紧密。在此过程中，双方国家经常还会以赠送国礼的方式增进着彼此间的情感，拉近着彼此间的距离。1973 年 7 月，应周恩来盛情之邀，刚果总统恩古瓦比访问了中国，他拜会了毛泽东和周恩来，了解了中国进行社会主义建设的宝贵经验，同时，恩古瓦比还将代表本国传统文化的"木雕老人胸像"赠予了中国国家领导人。在此，一个简单的木雕胸像，无疑能够向中国领导人及中国人民传达出刚果人民眼里的文化意识、价值理念、逻辑认知等。同样，贝宁等国的领导人在出访中国时，也向中国政府赠送国礼，中国政府亦做出相应的回礼。这样，双方通过互赠礼物的方式，无疑能够以无形的礼物之"灵"，拉近着彼此间的情感距离。可以说，"求同存异"伟大构想的提出，一定意义上就是给予这种无形之"灵"的最好注脚，也是将这种无形之"灵"提到一定战略高度的具体体现。"灵"固然不可视、摸不到，无形而在、无所不在，但是，其在中非认识理念及行为实践的整合上却产生了积极的作用和价值。当前，正在迈向蒸蒸日上的中非关系，无疑一再反复彰显着"灵"在彼此间不断穿梭而产生的伟力。

十一届三中全会之后，中国迎来了政治经济发展的春天，与非洲的关系也随即步入崭新的历史阶段。非洲与中国的关系继续朝着积极方向迈进。尤其是进入 21 世纪以来，中国与非洲的关系逐渐呈现出前所未有的良好发展势头。中国与非洲将对方当作亲密伙伴，双方之间所开展的合作共赢的广度、深度、程度及力度创下了历史以来的新高。可以说，新时期的中非合作关系日益表明：在当代国际政治进程中，将对方当作"他者"的老调陈说，势必被历史淘汰而面临着寿终正寝的下场。当下的中国与非洲诚然正在通过张扬各自的主体性与尊重对方的主体性来见证着这一切。

可以说，自 1949 年新中国成立始，中国同非洲的交往，就是在中国承认非洲各国具有独立主权的前提下进行的。在中国看来，非洲社会并非是一个异趣于中国社会的"他者"，而是一个同打破旧体系、旧秩序的新中国一样，有着同样发展诉求、价值取向和意义机制的独立主权实体。非洲各国也是在承认中国作为独立主权国家的前提下，与中国开展着外交往来关系的。非洲始终以高度的姿态，对中国作为独立主权国的身份和地位给予尊重，对"一个中国"的原则和事实给予认可，对中国所固有的认知逻辑与行为机制给予充分肯定。可见，新时期的中非合作关系，已俨然深刻地摒弃了将对方当作"他者"或"异己"的武断性做法。

第二节　认知拓展

在当前的国际化交往进程中，突出国家具有的主体性、自主性无疑具有无可争辩的价值和意义。这样的对主体性或自主性的突出或尊重，既能够彰显自我、表达意义、维系机制和模塑认知，同时，又能够使得国家间共享权利、表达诉求、捍卫身份、塑造角色和巩固地位，等等。

以人类学的视角来关注中非关系，无疑能够达到对双方主体性或自主性不断挖掘和弘扬的效果。而这一切，却建立在对对方的历史文化做出深刻认识和了解的基础之上。

人类学作为一门以探讨人及其社会和文化为重的学科，具有深厚的人文性。尽管"人类学不是精确的科学，因为它研究的对象是有思维、有感觉的人，他们的行为是确定的，但在某种程度上却是自我确定的。更困难的是，社会是复杂的，即使是最简单的社会也是相当复杂的。在许多情况下，试验几乎是不可能的"①。为此，人类学所要做的不是对某种客观存在或社会事实进行确证，而是需要透视诸多认识及行为形式背后所蕴藏着的真正内涵和价值，或者对认识与行为之思想做出深度探索和挖掘。可以认为，人类学正是通过对认识及行为等具体事项做出精细考察，而力图在一个看似关系简单的群体中或社会里借助由表及里的剖析方式，从形式中发现内容、从"边缘"中发现"中心"，或者从"小地方"中发现"大社会"。

----

① ［美］罗伯特·F. 莫菲:《文化和社会人类学》，吴玫译，中国文联出版公司 1988 年版，第 7 页。

一 中非相互认知生成的历史性

中国与非洲，各自偏居一隅，处于地球的两端，但是，双方在汉代就已启动的经贸往来，却为双方之间相互认知的生成创造了条件。根据大量考古资料以及文字材料的记录和表述，历史上的中国与非洲对彼此的产品、钱币、物资、文化等都做出了接纳。此举足以流露出双方之间认知的初步形成。同时，此举也由此体现出了中非之间优化的生产力、良性的生产关系，而且还由此体现出了双方之间在经济、文化、政治上的互动交流性。在双方经济、文化、政治活动激越的同时，双方之间的认识、认同也得到了同步强化。

随着经贸往来关系的不断推进及航海业的持续发展，中非之间的合作关系继续得到强化。航海业的持续推进，使得中国有了接近非洲的更多机会。当中国历史上著名的航海家郑和抵达非洲后，传递出的是友好而和睦的信息。可以肯定，在此期间，中国与非洲对彼此的政治、文化和经济等方面，显然都是有所认识和了解的。

各类文本资料一再明证着历史上中非交往的生动经历。这些文本资料是传递中非历史交往的重要信息，是双方相互认知初建的可依凭证。但是，透过这些材料，却也能折射出历史上的中非交往不过是停留在一个对彼此文化浅层次识别的层面上。况且，此种交往动机并非是在基于真正地对彼此文化有所了解和认知的基础上而发起的（当然，时代的局限会使人们在行为上更多的表现为简单的物物交换需求）。以至于中非在对对方的认知和理解上，无疑存在着一定的局限性或不足性。而且，即便确实能够感知到粗线条的相互认知传递的存在，但是，其间以主流形式存在的却是贯穿其中的商贸经济。由此，超越商贸经济活动本身而增加能够促使中非彼此相互认知深化的要素，确实更为让人期待，也更能够提升中非交往的内涵和实质。

总而言之，历史上，由于经贸活动的开展，中非之间实现了互联互通，一定程度地推动了彼此之间相互认知的生成。19世纪，殖民主义的浩劫，使得中国与非洲遭遇了相似的命运，沦为了西方的殖民地。20世纪中下半叶，中国与非洲同时摆脱西方殖民主义的奴役，建立起了独立主权，双方在相互鼓舞和支持中拉近了彼此间的认知及距离。进入

21世纪，共同时代主题——"和平与发展"的召唤，再次从一定高度的层面，将中国与非洲两个在文化上存在着迥异性特质的国度重新紧密地捆绑在一起。在新的时空背景下，中国与非洲，以崭新的"命运共同体"身份及角色，再一次抒写着崭新的相互认知。

二　中非相互认知遭到的挑战

进入近现代，中国与非洲遭遇着历史上所形成的相互认知受创伤的现实。很长时间以来，尤其是在西方对非洲殖民奴役的整个过程中，中国与非洲并不能基于历史传统而继续推进着双边关系。

自殖民主义势力深入非洲之后，传统的中非交往就遭到遏制。尤其是在"15世纪以后，中非这种主权国家之间的友好关系逐渐遭到破坏"[①]。这一破坏，诚然是因为西方霸权主义的入侵以及殖民主义奴役所致的结果。一时间，中国与非洲的关系遭受重创而被切断。

并且，殖民主义的侵略还切断了非洲固有的传统机理和内在机制。"欧洲人对非洲的侵略……从根本上深深地影响了非洲人的生活方式。帝国主义者总是一味地突出他们介入非洲的合理性。并试图证明他们存在的正当原因。事实上，作为侵略者，他们是来掠夺非洲"[②]的。他们最终使得非洲人"失去的不仅仅是……主权和独立……也是对已有的各族文化的打击"[③]。

可以说，西方殖民主义奴役带给非洲的是巨大灾难。这种灾难甚至持续至今。比如，"非洲目前面临的政治难题其实就是殖民主义造就的

[①]　葛佶主编：《简明非洲百科全书》（撒哈拉以南），中国社会科学出版社2000年版，第73页。

[②]　*Godfrey Mwakikagileafrica and The West*, Nova Science Publishers, Inc. , Huntington, N. Y. , 2000, p.70. (The invasion of Africa by Europeans—they all came without invitation, and colonization was an act of war—profoundly affected the African way of life in many fundamental respects. Imperial rulers always emphasized the positive aspects of their mission. Andy they had good reason to do that, in order to try and justify their presence. They were the invaders who came to exploit, not to help, Africa)

[③]　［加纳］A. 阿杜·博亨主编：《非洲通史》第7卷，中国对外翻译出版公司、联合国教科文组织办公室2014年版，第1页。

后果……很多非洲国家被制造出来的人为边界与传统的、民族的以及部落的边界不相吻合"①。可是，那时候的殖民主义统治者却高调宣扬，并为其行动明目张胆地贴上光鲜的标签。一直以来，殖民主义统治者总是"宣称他们到非洲是为了废除非洲的奴隶制度。……但是他们只不过是以一个不同的名词（为幌子）将新的奴隶制度带到非洲。他们不称其为殖民主义，而是称为文明"②。

对于偏居于亚洲东部的传统中国而言，要避开殖民主义统治者肆无忌惮的掠夺及侵略，似乎过于理想化而成为不务实的期待。"从16世纪始，欧洲人循着葡萄牙人开辟的贸易航线，一批接一批地从西方走向东方，并来到了中国。"③他们竭力将欧洲的价值观及概念理念等植入中国人的认知理念和行为实践之中。其间，推动基督教的传播，成为了欧洲输送价值观的载体以及推动殖民奴役进程的软实力。从此，"一批批搭乘商船的传教士到亚洲各国进行传教活动。沙勿略是来华传教的先驱，而利玛窦真正打开了在中国传教的局面。1578年，利玛窦从欧洲到果阿，1582年在澳门学习中文，后在肇庆建立第一座教堂。1589年，利玛窦到广东韶州继续攻读儒家经典，宣传西方科技知识，作为宣教手段。1601年，利玛窦终于抵达北京，向明神宗赠送礼物，获准在西城南门附近居住。在北京，利玛窦大力著书立说，广为宣传教义，初步形成以北京为中心的从南到北的基督文化传播网"④。

于此，基督教在中国的广泛传播显然启动了帝国主义侵略中国的阀

---

① *Sola Akinrinade and Amadu Sesay Africa in the Post-Cold War International System*, Pinter London and Washington, 1998, p. 4. (Africa is confronted with political problems that are still part of the legacy of colonialism but which were 'frozen' by the Cold War. …Most African states were created with artificial borders that did not correspond with traditional, ethnic or tribal boundaries. Only a few of the post—colonial states had any meaningful pre—colonial identity.)

② *Godfrey Mwakikagileafrica and The West*, Nova Science Publishers, Inc., Huntington, NY, 2000, p. 71. (It is also claimed that Europeans came to abolish slavery. Yet when they colonized us, they introduced a new form of slavery, only under a different name. In fact they did not even call it colonialism—they called it cibilization.)

③ 汤开建：《中国现存最早的欧洲人形象资料——〈东夷图像〉》，《故宫博物院院刊》2001年第1期，第22页。

④ 石元蒙：《明清时期中西价值观的冲突》，《兰州学刊》2003年第1期，第128页。

门。紧接着，欧洲各殖民主义帝国怀揣着一样或不一样的抱负，纷纷进入中国腹地，掀起了瓜分中国的狂潮。从贩卖鸦片到烧杀掠夺，帝国主义在中国肆无忌惮、无所不为。前前后后，"西方列强对中国发动了数十次侵略战争，强迫中国签订了 1100 多个不平等条约和协定，夺去了中国近 160 万平方公里的土地（占全国领土的 1/7），勒索了累计达 13 亿两白银的赔款，在 16 个通商口岸建立了'国中之国'，夺去了领事裁判权和在使馆区的驻军权，控制了海关，左右了中国的金融财政，严重地侵犯了中国的主权"①。自此，中国，由一个具有独立主权的国家，变成了一个受人宰割的对象，面临着丧失政治、经济、文化权力的下场。

在这种背景下，中国与非洲由于都丧失了独立自主权，既没法推动各自的国内建设，也没法续接上双方间已有的传统交往关系。双方在历史上形成的相互认知遭到了阻隔和挑战。借此可见，当主权遭到剥夺时，国家间在历史进程中形成的相互认知显然面临着不可避免地被瓦解的危险。

三 新时期中非相互认知重塑的可能

新的时空背景下，国家要树立起自我威望及形象，经济发展成为重中之重。中国与非洲逐渐将这一逻辑注入到双方的交往过程中，在经济发展上合作共赢，则是强固双边关系的重要纽带。当下，共享的时代机遇和发展主题日益将中国与非洲之合作推向时代巅峰。

（一）新的历史机遇

历史以来，在中国与非洲所形成的有意识与无意识的交往行动中，双方对对方都产生了一定的认知，"但由于巨大的时空距离，这种交往与认知一直是十分有限而不易的"②。毕竟，交往方式的有限性、目标行动的单一性、交往行动的艰难性以及其他因素的阻隔等，诚然限定了

① 晓静：《帝国主义的侵略给近代中国带来了什么？》，《真理的追求》1997 年第 2 期，第 26—27 页。

② 刘鸿武：《跨越大洋的遥远呼应——中非两大文明之历史认知与现实合作》，《国际政治研究》2006 年第 4 期，第 32 页。

彼此间深层认知的塑造和形成。随着中国与非洲迈入新的历史时空之中，发展的相依性日益转换成为凝聚双方共识的力量和源泉。

进入新的时空中，中国与非洲在价值和利益共享基础上不断深化着双边共识。尤其在近些年来，中非双方无论就初级经济的发展而言，抑或对共同命运的关注方面，无疑都为彼此间更多共识的达成创造了新的举足轻重的机遇和条件。可以认为，共同的发展愿望、一致的合作共赢理念等，是中非共识与外交关系朝着纵深方向挺进的重要推力。

但是，在这一过程中，双方对对方文化的认识和了解还依然停留在一个比较浅层次或附带性的层面上。鉴于当前以经济合作为旨归的发展势头变得日益迅猛的现实，中非对对方文化做出深层次认识和理解的积极举动，显得极具现实性及价值性。就中国而言，尽管与非洲的合作关系已创下了历史以来前所未有的新高，但是，中国对非洲社会文化进行系统性认识和了解的做法，却较为欠缺及滞后。在此，只有充分补上这一课，方能有利于中国与非洲在当前及今后的合作发展进程中更好地继往开来、扬帆远航。

（二）人类学的工具性价值

人类学的学科特性和研究范式，决定了其在认识与了解人类社会发展过程中具有其他学科难以比拟的优势。可以说，借助人类学，有利于对非洲达到全面而深刻地认识和了解的效果，并最终为中非合作关系朝着积极而稳妥的方向持续迈进做出有益贡献。当下，充分发挥人类学的工具性效用，显然具有重大的现实价值和理论意义。具体主要体现在以下几个方面：

1. 纪实性

人类学独到的"田野"手法和民族志抒写方式可确保对非洲社会文化记载及抒写的真实性。固然，非洲有其深厚的历史及丰富的传统文化资源。人类学深入非洲，针对非洲展开调查研究，无疑能够基于各种现象及各类实物的客观存在，而凝练和彰显出真实客观中的非洲样态，并借此从中挖掘出支撑非洲社会运转的内生动力及内在机制。

2. 广延性

从社会科学发展史上看，人类学是在其他社会科学都挑定研究对象及确定研究范畴之后，从"历史的垃圾箱"中"拾破烂"而起家的。

表面上，人类学是在人们的吃喝拉撒、衣食住行等基础得不能再基础的方面上下功夫的学科，然而，本质上，其是在人们的行为方式、社会结构、思维体系、语言要素、行事逻辑、认知惯性、习俗规制、起居住行、发展机制等方面进行着力深耕的学科。在此，人类学所关注的显然不是简约、简单的某一层面的形式，而是牵涉到了对丰富多样的内容及领域展开挖掘，在探索主题和研究话题上明显地呈现出广延性的综合性特点。这对于具有深邃历史及广博文化的非洲而言，人类学恰好能够从中发挥透镜效用。

3. 重置性

近现代，非洲特殊的历史进程，使其遭遇了太多的压抑和否定。在西方殖民主义奴役非洲的整个过程中，非洲各族及部落，为维护主体性身份做出了不屈不挠的英勇抗争。各种各样联合起来反抗殖民主义统治的组织的成立，以及非洲独立运动轰轰烈烈的开展，足以体现出非洲及非洲人民具有的抗争性。客观地，此番抗争无疑折射出了非洲及非洲人对主体性的积极维护和捍卫。这一主体性是具有传统根植性的，是非洲及非洲人固有的内在机制的表达和呈现。人类学，作为一门以复归研究对象主体性为核心关怀的学科，显然能够为历史上造成的非洲主体性失却的遭遇做出补救性的贡献，重置非洲及非洲人作为历史主体身份，以及体现非洲及非洲人固有的主体性价值，俨然成为人类学当仁不让而应该义无反顾担负起的学科使命。

4. 挖掘性

人类学"以小见大"的探微性视角，能够在根本上从很多看似静止和平实的琐碎现象中挖掘出藏匿在社会内部以及实践行为背后藏匿着的价值理念及逻辑机制。一个面具、一幕表演、一场仪式、一件艺术品、一种习俗、一次狩猎，等等，诚然都能够折射出非洲及非洲人作为社会存在的行为精髓和要旨。在此，作为具有丰富历史和多元化资源的行为实体，非洲无疑为人类学开展探微性挖掘提供了理想而便捷的实验空间。诸多的研究事实已表明：人类学特定的探微视角，无疑能够从非洲及非洲人拥有的一个个细节或具体行为上，深层地挖掘出能够支撑非洲社会运转的逻辑或机制。

第十二章

中非关系

　　1949 年新中国成立以后，中国与非洲的关系得到了前所未有的推进。双方在共识之中达成的互惠性合作日益朝着全方位、宽领域、多方面挺进，所取得的成就方兴未艾，效果着实令世人刮目相看。这不仅是中国与非洲在共同努力之中获得的应有成就，同时，也是对当今国际社会普惠性发展诉求所提供的有力注脚。然而，迎着这一股蒸蒸日上的前行势头，中国与非洲携手并进、共享发展的大势，却在国际化进程中不可避免地遭遇着阵痛及轮番挑战。面对这样的局势，中国与非洲并没有示弱，双方之间的关系非但没有任何减退，相反，则是在相互理解和支持之中，更加朝着有利于双方利益建构的行为实践方向继续深入拓展。对此，以人类学的视角来展开考察和探索，无疑能够起到较好地解释和理解这一现象的效果。

第一节　共生战略

　　国际关系意义上的中非关系是中国与非洲获得独立主权后才出现的。独立主权的获得不仅意味着中国与非洲享有独立自主处理内外事务的权利，而且双方之间能在国际环境中不断磨合，达成共识并形成一定的相互依赖性，进而产生新的战略结合点。新中国成立 60 多年来，中国与非洲为争取生存发展权，始终在不断互动中建构与推进着战略关系，呈现出结构性态势的特点。由政治革命到合作发展的生存诉求、由传统安全到非传统安全的问题关注、由单一外交行为到多元外交行为的社会关系建构，就是具体体现。随着时光的不断更替，以及时局的持续转换，中国与非洲的交往频率与交往质量日益提升，共生性的战略目标应时产生并不断达成。中国与非洲国家所形成的跨国性结构关系越来越成为塑造现代历史的动力。

一　由政治革命到合作发展

在国际社会中存在着一种普遍趋势，即当国家，尤其是第三世界或发展中国家，获得独立自主权之后，相互之间的依赖性便随之得以加强。固然，"相互依赖的政治重要性取决于一个领域是否具有组织性，拥有明确而且得到确立的权威关系……只要某一领域被正式地组织起来，该领域内的单元就可以自由地实施专业化"[①]。当然，"为了达成其中一些共识，国家至少在一定程度上是相互依赖的（例如：某种共同的命运可能会促使形成一种共同的认同）"[②]。中国与非洲由政治革命到合作发展共识的达成，正是缘于彼此间具有的相互依赖性。

中非之间的政治革命共识。近现代，中国与非洲有着相似的历史遭遇。帝国主义的奴役致使中国与非洲国家主权丧失，发展资源遭掠夺，发展时序被打乱。中国与非洲沦为半殖民地及殖民地的历史，就是中非人民进行反抗、斗争、寻求国家出路的历史。在这一历史过程中，中国与非洲达成了共识，取得了信任，整合了行为，缔造出了超越传统历史与文化的新型双边关系。其间，1949 年和 1978 年是两个关键性的时间坐标。[③] 前者发轫于革命的理想，后者则源于发展的理念。

1949 年新中国成立之后，面临着国内社会主义建设与改造、国民

---

① ［美］肯尼斯·华尔兹：《国际政治理论》，信强译，上海人民出版社 2003 年版，第137 页。

② ［美］温度卡尔·库芭科娃、尼古拉斯·奥鲁夫、保罗·科维特主编：《建构世界中的国际关系》，肖锋译，北京大学出版社 2006 年版，第 125 页。

③ 这两个时期都是中国历史上的转折期。将其列为考察时段，旨在突出：自中国获得独立主权后，是如何以自身的历史逻辑和发展进程来影响世界的，如何利用拥有的资源来牵动世界的，从而说明当今国际关系并非是由某个大国或某些发达国家主导的。中国随着自身独立地位的获得，以及综合实力的不断提高，在国际关系领域越来越发挥着重要作用。中国国家内部发展影响着外交政策选择的条件与过程。同时，这一情形也意味着中国的发展模式在世界上，至少在非洲大陆是得到很强认同的。

意识与国家认同观念的巩固和强化，同时，还面临着为新兴的中国迈向有中国特色的社会主义建设打基础、做铺垫的艰巨任务。党和国家率领全国人民开展建设运动，取得了阶段性的成就。不仅社会良性运行，生产力得到提高，而且政治、经济、文化等都一并得到前所未有的巩固和发展。中国不仅以一个崭新的面貌屹立于东方，而且在外交行为上也展示出了前所未有的信心。由此，可以认为，"成功的革命最终会实现社会系统的价值与环境之间的再度协调，而这是软弱无能或顽固不化的旧制度权威不能实现的"①。中国为此打出"联合世界上一切爱好和平、自由的国家和人民……站在国际和平民主阵营方面，共同反对帝国主义侵略，以保障世界的持久和平"②的口号。

中国的所作所为以及所取得的成就，对于正在进行摆脱殖民统治、争取民族独立解放运动的非洲来说，无疑能够产生较强的积极影响。比如，"自中国获得革命性反抗殖民主义的国家的美誉，加纳、几内亚和马里三个支持用武装力量的西非民族国家就与中国建立了关系"③；"在阿尔及利亚民族解放战争期间，由毛泽东著作所体现的中国革命成功的经验，也给了阿尔及利亚解放军官兵以很大的鼓舞和影响"④。这一切，不得不说明中国革命的胜利和中国政权建设的成就无疑给非洲带来了积极的影响。中国模式的成功经验，致使几乎"每个非洲人都知道，正如别人也懂的那样。没有独立统一，国家就没有权力；没有独立统一，国家就无法生存发展"⑤。

中国在自身取得巨大成就的同时，还以极大的热情和实际行动支持及支援着非洲开展独立解放运动。比如，"从阿尔及利亚的反法斗争，到南非黑人的反种族隔离的斗争，到纳米比亚争取独立的斗争，

---

① ［美］西达·斯考切波：《国家与社会革命：对法国、俄国和中国的比较分析》，何俊志、王学东译，上海世纪出版集团2007年版，第13页。

② 田克勤等：《中国共产党与二十世纪中国社会的变革》，中国党史出版社2004年版，第493页。

③ Michael O. Anda, *International Relations in Contemporary Africa*, University Press of America, Inc., Lanham·New York·Oxford, 1984, p. 216.

④ 爱周昌、沐涛编著：《中非关系史》，华东师范大学出版社1996年版，第234页。

⑤ Godfrey Mwakikagile, *Africa and The West*, Nova Science Publishers, Inc., Huntington, N. Y., 2000, p. 203.

前后几乎半个世纪，中国始终如一站在非洲人民的一边"①。与此同时，"非洲各国人民也在中国人民反对霸权主义和独立中国的图谋中，给予积极支持，在恢复中国在联合国中合法席位等问题上，发挥了重要作用"②。非洲国家承认中国是独立主权国家，台湾是中国不可分割的一部分。毫无疑问，"绝大多数非洲国家恪守一个中国原则，不同台湾发展官方关系和官方往来，支持中国统一大业"③。在中非交往过程中，"和平共处五项原则"成为中国与非洲的行动指南，双方在信念上、认知上、行为上由此取得一致性，其中一方对另一方来说都是一种外源性的支撑力。

中非之间的合作发展意识。1978 年中国改革开放序幕的拉开，使中国与非洲之间的合作发展有了新的可能。1978 年改革开放的启动，使得"中国国内各种体制从旧时的适应革命与战争年代的形态，转向了适合和平与发展年代及经济全球化要求的形态，转向了极具特色和灵活性的政治体制、经济机制、社会形态、文化结构和思想结构"④。这一转变，相应地促成了中国与非洲国家之间战略关系的转型。政治革命不再是中国国内的重点任务，也不再是中国与非洲国家达成共识的核心基础。鉴于中国的客观情况，非洲国家亦从崛起于灾难中的新中国身上获得深刻启示，并由此再次发现了真实的中国。中国所取得的成就为非洲在发展道路上是选择资本主义还是社会主义提供了参照。尽管非洲在 20 世纪后期出现一种社会主义浪潮泛滥的发展奇观，诸如"纳赛尔的阿拉伯社会主义，卡扎菲的伊斯兰社会主义，阿尔及利亚的自管社会主义，布尔吉巴的宪政社会主义，桑戈尔的民主社会主义，恩克鲁玛的村社社会主义，尼雷尔的乌贾玛社会主义"⑤，等等，

① 陶文昭编著：《拒绝霸权：与 2049 年的中国对话》，中国经济出版社 1998 年版，第 385 页。

② 爱周昌、沐涛编著：《中非关系史》，华东师范大学出版社 1996 年版，前言第 6 页。

③ 《中国对非洲政策文件》，2009 年 10 月 4 日（http://www.gov.cn/ztzl/zflt/content_428674.htm）。

④ 王逸舟主编：《中国对外关系转型 30 年》，社会科学文献出版社 2008 年版，导论第 2 页。

⑤ 陶文昭编著：《拒绝霸权：与 2049 年的中国对话》，中国经济出版社 1998 年版，第 385—386 页。

但是，中国在改革开放之后从其实际出发而启动的"有中国特色的社会主义"建设的成就，无疑对非洲在之后发展道路的选择上产生了巨大的鼓舞。

有中国特色社会主义的建设以及非洲发展局势的转变，预示着新一轮中非关系的到来。"20 世纪 90 年代中叶后，非洲国家总的来说，政局趋向稳定，经济也能持续发展，出现了历史上较长一段时期的好形式。特别是非洲国家联合自强、团结合作更有新的发展。非洲的地区性综合政治合作组织历来发展较好，其中有 12 个地域性组织很有生命力，著名的有西非国家经济发展共同体、南部非洲发展共同体、中部非洲国家经济共同体、东非国家经济共同体。2001 年 7 月，在非洲统一组织举行的第 37 届首脑会议上，非洲国家一致同意成立一个新的全非洲组织——非洲联盟，表示在未来一年里将非洲统一组织向非洲联盟过渡。"① 由此可见，非洲国家内部经济一体化进程明显得到了加强。非洲作为一个整体的建设步伐，由此得以加剧。非洲大陆因之具备了一股能与世界其他国家或区域性集团开展合作或进行抗争的内源性力量。毕竟，"非洲人在整个世界中的政治、经济……地位有益于旨在团结一致的意识表达"②。"或许，当代的非洲足以说明当今的国际社会跟以前已完全不一样。"③

中国在 21 世纪能与非洲继续展开合作，客观上，跟非洲自身实力的提升也有一定的关联性。21 世纪中非合作论坛的成功举办，将历久弥新形成的中非共识再一次推向新的时代前沿。"中非合作论坛"的成功举办意味着中国与非洲在交流互动之中，越来越认识到双方只有通过合作发展才能实现双边关系的持久维系，以及实现双方国家之间的共生共赢，并最终为维护世界和平贡献中非智慧或中非方案。在新的历史时空中，合作共赢已成为维系中国与非洲关系持久性的重大命题。一切诚如基欧汉教授分析的那样："如果世界政治经济要存在

---

① 李玉、陆庭恩主编：《中国与周边及"9·11"后的国际局势》，中国社会科学出版社2002 年版，第 427 页。

② Kevin C. Dunn、Timothy M. Shaw, Africa's Challenge to International Relations Theory, Plagrave, 2001, p. 118.

③ Ibid., (Craig N. Murphy, Foreword Africa at the Center of International Relations), p. IX.

下去的话，其中心的政治困境将是在没有霸权的情况下怎样组织各国之间的合作。"①

通过对新时期的中非关系展开剖析，从中能够发现，"国家之间的关系影响它们彼此之间的行动，而国际关系则是由两国的特点决定的。这些特点形成了存在于国家之间相互影响力的性质——目标如何？成功与否？结果如何？"②。在中非关系不断推进的发展进程中，从政治革命到合作发展的生存诉求无疑是凝聚双方的重大环节及关键要素。

二 由传统安全到非传统安全

每个时代都有其相应的社会结构，并由一定的认知理念与行为逻辑来体现及表征。中国与非洲由对传统安全到非传统安全命运关注的行为整合，极大地彰显出了双方内在认知逻辑与外在行为机制在历史进程中的适用性调整及转变。

20 世纪，由于冷战局势的影响，致使国家间"最初纳入'安全'范畴的主要是政治安全和军事安全"③。随着冷战的结束，两极对立世界的瓦解，人们对世界安全观念的认知也相应地发生了转变。这一方面，是由于人们失望于冷战所诉诸的政治、军事战略，另一方面，也缘起于人类所面临的共同新问题的涌现。另外，还有一个重大因素，就是第三世界国家内外政治矛盾的缓解，甚至消除，皆一并使得国家所持有的安全观发生了一定意义的转变。中国与非洲在安全观上同样经历了转变，尤其在进入 21 世纪后较为明显。

传统安全观整合中非行为。中国与非洲都脱胎于殖民主义统治，当获得独立后，所面临的主要任务是对主权的维护。对于攻击独立主权的任何行为，中国与非洲都做出了积极的反击及捍卫。比如，"在 1949 年

---

① 王逸舟主编：《磨合中的建构：中国与国际组织关系的多视角透视》，中国发展出版社 2003 年版，导论第 41 页。

② ［美］布鲁斯·拉西特、哈维·斯塔尔：《世界政治》，王玉珍译，华夏出版社 2001 年版，第 14 页。

③ 王丽娟：《全球化时代国家安全观的演变与中国的新安全观》，《河北学刊》2009 年第 1 期，第 153 页。

中华人民共和国成立及随后的朝鲜战争爆发以后，菲律宾以国家的政治制度和意识形态为界定‘盟友’和‘敌人’的基本标准，十分强烈地将刚刚建立又是近邻的中华人民共和国当做其政治上的主要攻击对象”①。与此同时，国民党反动派亦从不同侧面包抄和威胁着刚刚诞生的新中国，主权挑战与政治安全威胁成为刚刚建立的新中国面临的巨大困境。面对这样的情势，中国国家及人民义无反顾地奋起捍卫独立主权和政治安全。

即便在外交关系的开展上，中国同样以维护独立主权和政治安全为宗旨。1955 年万隆会议上发表的《亚非会议最后公报》，“提出指导国际关系的十项原则，其核心内容便是一年前由中国和印度首先倡导的‘互相尊重主权和领土完整、互不侵犯、互不干涉内政、平等互利、和平共处’五项原则”②。“和平共处五项原则”成为中国与亚非国家在外交关系中，维护独立主权和政治安全必须恪守的基本原则。在这一基本原则的指导下，中国与非洲不仅坚固了反对殖民主义、反对种族歧视、巩固民族独立、增进友好合作和维护世界和平事业的雄心，同时，还在新的国际环境中实现了战略关系的新建及战略互信的塑造。也正是从这一时期开始，甚至在之后的很长时间里，至少在冷战结束之前，中国与非洲对自身安全问题的关注更多的是在政治安全及社会发展安全的层面上展开的。这跟中国与非洲刚从殖民主义统治的深渊中走出有关，同样，也与当时的国际环境有着千丝万缕的联系。

中国与非洲在传统安全上建立合作关系，一定意义上，非洲的国内局势以及国际处境，是促使中国转向非洲，与其合作的一个动力源。非洲在获得独立自主权后，“地区冲突是去殖民化未完成议程的主要内容，但冷战起了火上浇油的作用”③。“冷战期间，超级大国支持的地区性武

---

①　程爱勤：《论独立最初十年（1946.7.4—1956.3.1）菲律宾的南中国海政策》，《东南亚之窗》2007 年第 3 期（总第 6 期），第 12 页。

②　《中国与非洲关系大事记（1949 年—1959 年）》（http：//news. sina. com. cn/c/2006-10-30/150511371288. shtml）。

③　Edited by Sola Akinrinade and Amadu Sesay, *Africa in the Post-Cold War International System*, Pinterl, London and Washington, p. 21.

装的增加，助推了一些不受欢迎的政权的出现，同时扭曲了国民支出。"① 比如，"小规模的军队和轻型的武器涌入了像卢旺达、苏丹、索马里和波斯尼亚－黑塞哥维那这些国家，这不仅煽动了战争，而且还挫败了国际社会禁运武器以及迫使政党尊重人权的努力"②。于是，传统性的安全隐患仍然是非洲最大的发展困境。"民族冲突与内战的不断扩张，流浪者和政治难民持续增加，大规模的流民越过边境，迅速成为后冷战时期最重大的人权与安全问题之一。"③ 鉴于此，国际社会纷纷给予人道主义援助。中国也由此参与到联合国在非洲的维和行动中来。具体地，"自 1990 年以来，中国已经参加联合国在非洲的 12 项维和行动，先后派出 3000 多名维和人员。特别是从 2003 年开始，中国加大了在维和行动上的力度，向联合国在刚果（金）、利比里亚和苏丹的维和行动派出了成建制的非作战部队。目前，有 1273 名中国维和军事人员在非洲参加 7 项维和行动"④。因此，非洲国家内部的政局稳定、军事安全、社会安全等，仍是其发展进程中的重大问题，冲突调控与冲突解决仍是非洲及国际社会面临的重大任务。作为具有一定担当及使命的中国，为此也毫无例外地卷入到对非洲传统安全问题的关注及援助上来。

非传统安全观整合中非行为。一定意义上，在现代化进程中，非洲国家显然没有其他国家那么幸运。非洲国家除了饱受剪不断的传统安全问题困扰之苦外，非传统性的安全问题同样构成了威胁非洲国家稳定发展的潜在或直接因素。比如，"由于人口膨胀、过度垦殖、过度放牧引发的环境恶化在非洲大陆不断蔓延，全球变暖不得不关注非洲日益减少的热带雨林。生物多样性不仅是保护黑犀牛和大象，而且在非洲日益减少的具有医疗价值植物和动物可能会阻碍医学研究"⑤，等等。一系列

---

① Edited by Sola Akinrinade and Amadu Sesay, *Africa in the Post-Cold War International System*, Pinterl, London and Washington, p. 22.

② Ibid. .

③ Ibid. , p. 23.

④ 《蓝天下和平鸽在飞翔：中国驻非洲维和部队官兵》，2009 年 10 月 2 日（http://military.people.com.cn/GB/1076/52983/4947507.html，[更新时间]：2006 年 10 月 23 日 13：59）。

⑤ Edited by Sola Akinrinade and Amadu Sesay, *Africa in the Post-Cold War International System*, Pinter, London and Washington, p. 23.

新的问题，无疑使得非洲不可避免地面临着新的安全威胁。

另外，非洲的其他社会问题也呈现出急速膨胀的态势。如痢疾、埃博拉、艾滋病、其他传染病等持续泛滥。由此，非洲所面临的安全问题，不仅体现在政权、军事、经济等传统领域方面，同时，还体现在生态环境、疾病病疫、恐怖主义、天灾人祸等非传统领域方面。虽然这些非传统性问题是全球性的，是任何一个国家都不可避免地会遭遇到的现代化困境；但是，非洲由于所面临的局势更为错综复杂，以至于当此种非传统性的安全问题出现在非洲身上时，就显得格外突出和严重。鉴于此，与非洲有着外交合作关系的中国，同样没法回避由这些问题引发的牵动。为此，中国在与非洲开展外交关系时，毫无疑问地会将这样的人类共同面临的、在非洲又尤为突出的非传统安全问题，提到重要的外交合作关系日程上来。固然，中国为此已深刻地洞见到："了解与正视人类面临的共同问题，明确每个国家为解决全球性问题所应该担负的责任，并为此加强国际合作，这既是人类社会在新世纪必须承担的艰巨任务，也是铸造新的辉煌，取得新的历史进步的必由之路。"①

中国与非洲对安全问题的关注，随着冷战结束，尤其是进入 21 世纪后，显然突破了传统意义上的概念，非传统安全问题日益转换成为中非新一轮战略互动的焦点。在"中非合作论坛——亚的斯亚贝巴行动计划（2004—2006 年）"中，中非"意识到恐怖主义、小武器走私、贩毒、非法移民、国际经济犯罪、传染性疾病和自然灾害等非传统安全问题日益成为影响国际和地区安全的不确定因素，对国际和地区和平与稳定构成新的挑战"，并"进一步认为非传统安全问题十分复杂，有着深刻的背景，需要综合运用政治、经济、法律和科技等手段，通过开展广泛、有效的国际合作加以应对"，由此，中非双方"决心加强对话，探讨在面对各种新型的非传统安全问题上进行协作，并采取共同行动"。②

---

① 丁诗传主编：《新世纪初期中国的国际战略环境》，四川人民出版社 2001 年版，第128 页。

② 中华人民共和国外交部政策研究司编：《中国外交》，世界知识出版社 2004 年版，第423 页。

在此，全球化于其间扮演了至关重要的推动角色。全球化改变了中国与非洲对安全模式的认识及理解。中国与非洲越来越认识到：共同利益或国际社会的整体利益越来越需要在加强合作、携手努力、共同保护中实现。"诸如恐怖主义、跨国犯罪、环境污染等人类共同面临的安全问题日益尖锐"，这不得不迫使中国与非洲更加坚信："通途的威胁，需要共同应对"① 和齐心解决。

同时，对非传统安全问题的关注，还使得置处于不同角落、秉持不同价值观念的中国人与非洲人从另一个侧面上被整合到统一的认知及行为框架内，并最终建构出一体化的行动实践，模塑成为一个崭新的命运共同体。这样的共同体提供了一个隐藏的镜头，通过它可观察到中非关系的国际化逻辑，以及问题意识的社会化趋势。在未来的发展历程中，中非将一如既往地加强非传统安全的合作，继续"加强情报交流，探讨在打击恐怖主义、小武器走私、贩毒、跨国经济犯罪等非传统安全领域深化合作的有效途径和方式，共同提高应对非传统安全威胁的能力"②。联大会议上原中国国家主席胡锦涛曾呼吁树立以联合国为核心的全球新安全观，无疑再次将中非对非传统安全问题的认识和关注提到了时代前沿。胡锦涛主席"呼吁树立互信、互利、平等、协作的新安全观，把联合国作为国际社会努力打击恐怖主义、解决争端和冲突的'核心'。呼吁安理会改革应优先考虑发展中国家利益，特别是非洲各国的代表席位。提出了建立'和谐世界'的理念"③。同样，习近平总书记也"在联大一般性辩论的讲话中强调，当今世界，各国相互依存、休戚与共，要继承和弘扬联合国宪章宗旨和原则，构建以合作共赢为核心的新型国际关系，打造人类命运共同体"④。这些无不是基于传统和现实而得出

---

① 陈佩尧、夏立平主编：《国际战略纵横》第 1 辑，时事出版社 2005 年版，第 8—9 页。

② 《中国对非洲政策文件》，2009 年 10 月 2 日（http://www.gov.cn/ztzl/zflt/content_428674.htm）。

③ 《胡锦涛在联大呼吁树立新安全观和和谐世界理念》，2009 年 10 月 2 日（http://www.huaxia.com/zt/tbgz/05-072/514658.html）。

④ 《代表时代发展趋势，体现世界追求目标——国际社会高度评价习近平主席在联合国系列峰会提出的政策主张》，2017 年 10 月 26 日（http://news.xinhuanet.com/world/2015-09/29/c_1116716389.htm）。

的客观结论，同时，也是超越传统和现实的战略共识。

总之，中国与非洲的特殊历史背景及发展条件，决定了双方在很长时间里都将注意力放在了主权、政权、政局等安全问题上。在人类历史进程中，由于共同面临的一些问题，诚如环境生态、恐怖主义、经济金融、文化信息、能源粮食、公共卫生等的出现，使得中国与非洲不可避免地面临着新的安全威胁。中国与非洲的发展同西方的发展相比较而言，显然是要在较短的时间内实现。在前行过程中，许多问题如传统安全与非传统安全这样的问题虽然都是属于一定阶段性的产物，是与一定的社会发展阶段息息相关的，彰显出了一定的阶段性发展特质，但是，这些传统性与非传统性的问题总体上看来还是集中到了一起。这样的情形，由此加重了中非在发展过程中应对问题的难度。但其间不可否认的是"非传统安全超越了传统安全观，具有重大的价值"① 性。正是借助于非传统安全问题，中国与非洲在新的时空中的外交合作关系从而得以极大提升，双方之间的互惠性合作发展关系由此而滋生出了新的战略内涵。

三　由单一外交到多元外交

在传统国际关系或国际政治领域，民族国家的政府往往是国家涉外关系的核心力量，甚至是唯一力量。这是因为"国家通常控制领土和该领土上的人民，垄断了在该领土上使用军事力量的权利。在大多数情况下，国家仍然是决定战争与和平，决定分配收益和资源的最重要的唯一行为者"②。所以，民族国家的政府成为外交关系中的重大角色是理所当然的。但是，随着全球化进程的不断推进与世界局势的转变，民族国家政府之外的其他行为体也在沟通国家间关系上产生了很大的影响。伴随这一过程同时出现的是：国家间的外交行为内容以及行为方式也相应地突破了传统意义上的单一内涵而呈现出多元化、多维化及丰富化的特点。

---

① 杨宝东：《非传统安全的价值与维度》，《理论导刊》2005 年第 4 期，第 71 页。
② ［美］布鲁斯·拉西特、哈维·斯塔尔：《世界政治》，王玉珍译，华夏出版社 2001 年版，第 15 页。

中国与非洲作为构成国际体系的重要组成部分，同样经历了这一进程。中国与非洲获得独立主权后，双方政府之间的政治沟通是两国建构对外关系的核心。随着全球化进程的到来，尤其是进入21世纪以后，中国与非洲除了继续加强和巩固政府间政治往来关系的建构外，还极大地推动了非国家行为体之间社会往来关系的建构。这一转变同上文中提到的中国与非洲之间由政治革命到合作发展、由传统安全到非传统安全战略关系的转变相关。最终呈现出的态势是，中国与非洲国家之间的外交关系突破了单一格局，"国家"或"政府"的角色在中非关系中的核心地位继续保持，但也由此滋生出了其他行为体的参与和贡献。行为体多元化、行为内容多样化、行为方式丰富化成为了新时空中中非关系的新特征。

行为体多元化。中国与非洲之间除了保持国家、政府、官员之间的不断往来外，还继续扩展了民间社会群体交往的范畴。自新中国成立及非洲国家获得独立以来，青年团体、妇女团体、志愿者团体、艺术团体、各类企业等一直是中非关系得以持续推进的另一种动力源泉。近年来，"双方政府继续重视并积极引导民间扩大交往，推动双方人民之间增加理解、信任与合作"，并"决心继续鼓励民间交往，加深双方的传统友谊"。[①]比如，"中国倡议于2004年在中国举办'中非青年联欢节'，以建立中非青年组织的集体对话与合作渠道，促进青年组织合作和交流，为中非世代奠定基础。非洲国家积极响应中国的倡议，愿积极推动本国青年组织、政治家以及企业代表参与此项活动"[②]。在最近几年里，非政府组织越来越成为拉动中非关系的新的增长点。中国政府极力促成非政府组织在构建中非关系上的积极作用及价值。具体表现在："一是更为积极地关注和支持非洲本地非政府组织的发展，在减灾、救灾领域对它们提供培训和技术指导，并加大人员交流。二是鼓励和引导中国的非政府组织更多地走出国门、走进非洲，加大同国际非政府组织和非洲的非政府组织之间的联系、对话与合作，并且在人道主义救援、

---

① 中华人民共和国外交部政策研究司编：《中国外交》，世界知识出版社2004年版，第429—430页。

② 同上。

经济社会重建等领域加强合作，积极支持非洲大陆的和平与发展。"①
在《中国对非洲政策文件》中，中国政府明确表示，将不断"鼓励并
积极引导中非民间团体交往，特别是加强青年、妇女的交流，增进双方
人民之间的理解、信任与合作。鼓励并引导志愿者赴非洲国家服务"②。
由此可见，中国民间团体纷纷以其职业专长踊跃参与到中非关系的建构
进程中来。比如，2008 年 3 月由"达之路国际控股集团有限公司"主
办的"第一届达之路非洲投资高峰论坛在中国上海国际会议中心成功举
行，包括埃及、尼日利亚、博茨瓦纳、纳米比亚、津巴布韦等在内的十
八个非洲国家的政府和企业代表团参加了此次论坛，500 多位中国企业
家、30 多个投资项目达成了初步的投资意向"③。2009 达之路非洲投资
高峰论坛继续在上海召开，"来自埃及、尼日利亚、博茨瓦纳、纳米比
亚、津巴布韦、阿尔及利亚等近 40 个非洲国家的政府代表团和阿拉伯
联盟、非洲开发银行的代表，以及中方政府官员、企业家和专家学者等
共计划 500 余人出席了论坛"④，再次达成了一些新的投资项目。由此，
企业在促进中非新一轮关系的建构上无疑发挥了建设性的功效。总之，
随着时代的发展，中国与非洲关系的建构已超越了传统意义上政府间的
范畴，民间团体在新一轮中非关系的建构上越来越发挥着不可忽视的
影响。

行为内容多样化。中非交往的内容发生了由原来的单一化向多样
化的转变。传统意义上的中非关系更多的是局限于政治层面关系的建
构上。进入新的时期，即便在政治层面的关系建构上也呈现出多元化
倾向。除了高层交往，如中非领导人的互访、对话和沟通外，中非之
间还有立法机构交往（如中国全国人民代表大会与非洲各国议会及泛
非议会的沟通、合作等）、政党交往（中国共产党及其他党派与非洲

① 《非政府组织在非洲冲突管理中的角色分析》2009 年 10 月 4 日（http：//
www. lw23. com/paper_ 211141_ 12）。

② 《中国对非洲政策文件》，2009 年 10 月 2 日（http：//www. gov. cn/ztzl/zflt/content_
428674. htm）。

③ 《2008 年达之路非洲投资高峰论坛》，Mar. 3 - 4 2008. SHANGHAI CHINA.

④ 《2009 达之路非洲投资高峰论坛闭幕》2009 年 10 月 5 日，人民网（http：//
world. people. com. cn/GB/41214/10143019. html）。

各国友好政党和政治组织开展各种形式的交往）、磋商机制（中国与非洲国家之间的国家双边委员会、外交部政治磋商、经贸合作联合委员会、科技混委会等对话和磋商）、国际事务合作（中非在国际事务中的团结合作，共同致力于加强联合国的作用，维护《联合国宪章》的宗旨和原则，建立公正合理、平等互利的国际政治经济新秩序，推进国际关系的民主化和法治化，维护发展中国家的合法权益）、地方政府交往（双方建立友好省州或友好城市），等等。除了政治层面的关系建构外，中非之间还在其他领域展开对话合作。在经济方面，除了继续维持几千年来的贸易往来关系外，中非之间还在投资、金融合作、农业合作、基础设施建设、资源合作、旅游合作、减免债务、经济援助、多边合作等领域建立关系。另外，在教、科、文、卫和社会方面，中国与非洲展开了针对人力资源开发和教育合作、科技合作、文化交流、医疗卫生合作、新闻合作、领事合作、环保合作、减灾、救灾和人道主义援助等实践行动；在和平与安全方面，中国与非洲在军事合作、冲突解决及维和行动、司法和警务合作、非传统安全等加强合作；① 区域性合作方面，"中国将在中非合作论坛框架下采取具体措施，在基础设施建设、传染病（艾滋病、疟疾和肺结核等）防治、人力资源开发和农业等 NEPAD 确定的优先领域，加强与非洲国家和非洲区域、次区域的组织的合作"②。可见，中非交往的行为内容日益呈现出多元化内容并置的特点。

行为方式丰富化。中国与非洲国家关系的建构除了高层互访、首脑会议等方式外，还包括了技术援助、教育培训、研讨会、论坛、展览会、艺术演出等方式。比如，技术援助方面：在"非洲国家独立不久，新中国还是关心比自己还要落后的非洲国家。在非洲许多地方，至今还可以看到当年中国建设者留下的足迹。不仅有许多工厂，还有许多体育

---

① 《中国对非洲政策文件》，2009 年 10 月 2 日（http：//www. gov. cn/ztzl/zflt/content_428674. htm）。

② 中华人民共和国外交部政策研究司编：《中国外交》，世界知识出版社 2004 年版，第 425 页。

馆所。在撒哈拉沙漠，留下过中国医务人员的足迹。在多哥，中国农技人员指导播种水稻"①；教育培训方面：2003 年，"中方后续行动委员会秘书处组织专家赴马达加斯加、肯尼亚、喀麦隆、马里、埃塞俄比亚等国举办疟疾防治、玉米种植、太阳能使用等实用技术培训班，开创专家赴非授课、分地区办班的新形势"②。2004 年 1—11 月，"中国为非洲国家举行各种培训项目 100 余个，对 48 个非洲国家的 2126 名人员进行了培训"③；论坛方面："2000 年 10 月 10—12 日，中非合作论坛第一届部长级会议在北京举行，中国和 44 个非洲国家的 80 余名部长、17 个国际和地区组织的代表，及部分中非企业界人士出席会议"，"2003 年 12 月 15—16 日，中非合作论坛第二届部长级会议在埃塞俄比亚首都亚的斯亚贝巴举行，中国和 44 个非洲国家的 70 多名部长及部分国际和地区组织的代表参加会议"，"2006 年 11 月 3 日，中非合作论坛第三届部长级会议在北京召开，为北京峰会召开作最后的准备。中国和 48 个非洲国家的外交部长、负责国际经济合作事务的部长和代表出席了会议，24 个国际和地区组织的代表作为观察员列席了会议开幕式"；④ 研讨会方面：2003 年"秘书处还委托中国人民银行在北京联合举办'中非经济改革与发展战略高级研讨会'"⑤；展览会方面：2003 年"12 月 15—16 日，论坛第二届部长级会议在亚的斯亚贝巴成功召开，……会议期间还举行了'中非企业家大会'、'中非友好合作成果展'和'中非合作论坛纪念雕塑'揭幕仪式"⑥；艺术演出方面：2004 年举办了"'相约北京—非洲主题年'国际艺术节和'中非青年联欢节'"，中国"到 11 个

---

① 陶文昭编著：《拒绝霸权：与 2049 年的中国对话》，中国经济出版社 1998 年版，第 387 页。

② 中华人民共和国外交部政策研究司编：《中国外交》，世界知识出版社 2004 年版，第 34 页。

③ 同上书，第 34—35 页。

④ 《中非合作论坛年鉴》，2009 年 10 月 2 日（http：//www.fmprc.gov.cn/zflt/chn/ltda/ltjj/t584467.htm）。

⑤ 中华人民共和国外交部政策研究司编：《中国外交》，世界知识出版社 2004 年版，第 34—35 页。

⑥ 同上。

非洲国家举办'中华文化非洲行'巡回演出活动"。① 总之，随着历史的不断前行，中非交往的行为方式将得到不断丰富，这对于推进中非关系继续朝着纵深方向和全方位迈进，无疑具有举足轻重的时代价值和现实意义。

由上，中国与非洲之间由单一外交行为到多元外交行为的转变，显示出了双方关系的建构正在超越国际关系意义层面而朝着社会关系意义方向迈进。各种各样的行为体、行为内容及行为方式日益成为中非之间社会关系建构的载体和媒介。

综上所述，自新中国成立以来，中非之间的关系并非是互相排斥的，而是相互补充的。其间，"允许国家之间彼此互动的国际环境""国家拥有足够的能从事某些活动的资源"与"决策者清楚互动的范围，以及它们可以运用的能力的限度"，② 是中国与非洲能够进行战略互构的机会和条件。中国与非洲"彼此之间相近的意识形态观念"③，以及对共生共荣发展愿景的追逐，是凝固双方认识及行为的强大纽带。"反帝、革命""和平与发展"④ 是贯穿其中的重大主题。随着中非交往频率的日益加剧以及各种成果的不断获得，其交往质量和信心都在呈现出与日俱增的趋势。在整个过程中，中国与非洲既以国家（即主权）行为体的身份，同时又以具有国际性质的非国家（即非主权）行为体的角色，互构着彼此之间的战略互惠性关系。中非关系既是国际体系框架内的战略外交，同时，也是国际关系社会化的新亮点，双方之间所形成的跨国性交往合作关系，越来越成为塑造现代历史的崭新动力。

---

① 中华人民共和国外交部政策研究司编：《中国外交》，世界知识出版社 2005 年版，第 34—35 页。

② ［美］布鲁斯·拉西特、哈维·斯塔尔：《世界政治》，王玉珍译，华夏出版社 2001 年版，第 18—19 页。

③ Michael O. Anda, *International Relations in Contemporary Africa*, University Press of America, Inc., Lanham · New York · Oxford, 1984, p. 216.

④ 谢益显主编：《中国当代外交史（1949—2001）》，中国青年出版社 1997 年版，导言第 9—10 页。

第二节 推己及人

人类社会，因群体生存或对共同体命运维护的需要，一直对公共秩序存在着某种诉求。进入近现代，民族国家的建立使得对这种诉求的呼吁和巩固上升到了新的高度。而政党，作为重要的行为主体，则升华了这一高度，并将这样的高度兑现成为了现实。

随着马克思主义的诞生，以及当社会主义建设成为国家建设的重要内容后，社会集体生活及共同体利益，得到了一定程度的维护及维持。中国共产党顺应历史潮流，在丰富政党内涵、积累共产主义的物质和文化基础及推动人类走向解放和自由的同时，也改变了中国历时以来的松散局面，同时还提供了维护国家生存发展、优化集体生活，以及打造共同体利益格局的总体方向，最终开创了当代国际政治局势的新风尚。在革命实践中成长起来的中国共产党人，则是推进和承载这一切的重要践履者。

通过对建党以来中国共产党人，尤其是中央核心领导人的对非战略展开探讨，能够彰显出党的精神被行为体内化后不仅使其成为一种可界定的思想网络，而且也丰富了当代国际政治的内涵，更为重要的是，还为中国国家建设和发展确立起了经久不衰的智慧和精髓。鉴于当前中央核心领导集体对非洲所展开的外交战略，能够充分彰显出当今的国际关系愈来愈成为人们有意识、有目的地克服负面影响而做出建设性努力的总和，越来越成为国家根据国内外局势主动地采取组合、维持、选择或轮替目标等综合性措施的行动大集结的折射。

一 国际形势下的中国共产党

政党是历史发展的产物。政党也是国家命运转折的工具。没有政党，社会发展就会散漫无序，政策就会杂乱无章，国家在国际舞台上就难以形成整体形象和集体话语，遭遇着难以收拾的一盘散沙的局面。国家治理需要政党，国际政治建设需要以政党表征的国家行为体持续塑造出基于独立主权的平等原则，以确立起当代所呼吁的世界史。作为一种具有严密性的组织，一直以来，政党除了以可能的方式争取政权和相应的地位外，还在影响政府政策，尤其是外交政策上发挥着巨大的影响。当今的国际政治，更是政党政治的浓缩和体现。

政治实践源于现实之需。在时代更替变迁中，新的组织形式，尤其是政治组织形式，比如政党，就能够以补充、改造或代替旧的组织形式的方式，而在强化社会配套程度及深化社会结构本质上产生作用和效率。

历史上，中国几千年来的封建统治在模塑出一定社会格局和发展秩序的同时，也因此造就了广大民众在农耕文明基础上缺乏政治感觉力与组织力的事实。进入 19 世纪，随着资本主义工业化大生产对中国侵蚀的不断加剧，这一缺失具有的弊端日益暴露出来。

19 世纪，帝国主义对中国开展对外贸易的要求，最终演变成为了以武力相加的"炮舰政策"及侵略行动。中国因此在丧失独立主权的同时，失去一切。但是，中国对此并非无动于衷，而是采取系列行动以作回击。"于是戊戌变法运动、君主立宪运动、辛亥革命运动渐次发生，这便是人民对于政治上感觉力与组织力，渐次发展的明证。"① 然而，事实上，"由于它们本身的阶级局限性都失败了。中国革命的发展，在客观上就需求有一个新的阶级担负起领导中国革命的重任"②，从而改变中国面临的客观处境，特别是要改变在应对帝国主义侵略时组织匮乏、整合乏力、散沙一盘的局面。

中国共产党的成立，预示着中国历史以来组织性涣散的局面终将被打破，还预示着如何建立国家信仰、改造国家发展格局和确立政治行动范围等方面终将有所突破。与此同时，中国共产党人自此往后能够将党的先进思想、理念及实践表达出来，并在制度和常规的创建上发挥着先锋模范作用，最终做出影响国际政治经济的日常决定，打造出有中国特色社会主义的发展模式，并向世界贡献着中国智慧及中国方案。

---

① 中央档案馆编：《中共中央文件选集（一九二一——一九二五）》（第一册），中共中央党校出版社 1989 年版，第 33 页。

② 胡之信主编：《中国共产党统一战线史（1921—1987）》，华夏出版社 1988 年版，第 1—2 页。

一开始，中国共产党人就以内化的方式，将自身成功地融入到国家建设的集体目标之中。由于国际局势持续冲击所产生的压力，使得中国共产党人不得不面对现实，将革命与建设主题转换成为了自发自觉的行动，以利于更好地推动中国国家迈向新生。

中国共产党成立伊始，就明确确立了其中心任务："'组织工人阶级，领导工人运动'，依靠工人阶级和革命群众去实现党纲规定的奋斗目标。"① 团结和争取广大同盟军，在公众与政府之间建立起桥梁，最终促使中华民族走上自由、民主、富强、文明的道路。

1949 年，新中国的建立，标志着无产阶级先锋队——中国共产党，在民主政治建设上取得的巨大成就，政党认同与国家认同之间由此产生关联效应。中国共产党由此开始对国家实施总的政治思想指导和组织领导，开始引领中华民族迈上社会主义政治文明建设的新征途。

总体上，中国共产党自成立之日起，就将某种超越时间、地域、民族或国度的要素纳入到价值观念及行为实践的范畴之内。中国共产党基于中国的客观现实，走上了历史舞台，将社会主义政治文明建设推向历史高潮，一定意义地颠覆了近现代国际体系以西方为中心的事实。进入新的时空，中国共产党以提高党建科学化水平的方式，根据自身的能力、素质、品性彰显出强烈的信任感和责任心，全方位地营造出了大国风范的承诺、底线、道德和信用环境，塑造出了中国政党坚定务实的形象。而在实践中成长起来的中国共产党人，则始终将党性原则与信念体系紧密结合，在不同阶段坚守着相应的时代发展主题，从而与世界，尤其像非洲这样的国度，建构出较少层面的不是物质性的，而是主体间性和社会性的互动性平等关系。当今的中国，正日益获得与日俱增的国际影响力，无疑与这一切有着极为紧密的关联性。

二 开创时期：主权与身份

在人类历史上，20 世纪是一个剥夺主权与争取主权产生交锋最为严峻的世纪。帝国主义对非西方的主权剥夺与非西方对独立主权的抗

---

① 胡之信主编：《中国共产党统一战线史（1921—1987）》，华夏出版社 1988 年版，第 2 页。

争，几乎达到了同样的热度和高度。国家的主权发展史，在这一个世纪中，经历了最为戏剧性的冲撞及变革。

近现代，西方国家为疯狂追求资本及原材料，而不顾其他国家或民族的死活，将侵略触角伸及非西方国家。结果不仅造成了非西方国家资源严重耗竭、人口极度贫困的事实，而且还使得国家独立主权的神圣性遭到了最为致命的颠覆。进入 20 世纪，非西方国家发起了反抗侵略的战斗，最终获得了独立主权，了结了这段横亘于国家发展史进程中的尴尬。

中国共产党的成立及其领导下新中国的建立，无疑为 20 世纪国际政治的建设性发展注入了新的动力及活力。

中国共产党的成立及新中国的建立，意味着某种意义上的具有中国特色的国家建设逻辑的问世。中国因此确立起了一套基于中国现实、体现中国原则及价值认知的内部建设机制及国际交往准则。然而，复杂的国际环境以及其他反动势力的干扰和破坏，却给中国共产党领导下的新中国的建设和发展，以及其对外关系的确立和开展蒙上了阴影，以至于中国在选择、制定和调整国内政策及国际战略上面临着极大的难度。面对此番情形，作为体现党的路线方针政策并在政权机关内部担任公职的中国共产党人，尤其是中央核心领导人，则义无反顾地以高度的责任感和使命感，根据对国内及国际局势做出的准确判断，从而拟定出了有效的内外发展战略，并以真实的行动践履着这些发展战略，最终改变了中国的现况并影响了国际社会的发展进程。其中，在对外关系上，对非洲的影响就较为典型。

在此，中国之所以能够对非洲产生影响，诚然是建立在中国共产党成立与新中国建立的基础之上，才具有可能性及必然性的。同时，也正是在非洲获得独立主权的前提下，中国与非洲之间的交往才具有现实性及价值性的。也就是说，在中国共产党没取得执政地位及新中国没有建立之前，中国不存在基于独立主权而开展的外交关系，那么，对其他国家或主权国家的影响，显然基本是有限的，或缺失的；同样，在非洲没有获得独立主权地位之前，非洲与任何国家的关系就不会是国家间的主体性关系，那么，非洲要与其他国家之间产生交流互动基本是不可能之事，更枉谈影响或影响力的存在。但是，中国共产党自取得执政权之日起，所倡导及力主的战略理念及行为实践具有的国际性价值及社会性影响力却是不容置疑的。

1921年，中国共产党成立后，就对中国的未来命运展开考察和探索。同时，把对中国命运的认识推及与自身有着相同处境的非洲国家身上，并由此在跨文化语境中塑造和增强了中国与非洲之间对相似历史遭遇及现实诉求的一致性认识。这无疑为之后中国与非洲国家之间合作行动、共享发展战略的开展做出了重要的铺垫。

作为在革命实践中成长起来的中国共产党人，通过准确分析国际局势，掌握国际动态，集合思想，洞察现实，号召中华民族为争取独立自主而奋斗，并最终以具体的奋斗行动收获了相应的果实。

1945年4月，毛泽东同志对国际形势做出了科学的预判："和中外反动派的预料相反，法西斯侵略势力是一定要被打倒的，人民民主势力是一定要胜利的。世界将走向进步，绝不是走向反动。"[1] 鉴于此，"中国共产党的外交政策的基本原则，是在彻底打倒日本侵略者，保持世界和平，互相尊重国家的独立和平等地位，互相增进国家和人民的利益及友谊这些基础之上，同各国建立并巩固邦交，解决一切相互关系问题"[2]，并始终坚持"把五项原则推广到所有国家的关系中去"[3]。

1947年12月，针对帝国主义正在集合反动势力组成帝国主义和反民主阵营，毛泽东号召全世界民主力量联合起来，并向全世界民主力量发出强烈的呼吁："只要大家努力，一定能够打败帝国主义的奴役计划……推翻一切反动派的统治，争取人类永久和平的胜利。"[4] 1948年11月，毛泽东还呼吁"全世界革命力量团结起来，反对帝国主义的侵略"，对于帝国主义的真实嘴脸，毛泽东一针见血地指出："帝国主义的基础是虚弱的，其内部分崩离析，又有无法解脱的经济危机，因此，

---

① 中共中央文献室编：《毛泽东外交文选》，世界知识出版社1994年版，第41页。

② 同上书，第43页。

③ 同上书，第165页。

④ 卫林等编：《第二次世界大战后国际关系大事记（1945—1986）》（增订本），中国社会科学出版社1991年版，第38页。

它是能够被战胜的。"① 毛泽东同志这一高屋建瓴的战略性预判，显然能够起到坚定全世界无产阶级革命者推翻帝国主义及其他压迫势力信心的作用，产生了将第三世界凝聚为一体的强烈效应。对此，处于水深火热之中的非洲何尝不能从中备受鼓舞和鞭策呢！

新中国的成立，标志着"中国人民经过 109 年前仆后继的英勇斗争……最终选择了中国共产党和社会主义制度，掌握了自己的命运。拥有世界人口 1/5 的中国的崛起已经对世界的格局发生了深远的影响"②。在外交上，毛泽东同志代表中华人民共和国中央人民政府向世界宣布："本政府为代表中华人民共和国全国人民的唯一合法政府。凡愿遵守平等、互利及互相尊重主权等原则的任何外国政府，本政府均愿与之建立外交关系"③，并愿意"和一切兄弟国家团结一致，继续努力同世界上一切兄弟党、人民革命政党和广大人民群众团结一致……以有利于世界的持久和平，也就有利于我国的建设"④。在具体实践行动中，"毛泽东亲自领导了新中国的重大的外交活动……一个主题就是维护新中国的独立主权地位，逐渐恢复中国在国际社会中作为一个世界大国的地位和作用"⑤。由此可见，1949 年新中国的成立，能够促使非洲国家更加坚信争取独立主权的可行性及必然性。而中国基于独立主权地位所开展的互惠性外交同样能够鼓舞非洲国家决胜的信念。

1954 年 5 月，毛泽东同志代表中国人民表达了鲜明的立场和态度："完全支持南非的非白色人民（包括印度人及其他亚、非人民）争取民主权利、反抗种族歧视和压迫的正义主张"，完全支持南非人民在"争取和平、自由、民主与进步的事业中获得成功"⑥。毛泽东同志还指出，

---

① 卫林等编：《第二次世界大战后国际关系大事记（1945—1986）》（增订本），中国社会科学出版社 1991 年版，第 54 页。

② 许明主编：《关键时刻——当代中国亟待解决的 27 个问题》，今日中国出版社 1997 年版，第 1—2 页。

③ 中共中央文献室编：《毛泽东外交文选》，世界知识出版社 1994 年版，第 116 页。

④ 同上书，第 245—246 页。

⑤ 叶自成：《中国大战略：中国成为世界大国的主要问题及战略选择》，中国社会科学出版社 2003 年版，第 21 页。

⑥ 中共中央文献室编：《毛泽东外交文选》，世界知识出版社 1994 年版，第 157 页。

"自从埃及事件以来，殖民主义和反殖民主义的界限更加分明了……现在亚非国家都在争取独立，发展自己的经济和文化，连拉丁美洲也受到了影响"①。国际局势确实不错，环境氛围无疑正在朝着有利于非洲更好地推进独立解放运动的方向倾斜，但是，毛泽东同志也由此而深刻地洞见到："整个非洲的斗争还是长期的。……要准备长期斗争。……要依靠非洲人解放非洲。非洲的事情非洲人自己办，依靠非洲人自己的力量。"②确实，"非洲是斗争的前线。……帝国主义为非洲人民创造了斗争条件，创造了埋葬帝国主义的条件，创造了非洲人民独立自主的条件"③。以几内亚为例可发现：几内亚的整个独立解放运动过程，无疑就能够较好地"说明革命必须依靠群众，得到广大人民群众的支持，才能有正确的路线，才能胜利。几内亚民主党就是一个联系群众的政党，杜尔总统是联系群众的领袖。……几内亚民主党及其他革命政党作为团结、宣传的核心，人民群众觉悟就会逐渐提高"④。

在整个独立解放运动中，非洲及非洲人民无疑做出了积极的努力。然而，在现实中，"无论过去、现在和将来，帝国主义和反对派总是要千方百计地阻挠和破坏非洲各国人民的独立和进步的事业。事实已经证明，而且还将继续证明：帝国主义和反动派的疯狂反扑只会使各国人民更加提高警惕，更加坚定地为反对帝国主义和新老殖民主义，为维护民族独立和争取自己国家的繁荣进步而斗争"⑤。毛泽东的这些认识显然是基于国际社会革命现实而得出的。这些认识，能够有利于更好地认识非洲的现实。而毛泽东同志之所以能够得出这样的认识，显然跟中国的革命实践及国家建设进程，有着息息相关性。由此可以认为，设若没有中国的革命现实，也就很难预见非洲的未来前景。

周恩来同志也进一步提升了对非洲国家的认识。1955年4月，周恩来同志指出："亚非绝大多数国家和人民自近代以来都曾经受过、并

---

① 中共中央文献室编：《毛泽东外交文选》，世界知识出版社1994年版，第242—243页。

② 同上书，第369—370页。

③ 同上书，第463—465页。

④ 中共中央文献室编：《毛泽东外交文选》，世界知识出版社1994年版，第466页。

⑤ 李同成主编：《中外建交秘闻》，山西人民出版社2003年版，第159页。

且现在仍在受着殖民主义所造成的灾难和痛苦"①，亚非国家需要"从解除殖民主义痛苦和灾难中找共同基础……就很容易了解和尊重、互相同情和支持"②。以至于使得"反对殖民主义、维护民族独立的亚非国家更加珍视自己的民族权利。国家不分大小强弱，在国际关系中都应该享有平等的权利，它们的主权和领土完整都应该得到尊重，而不应受到侵犯"③。与此相随的是，中国还做出了"全力支持亚非各国人民争取民族独立和维护主权与领土完整的正义斗争……促进亚非国家的友好与合作"④ 的决定。毕竟，"亚洲和非洲人民之间存在着兄弟的友谊、战斗的友谊、革命的友谊"⑤。

经过长期的独立解放运动及不屈不挠的斗争，"越来越多的亚非国家摆脱了或正在摆脱着殖民主义的束缚……经过长期的努力，已经把……命运掌握在自己手中"⑥。但是，"要把非洲民族民主革命贯彻到底，还需要解决三个问题：第一，建立民族自卫武装。殖民者培植自己的军队，并加以控制。本地人只能当兵，军官都为殖民者所掌握。……因此要保卫独立，必须有自己的武装……第二，粉碎旧的国家机器，建立民族的国家机器。一些国家虽然独立了，但国家机器仍在殖民者手中……第三，继承和发展民族文化。除埃及古老文化外，非洲一般的民族的文化比亚洲的文化更落后"⑦。

总体上，"在万隆会议以后，非洲各国人民的民族自觉性空前提高，都要求站起来……万隆会议在整个非洲的影响却很深"⑧。"非洲人民……认为亚洲比非洲先走一步，在维护民族独立、发展民族经济和文

① 徐学初编：《世纪档案：影响 20 世纪世界历史进程的 100 篇文献》，中国文史出版社 1996 年版，第 295 页。

② 同上书，第 295 页。

③ 崔奇主编：《周恩来政论选》下册，人民日报出版社 1993 年版，第 760 页。

④ 卫林等编：《第二次世界大战后国际关系大事记（1945—1986）》（增订本），中国社会科学出版社 1991 年版，第 166 页。

⑤ 崔奇主编：《周恩来政论选》下册，人民日报出版社 1993 年版，第 902 页。

⑥ 同上书，第 757 页。

⑦ 同上书，第 907—908 页。

⑧ 同上书，第 902 页。

化、增强自卫能力等方面，亚洲是他们的榜样。"① 鉴于亚洲独立解放运动取得的胜利，其中，包括中国的胜利，对非洲等国来说，无疑是典范，更是力量。

　　鉴于国际形势的变化，以毛泽东同志为首的中央核心领导集体又根据当时世界各种政治力量急剧分化和改组的情形，于 1974 年 2 月在与赞比亚总统卡翁达谈话时提出了关于"三个世界"的划分。1974 年 4 月，邓小平同志在联合国第六届特别会议上全面阐述了毛泽东同志关于"三个世界"的理论。从而模塑出了中国与广大新兴独立主权国家的共享角色及身份。邓小平同志指出："从国际关系的变化上看，现在的世界实际上存在着互相联系又互相矛盾着的三个方面、三个世界。美国、苏联是第一世界。亚非拉发展中国家和其他地区的发展中国家，是第三世界，处于这两者之间的发达国家是第二世界。"② 一直以来，"两大超级大国为自己设置了对立面……激起了第三世界和全世界人民的强烈反抗……无数事实说明……真正有力量的不是一两个超级大国，而是团结起来敢于斗争、敢于胜利的第三世界和各国人民"③。其中，"几内亚（比绍）共和国在武装斗争的烈火中光荣诞生。莫三鼻给、安哥拉、津巴布韦、纳米比亚和阿扎尼亚人民反对葡萄牙殖民统治和南非、南罗白人种族主义的武装斗争和群众运动蓬勃发展"④ 的现实，就是力证。邓小平同志关于"第三世界"的精辟阐述，显然揭露出了新兴国家价值理念要素的跨国性汇聚，巩固了"第三世界"既得价值免于威胁的成果，推动了国家独立主权功能的完善及健全，创建了某种意义上的国际体系及国际政治秩序，从而使得中国与世界各国，尤其像非洲这样的国度在未来的合作发展战略上预设性地确立起了共享性的角色及身份。

---

① 崔奇主编：《周恩来政论选》下册，人民日报出版社 1993 年版，第 902 页。
② 徐学初编：《世纪档案：影响 20 世纪世界历史进程的 100 篇文献》，中国文史出版社 1996 年版，第 458 页。
③ 同上书，第 460—461 页。
④ 同上书，第 460 页。

总体上，以毛泽东同志为首的老一辈无产阶级革命家，不仅为新中国"创建了一个党，一支军队，并在农村革命根据地取得了群众的支持①，而且还凝练出了中国共产党领导下的新中国走向独立自主、发展自强的理论体系及行动机制，最终以推"己"及"人"逻辑方式为世界，尤其像为非洲这样的大陆，提供了可资借鉴的发展参照。这一切，既是内生于中非国家之间结构性互动的逻辑体现，也是国际局势外嵌的必然结果，更是中非国家相互选择、彼此理解和支持的价值表述。

三　转型时期：和平与发展

国家战略总是根植于现实之需的。当国家获得独立主权并在政权建设上取得一定成效后，战略重点将随之转移。

十一届三中全会之后，中国改革开放序幕的拉开，预示着中国进入到了新的历史发展时期。和平与发展，由之被置换成为了中国在新时期的新的战略主题。

某种意义地看，作为个体的共产党人的个性特征会部分地影响着采取什么样的决策、做出如何具体的行动的决定，毕竟，"社会结构就其本身来说不能成为全方位解读认同的基础。行为体及其行为也是必须考虑的因素"②。但是，复杂的国际环境却使得共产党人在做出决策及行动时，势必以理性行为体的角色整合国家意志，以代表中国共产党集体目标的方式在不受制于国际体系的情况下推动着国家认同或国际秩序的模塑。

亚非国家的独立，意味着某种类型的国家团体身份（如"第三世界""发展中国家""社会主义国家"等说法）的获得。这样的团体身份"共性造就了普遍的'国家利益'……这些利益产生于团体身份"③。

---

① ［美］费正清：《中国：传统与变迁》，张沛译，世界知识出版社2002年版，第590页。

② ［美］温都卡尔·库芭科娃等主编：《建构世界中的国际关系》，肖锋译，北京大学出版社2006年版，第126页。

③ ［美］亚历山大·温特：《国际政治的社会理论》，秦亚青译，上海人民出版社2000年版，第292页。

这样的普遍利益的产生，显然又是"国家之间经常在其所处的环境上具有共识（诸如：这一环境是'冷战'、'缓和'或'世界新秩序'）"①发挥其作用及价值的体现。

一直以来，中国共产党始终"依靠本国革命力量和人民群众的努力，使马克思列宁主义的普遍原理同本国革命的具体实践相结合……找出适合我国情况的前进道路"②。十一届三中全会以后，随着"以阶级斗争为纲"到"以经济建设为中心"的国家建设主题的转移，中国共产党的这一努力及取得的相应进步，由此更具深意和价值。

以邓小平同志为首的中央第二代领导集体，继承和发展了毛泽东及周恩来同志的思想、理论，并基于国际形势的发展变化（即国际局势由对抗转换为对话、由紧张趋于缓和，及各国发展愿望的日益增强），转移了全党的工作重心。于是，新时期的中国国家建设主题发生由"战争与革命"到"和平与发展"的转变，无疑已成为定势而不可逆转。

针对中国的客观现实情况，邓小平同志反复做出强调："中国的问题，压倒一切的是需要稳定。没有稳定的环境，什么都搞不成，已经取得的成果也会失掉"③，而且，中国"要搞改革开放，进行社会主义现代化建设，需要一个稳定的国内环境，也需要一个和平的国际环境"④。毕竟，"'争取和平是世界人民的要求，也是我们搞建设的需要。没有和平，搞什么建设！'"⑤。邓小平同志的这一席谈话，由此折射出："我们提出维护世界和平不是在讲空话，是基于我们自己的需要。因此，反对霸权主义、维护世界和平是我们真实的政策，是我们对外政策的纲领。"⑥ 在此，邓小平同志关于和平与发展主题的鲜明论断，显然"既是对国际形势发展新变化、新特点和总趋势的科学概括，又是对中国人

---

① ［美］温都卡尔·库芭科娃等主编：《建构世界中的国际关系》，肖锋译，北京大学出版社 2006 年版，第 124—125 页。

② 冯文彬主编：《中国特色的社会主义理论宝库》，海天出版社 1993 年版，第 1027 页。

③ 《邓小平文选》第 3 卷，人民出版社 1993 年版，第 284 页。

④ 高屹：《邓小平新时期的外交战略思想述论》，2011 年 4 月 29 日（http://news. sina. com. cn/c/2004 – 07 – 29/15483862728. shtml）。

⑤ 同上。

⑥ 《邓小平文选》第 2 卷，人民出版社 1983 年版，第 417 页。

民和世界人民面临的共同目标和任务的明确提示。……反映了中国人民
和世界各国人民的愿望和利益的一致，以及开展广泛合作的基础"①。
由此，不可置疑的是："当代国家的议程受到跨国因素的强烈影响"②，
中国的国家战略不完全是内生于国内政治、经济和社会因素的产物。毕
竟，"中国的前途同世界的前途是息息相关的。中国革命和建设的胜利
对于世界走向进步和光明是有力的支持"③。

　　鉴于包括非洲在内的广大"第三世界"的发展现状，邓小平同志
根据"第二次世界大战以后，国际政治中积极的因素是第三世界的兴
起"④ 的情势，强调"广大的第三世界国家和人民，既然能够通过长期
斗争取得自己的政治独立，就一定也能够在这个基础上，加强团结，联
合受到超级大国欺负的国家……通过持续不断的斗争，彻底改变建立在
不平等、控制和剥削的基础上的国际经济关系，为独立自主地发展民族
经济创造必不可少的条件"⑤。长期以来，广大第三世界的国家和人民
始终"是推动世界历史车轮前进的革命动力，是反对殖民主义、帝国主
义、特别是超级大国的主要力量"⑥。然而，却不能由此而忽视的是：
"长期以来，超级大国就是利用第三世界来达到它们的目的……尽管第
三世界本身也有这样或那样的问题，直接受害的还是第三世界的国家和
人民。"⑦

　　对中国而言，在与第三世界其他国家打交道的过程中，却始终以
"信得过"的两条原则推动着彼此间交往互动关系的构建：即，"一条
是坚持原则，一条是讲话算数"⑧。凭借这两条原则，中国与第三世界
其他国家顺利地兑现着互惠性的外交战略收益。综合起来看，"无论是

---

　　① 丛凤辉主编：《邓小平国际战略思想》，当代世界出版社 1996 年版，第 10 页。

　　② ［美］斯蒂芬·D.克莱斯勒：《结构冲突：第三世界对抗全球自由主义》，李小华译，
浙江人民出版社 2001 年版，第 38 页。

　　③ 冯文彬主编：《中国特色的社会主义理论宝库》，海天出版社 1993 年版，第 1027 页。

　　④ 《邓小平文选》第 2 卷，人民出版社 1983 年版，第 416 页。

　　⑤ 徐学初编：《世纪档案：影响 20 世纪世界历史进程的 100 篇文献》，中国文史出版社
1996 年版，第 461 页。

　　⑥ 同上书，第 459 页。

　　⑦ 《邓小平文选》第 2 卷，人民出版社 1983 年版，第 415 页。

　　⑧ 同上。

在争取民族解放，反对殖民主义、帝国主义时代，还是在谋求和平与发展的新时期，中国始终把发展同第三世界的国家的关系作为对外政策的基本立足点"①，并始终以"反对霸权主义，维护世界和平……增进国际合作，促进共同发展"② 等作为外交行动的主要目标。

1978 年 5 月，邓小平同志在会见马达加斯加政府经贸代表团时强调，"'作为一个社会主义国家，中国永远属于第三世界，永远不能称霸'。如果将来'中国翘起尾巴来了，在世界上称王称霸，指手画脚，那就会把自己开除出第三世界的'界籍'"③。1982 年 1 月，鉴于世界的问题并非局限于某一方面简单对立的现实情况上，邓小平同志在会见阿尔及利亚财政部长亚拉时强调，"现在世界上不仅有'南北'、'东西'问题，还有'南南合作'"④ 问题。而和平与发展主题，则是贯穿其间的主旋律。1989 年 3 月，邓小平同志在会见乌干达总统姆塞维尼时指出：中国"'非常关注非洲的发展与繁荣。……第二次世界大战后，许多非洲国家都独立了，这为发展创造了最好的条件。经过多年奋斗，现在国际形势趋向缓和，世界大战可以避免，非洲国家要利用这一有利的和平国际环境来发展自己。要根据本国的条件制定发展战略和政策，搞好民族团结，通过全体人民的共同努力，使经济得到发展'"⑤。

除此之外，邓小平同志还"多次与来华访问的非洲领导人进行推心置腹的谈话，介绍中国革命和建设的经验和教训，鼓励非洲国家自主探索符合本国国情的政治制度和发展道路"⑥，并寄希望于中国的经验及实践能对非洲走向发展具有一定的借鉴性价值。邓小平同志对中国立场的表态，对中国现实的判断，对非洲摆脱困境的鼓励及勉励，将对中国

---

① 彭军等编：《中国领导人在外演讲纪要》，湖南人民出版社 2001 年版，第 193—194 页。

② 李世华、张士清：《邓小平外交战略思想研究》，吉林大学出版社 1996 年版，第 1 页。

③ 戴严：《邓小平外交思想与中非关系（上）》，2011 年 4 月 29 日（http：//finance. sina. com. cn/roll/20060817/0856864922. shtml）。

④ 高屹：《邓小平新时期的外交战略思想述论》，2011 年 4 月 29 日（http：//news. sina. com. cn/c/2004-07-29/15483862728. shtml）。

⑤ 戴严：《邓小平外交思想与中非关系（上）》，2011 年 4 月 29 日（http：//finance. sina. com. cn/roll/20060817/0856864922. shtml）。

⑥ 同上。

的发展认识推及对非洲国家发展现实的认识上等一系列的做法，都一并得到了非洲国家的赞赏和认可。例如，1997 年，安哥拉总理范迪嫩在吊唁邓小平同志逝世时，就做出郑重的表示："邓小平的功绩是举世公认的，他不仅为中国人民，而且为许多其他国家的人民，如安哥拉人民指明了方向。"① 总之，"在邓小平外交思想的指引下"，中国 "对非洲的外交工作得到加强"，② 中国在邓小平同志领导下拟定的发展战略以及所取得的发展成就，也给非洲探索发展战略及摆脱发展困境提供了富有远见及价值的参考。

总之，以邓小平同志为首的党中央在总结历史、直面现实，立足中国、放眼世界的基础上，确立了新时期中，中国国家建设的主题，并由此增强了中国与世界，尤其是与广大非洲国家的外交创造能力，最终以倡导发展中国家利益的重要角色，推动着国际体系及国际秩序的结构性变迁，为当代 "更多国家不再效仿西方的政治和经济发展模式，而是向往中国的另一套发展模式"③ 的现实的成型埋下重要的伏笔。

四　拓展时期：合作与共赢

当今世界，国家除了以继续保持领土完整和政治安全为基本目标外，还将合作共赢当作了新的战略目标而有意识地倡导及强化着。国家战略与时俱进、因势利导、因时而异，由此而不断地滋生出新的形式、内容及内涵。

从抽象层面上看，尽管较低程度上的国家间合作关系未必意味着更多的安全及更多的利益共享，尽管由于权力分配悬殊国家间也不可避免地会遭遇着结构性冲突问题的发生，但是，国家间 "集体自主发展（collective selfreliance）" 的模式已越来越成为重要的呼声和普遍的大势。当今的国家与国家之间，更趋向于需要将自身的发展建立在与其他

---

① 《人民日报》1997 年 2 月 23 日（http：//web. peopledaily. com. cn/02/23/current/data/newfiles/C007. html）。

② 戴严：《邓小平外交思想与中非关系（上）》，2011 年 4 月 29 日（http：//finance. sina. com. cn/roll/20060817/0856864922. shtml）。

③ 美国国家情报委员会编：《全球趋势 2025：转型的世界》，中国现代国际关系研究院美国研究会译，时事出版社 2009 年版，第 1 页。

国家合作的基础上，更需要对某种基于内源性的诉求做出逻辑或实践的跨越。但是，这也因此而预设下了一种潜在的痛点的滋生。这一点，在广大第三世界国家的身上表现得尤为淋漓尽致。对于广大第三世界国家来说，"如何将少数秩序、一定程度的有效权威和一种改善人类状况的潜力注入事态发展的问题，正日益变得迫在眉睫"① 而不容质疑。这诚然是这些国家消除脆弱性，改善发展困境，增进国际影响力，抑或争取同其他国家，尤其是同发达国家同样多或更多权力的尝试。

一直以来，中国以韬光养晦的胆识与世界各国进行着交往互动。随着毛泽东、邓小平同志对中国未来的发展蓝图做出勾勒后，以江泽民、胡锦涛、习近平为核心的新一代国家领导人也在与时俱进地"根据国际形势调整自己的外交战略……在多变的国际格局中稳健地寻求自身经济实力的上升，寻求发展"②。自20世纪最后十年始，鉴于全球化步伐的不断加快，新一代国家领导人在寻找能够补充传统治国方法的选择上变得越来越灵活。如何从过去的经验中挖掘出有价值的内容，以及如何在未来的行为实践中准确预见和把握发展动向，以指导中国当前的决策并有利于服务于人类"公共"利益的需要，同样变得炙手可热。

鉴于全球化带来的普遍化效应，中国的发展明显地不再停留在由中国内部机制及内生动力来完全驱动和决定的层面上。中国的发展，正是在与世界各国的充分互动中，得以全方面、综合性地体现出来的。对于中国来说，如何在世界上寻找到更多的志同道合的战略伙伴，进一步扩大与世界各国在各领域的合作以谋共同发展，成为了新时期中国共产党人面临着的重要价值取向及战略抉择。在江泽民、胡锦涛、习近平为核心的党中央的领导下，"和平崛起"作为重大的战略实践，正在中国与世界各国开展的具体的互惠性合作中得到淋漓尽致的体现。

以江泽民、胡锦涛、习近平为核心的国家领导人继承并发扬了毛泽东、邓小平同志的战略思想，以面向21世纪的雄伟决心，制定出中国面向世界推动发展的高远战略。尽管在某种程度上，中国在国际舞台上

---

① 王逸舟编：《全球政治与国际关系经典导读》，北京大学出版社2009年版，第149页。

② 沙勇忠、刘亚军选编：《大国之道——2005年中国政治年报》，兰州大学出版社2005年版，第388—390页。

的总体权力是有限的，但是，并不能排除中国在具体问题领域及对某些地区或国家的影响力的实际存在，同时，中国综合实力叠合而产生的国际影响力在塑造中国国家形象以及当代世界历史上具有的价值同样是举足轻重而不能低估的。

一直以来，尽管非洲在当代国际舞台上是以独立主权身份而行动的，但是，却与世界其他国家存在着一定的实力差距。为此，在进入新的时空中，中国以合作的姿态在弥合非洲的这一脆弱性上做出极大的努力和支持。当前，中国与非洲的团结合作进一步加强，合作规模不断扩大，合作项目日益增多，合作渠道逐渐多元，经济效益和社会效益稳步推进。一个崭新、稳定、全面的中非关系正在形成，并由此而产生了深刻的国际影响力。

随着时间的不断推移，中国与非洲双方之间在合作的内涵和外延上不断得以拓展。1993 年，以江泽民同志为核心的党中央领导集体根据平等互利原则，"继续加强与撒哈拉以南非洲国家的经济和技术合作"，并"同本地区 17 个国家新签了经济技术合作协定，并向许多受灾国提供了物资捐赠和人道主义援助"。[①] 同时，还鼓励非洲国家积极地参与到国际事务中来。1994 年 7 月，钱其琛在会见来华访问的阿尔及利亚外长穆罕默德·萨利赫·登布里时表示："在国际新形势下，希望看到阿尔及利亚在国际事务中发挥更大作用。"[②] 1995 年 7 月，朱镕基副总理"在哈拉雷市向津巴布韦工商界发表演讲，提出了进一步发展中非关系的三点主张：1. 扩大相互支持，创造和平与稳定的国际大气候。2. 加强友好磋商，促进国际经贸环境的改善。3. 推动互利合作，谋求共同发展和繁荣"[③]。1996 年 5 月，"江主席应邀在非洲统一组织总部发表了题为《为中非友好创立新的历史丰碑》的主旨演讲，提出发展面向 21 世纪长期稳定、全面合作中非关系的五点建议：1. 真诚友好，彼此成为可以信赖的'全天候朋友'；2. 平等相待，相互尊重主权，互不干

---

① 中华人们共和国外交部政策研究室编：《中国外交概览：1994》，世界知识出版社 1994 年版，第 174 页。

② 同上书，第 159 页。

③ 《中国与非洲关系大事记（1949 年—2003 年）》，2011 年 5 月 4 日（http://www.china.com.cn/international/txt/2003-11/20/content_5445819.htm)。

涉内政；3. 互利互惠，谋求共同发展；4. 加强磋商，在国际事务中密切合作；5. 面向未来，创造一个更加美好的世界"①。至此，无论是"三点主张"，抑或是"五点建议"，都能够在很大程度上折射出中国在新的历史时空中，正在基于和平共处五项原则，以积极的姿态推进着同非洲各国面向 21 世纪的长期稳定、全面合作的战略互惠关系。抓住机遇、促进合作、共谋发展，已是双方国家在当前及今后很长时间里的共同愿景和交往宗旨。鉴于当下的国际现实背景，"中国政府认为，世界和平离不开非洲，非洲不发展，也不利于世界经济的繁荣"②。于此，毋庸讳言的是："一个团结、稳定、繁荣的新非洲，不仅意味着赢得政治解放的非洲人民也获得经济解放，而且必将对世界的和平与发展和人类的文明与进步作出巨大的贡献。"③

进入 21 世纪，以胡锦涛为核心的新一代党中央集体领导更加"关注非洲的和平与发展事业，高度重视加强与包括非洲国家在内的广大发展中国家的友好合作关系，将其视为中国外交政策的基本立足点"④。2003 年 10 月，国务委员唐家璇在中非高级研讨会上重申："作为非洲国家的朋友，中国政府和人民将一如既往地支持非洲国家的团结和统一，坚定不移地支持参与非洲国家和地区组织促进非洲大陆和平与稳定的努力，积极探讨将中非合作论坛与非洲发展新伙伴计划相结合的方式和途径，不断深化与非洲各国在各领域的互利合作。"⑤ 2006 年 11 月，来自非洲大陆 48 个国家的元首和政府首脑相聚北京，出席中非合作论坛，再次将中非合作关系推向高潮。其间，经贸往来尤为突出，一系列的重点领域合作随即得到加强。2007 年，胡锦涛强调：他"对非洲八国的访问，是一次友谊之旅、合作之旅，目的是巩固中非传统友谊，落

---

① 《中国与非洲关系大事记（1949 年—2003 年）》，2011 年 5 月 4 日（http://www. china. com. cn/international/txt/2003-11/20/content_ 5445819. htm）。

② 中华人们共和国外交部政策研究室编：《中国外交概览：1994》，世界知识出版社 1994 年版，第 173 页。

③ 彭军等编著：《中国领导人在外演讲纪要》，湖南人民出版社 2001 年版，第 201 页。

④ 李若谷主编：《中非经济改革与发展战略高级研讨会文件汇编》，中国金融出版社 2005 年版，第 2 页。

⑤ 同上。

实中非合作论坛北京峰会成果，扩大务实合作，促进共同发展"①。2008 年，中国"与刚果（布）、多哥、几内亚召开了经贸联（混）委会……中国国际投资贸易洽谈会期间，举办了非洲国家投资环境研讨会和第二届非洲商品展，12 月，在贝宁举办了中国商品展"②。在以胡锦涛同志为核心的党中央的领导下，中国与非洲各国的"合作机制日渐完善，合作项目不断扩展与深化。中非经贸合作发展强劲，中国企业在非实施'走出去'战略取得更大进展"，中非合作将一如既往地继续成为中国"对外关系的一个亮点和国际上南南合作的典范"。③ 当前的中非关系正在超越地理性和物理性要素，而在共识、预期和理念上创造出新的意义节点。

在进入 21 世纪的第二个十年之际，以习近平为核心的党中央领导集体同样对非战略关系表示了高度重视。2015 年 12 月 1 日中国国家主席习近平在约翰内斯堡主持中非合作论坛峰会时，"提出了中国发展对非友好合作关系的新理念：在中非伙伴关系基础上，强调'携手并进、合作共赢、共同发展'，强调中国与非洲的发展战略对接和促进非洲的自主可持续发展，推进中非友好合作关系进入提质增效、全面务实推进的新阶段"④。2015 年 12 月 4 日，习近平主席在会见纳米比亚总统根哥布时指出："中方愿同纳方密切国际事务中协作，维护发展中国家共同权益"；同时，在会见尼日利亚总统布哈里时，习近平主席还指出：中尼"双方要密切安全和国际合作，就重大国际和地区问题保持沟通和协调，共同维护好中非等广大发展中国家的共同利益"。⑤ 2017 年 7 月 3 日，习近平主席在致电在埃塞俄比亚首都亚的斯亚贝巴举行的非洲联盟

---

① 《胡锦涛抵达雅温得　开始对非洲八国友谊之旅、合作之旅》，2011 年 5 月 23 日（http：//www. china. com. cn/news/txt/2007-01/31/content_ 7737191. htm）。

② 商务部西亚非洲司：《中非经贸：增长迅速　压力加大》，《国际商报》2008 年 12 月 23 日第 B03 版。

③ 中国国际问题研究所：《国际形势和中国外交蓝皮书（2008/2009）》，世界知识出版社 2009 年版，第 272 页。

④ 《"习近平出访专家谈"：习近平非洲行推动中非合作进入战略对接新阶段》，2017 年 11 月 26 日，国际在线（http：//gb. cri. cn/42071/2015/12/04/8211s5188201. htm）。

⑤ 《习近平分别会见非洲 5 国领导人》，2017 - 11 - 26，新华每日电讯 2 版（http：//news. xinhuanet. com/mrdx/2015-12/05/c_ 134887583. htm）。

第 29 届首脑会议时指出："中非合作论坛约翰内斯堡峰会成果落实取得重要早期收获，助力非洲经济社会发展。中方将继续秉持真实亲诚对非政策理念和正确义利观，积极推动中非'十大合作计划'和'一带一路'建设同非盟《2063 年议程》对接，推动中非全面战略合作伙伴关系深入发展，更好造福中非人民。"① 由此可见，新时期的中非关系不是消退或衰减了，而是继续在中国以新一代领导人为核心的集体领导的支持中，得到进一步的推进和发展。可以想象，在未来，中国始终会一如既往地将中非关系的巩固和建构当作重要的对外战略支点。

在客观现实中，中国与非洲确实由于不具备完全的信息及技术优势，以至于在进入 21 世纪后，双方间合作发展的机会成本无疑会远远大于发达国家与发达国家之间合作的机会成本，但是，中国与非洲在推动双边关系稳步建构上所产生的实效及价值，与发达国家之间合作产生的实效及价值不可同日而语。中国根据自身的发展进步带动或导引非洲走向发展的现实，已在很大程度上使得传统的根深蒂固的国际体系在权力控制与分配上由西方主导的局势产生了变动。中国根据国内局势做出的战略选择产生的国际影响，已俨然呈现出"中国对东方世界的重要性就像美国对西方世界一样。就像美国的价值观（无论好坏）塑造了西方一样，中国的价值观也"正在"塑造"着"东方"的文明、进步、民主迈向欣欣向荣的局面。②

由上可见，自中国共产党成立以来，中国共产党人就在对中国历史与现实做出深刻认知和实践的基础上，以推"己"及"人"的方式做出了对非战略"三大主题"的建构。这在当今国家间关系的巩固和发展上无疑具有里程碑性的意义。建党 90 多年来，中国共产党人对非战略"三大主题"的建构，一定程度地弥补了国际政治体系史上，长期以来以欧洲为中心而造成的单调性及片面性。

中国共产党人对非战略"三大主题"的建构，无疑既鲜明地明证

---

① 《习近平致电视贺非洲联盟第 29 届首脑会议召开》，2017 年 11 月 26 日，新华社（http://news.xinhuanet.com/world/2017 - 07/03/c_ 1121256243. htm）。

② ［美］托马斯·P. M. 巴尼特：《大视野大战略——缩小断层带的新思维》，孙学峰等译，世界知识出版社 2009 年版，第 116 页。

了国际政治经济秩序并非能够一劳永逸地被简单地制作为僵死固化的"标本",其也鲜明地明证了发展中国家同样能够根据自身的经验和实践创造出相互信任、彼此互惠、共同发展的具有共享性质的国际政治经济秩序。中国对非战略的整个过程,无疑能够很好地透露出中国发生了由推动本国政治经济发展到建构普遍化的"人类共同体""命运共同体"模式的实践转型。

随着时光的不断前移,在中国共产党领导下的新中国,将越来越能够在价值规范及发展模式的创造和选择上发挥主动性及能动性,越来越能够根据国际局势的变化而在技术平台及实践模式的优化和调整上体现出高超的能力及水平。中国在对非战略上所采取的系列做法,已显然不再是为抵制西方压力而简单地做出的应景性计谋,中国已愈来愈有足够的信心和力量纠正国际政治经济体系中一直以来由西方主导而造成的偏执和狭隘,愈来愈有足够的勇气和胆识为丰富人类历史内涵做出应有的建设性贡献。

第三节　互构认同

近现代民族国家进程的加快,使得世界政治经济产生了深刻的变革。国际社会推进战略的方式呈现出新的替代形式,认同就是其中最为低廉的一种。亚非拉国家的崛起,不仅使得西方的霸权统治地位被颠覆,而且西方通行的政治组织观念遭到冲击,现代国际体系的传统边界亦因此被打破。将中国与非洲持续推进的战略关系作为考察对象,可发现现代国家以共同的历史问题、政治进程及发展处境为中心的信仰体系正在形成。

中国与非洲在历史进程中由相互之间的认同塑造出的战略关系,昭示着世界历史的当代开端,说明在当今世界发展进程中,国家越来越具有塑造国际趋势的能力,越来越能够用本国的价值逻辑及行为机制影响其他国家,最终营造出自身所期待并能够符合自身价值及满足自身与共同体成员利益的国际环境。

中国与非洲在社会化进程中形成的具有道德凝聚力的认同,在根本上优化和改善了当代民族国家的作用和价值，说明当今世界国际关系的巩固和发展更具文化性，以共同的历史问题、政治进程和发展处境为中心的信仰体系正在形成，第三世界国家正在朝着追求同国际关系本身一样广泛的普遍利益方向迈进，越来越具有某种体现其意志的权力能力。

中国与非洲所形成的跨国性结构逐渐化约成为普遍公理，双方国家的人们的忠诚既体现在民族国家本身方面，也体现在国际社会方面。五百多年以来，西方文化及权力塑造、被当作纯粹榜样、一味将自身价值及制度施加于别国的国际政治格局面临着被冲击及瓦解的风险，日渐寿终正寝。西方通过限制非西方而阻止实质性国际变化的动机，也越来越沦为旧务陈说。

一 认同在中非关系中的价值

近现代世界发展格局的转变，使得民族国家能够走在一起，产生了某种相互依赖的关联性。世界统一的意义由之产生新的内涵。源于西方霸权主义的现代帝国梦潜在地被动摇了，民族国家的发展模式自此不再是一个孤立的现象。

20世纪中下叶，伴随着殖民主义统治体系的崩溃，一大批新兴国家出现了，成为了国际舞台上重要的角色。新兴国家的崛起，改变了现代国家体系的构成。由西方主导的行为标准、认知模式，以及作为西方或欧洲经验产物的现代国际体系被西方以外的新兴国家解构和诠释。

在20世纪下半叶，国家向国际社会寻求认同的倾向得到前所未有的强化。国家之间形成的"共同体"模式或格局，成为人们的效忠对象。保卫或增进国家间利益成为国际社会及每个国家的重要职责。国家之间外交的形式、内容、手段和目的等，都发生了一定的变化。不仅有形要素成为国家开展外交的重要依据，而且无形要素也日益转换成有形要素的重要补充而在国家外交关系的开展上发挥着重大影响。

作为人们在生活世界与实践经验中交流互动而产生的认同，其无疑就在国家对外关系或国家间外交关系的开展上发挥着重大价值，与此同时，其在构建国际关系、塑造国际制度、打造"共同体"格局以及促成行为体之间相互依赖性上同样具有不可替代的影响力。在此，作为抽象因素存在的认同，之所以能够在 20 世纪摆脱殖民主义统治的新兴国家中出现，一方面，是由于现代西方国家倡导的普遍价值在世界范围内遭到抵制，另一方面，则在于非西方国家之间因共同的历史与现实遭遇整合成为了命运"共同体"，从而凝聚起了改变现实处境的共同决心及一致行动。

在社会化进程中，国际环境中出现的层出不穷的问题，既可使国家与国家成为伙伴，也可使国家之间成为对手。中国与非洲由于共同的历史遭遇与类似的发展现实，从而避免了成为竞争对手的可能。一直以来，中国与非洲通过跨越地理空间的阻隔，以及打破民族身份的限制，而在历史地位、国家处境和社会发展等方面寻找到战略结合点，从而建构起认同，达成一致共识，形成一定交往机制，最终均收获到了集安全、共同体和声望于一身的无形利益，缔造出了新兴的富有建设性的国家间关系格局。

其中，中国与非洲独立主权的获得，却是这一切得以实现的一个重要前提。毕竟，国际关系一定意义的就是独立主权国家之间交往互动关系的对等物。中非关系的持续性推进展示出双方更少地依赖于西方，而更多地依靠彼此间或各自拥有的意志和能力来巩固自身及支持对方发展的事实。中国与非洲在历史进程中形成的战略关系，在很大程度上，是双方在国家建设进程中共享的认同模式发挥作用的体现。基于独立主权、政权建设、经济发展等形成的认同，在根本上保障了中非关系的持续推进，其是中非在一定程度上实现统一性及获得超越国界整合性的力量源泉。进入新的历史时空中，基于认同以及由此而打造出的"共同体"模式，使得中非双方更加展示出了对各种国际环境及战略机遇的驾驭能力。

在此，将中国与非洲持续推进的战略关系列为考察对象，可发现现代国家以共同的历史问题、政治进程和发展处境为中心的信仰体系正在形成。当今的国际体系正在超越欧洲或西方中心主义所拟定的模式，而呈现出新的组合局面。现代的世界文化，尤其是由新兴独立主权国家建构的认同文化，正在成为新的国际体系建构的重要基础。

二 主权独立：中非对身份权利的诉求

认同作为一种软实力，不仅能使行为体之间的情感、态度及认识能够相互移入，而且还能够整合彼此间的行为及实践。在近现代历史进程中，尤其是 20 世纪中叶以后，民族国家的普遍建立，使得认同作为一种替代性的外交资源在民族国家对外关系的建构上被彻底激活了。

在当今这个相互依赖的世界中，随着国家利益和国际利益的区分日益模糊，一个国家所认同的内容，俨然不再仅限于自我身上来发掘，而是需要扩展到对更多国家或整个人类关怀的范畴上来建构。国家之间超越地理、疆域或文化边界等，在共同面对的问题上寻找结合点，即，达成一定认同，日益成为当今国际舞台上具有的普遍趋势。

在近现代历史上，中国与非洲不同程度地遭到殖民或半殖民奴役。国家主权受践踏，民族权利遭剥夺，社会进程被扰乱，生产结构受桎梏，人民群众生活在水深火热之中。于是，摆脱帝国主义的束缚和控制，获得独立自主权，一直是中国与非洲国家的共同愿望。毕竟，获得独立自主权，能够保证一个国家获得一定的地位及话语权。

鉴于共同的历史遭遇与现实诉求，中国与非洲由此形成一定的认同关系，双方在推翻和摆脱殖民主义统治上，给予相互鼓励和支持。

近代史上，中国陷入了封建主义、官僚主义和帝国主义的包围和统治之中。面临着重重的发展困境。1911 年辛亥革命，推翻了中国历史上延续两千多年的封建君主制度。但是，中国并没因此获得国家主权独立的地位，相反，却遭受着日本帝国主义的侵扰或破坏。独立主权国家的愿望一再幻灭。

1919 年五四运动的发起，成为中国历史上的一个重大的拐点。五四运动不仅拉开了创造性地解决中国条件下怎样建设无产阶级政权问题的序幕，而且还因提出废约主张促成了中国近代反帝运动高潮的到来。自五四运动始，在新思想、新文化的感染下，在民主、科学理想的召唤下，在爱国主义思想的鼓舞下，"中国的民族主义运动勃然而兴，反对帝国主义的口号响彻全国，成为了时代的主旋律"①。于是，中国人民携手努力，坚忍不拔，在对各种外来压力做出坚决抵制的情况下，最终"成功地维护了国家的独立、主权的完整和民族的尊严，挫败了外国侵略势力先后对我国进行的孤立、封锁、干涉和挑衅"②。

中国独立主权的最终获得，也"极大地鼓舞了仍处于殖民主义和种族主义压迫和剥削下的国家和人民。北部非洲阿尔及利亚、摩洛哥和突尼斯爆发了反帝武装斗争，撒哈拉以南非洲很多国家的人民为了争取民族独立，展开了反对帝国主义的群众运动，黑暗的非洲大陆出现了民族解放的曙光"③。而"在1957年以前，非洲只有极少几个独立国家。……北非新近获得独立的国家只有：埃及、利比亚、摩洛哥和突尼斯。但是从1957年到1962年仅仅五年的工夫，几乎非洲所有的国家都获得了独立"④。

非洲国家纷纷获得独立主权，在一定意义上，就可以认为：中国争取独立主权取得的胜利对其产生了鼓舞及激励作用。显然，中国独立主权的获得所产生的影响，已经超出了国内而具有了国际性意义，已经超出了理论范畴而具有了客观实际的价值，已经超出了主权独立本身而滋生出了外延性的含义。由此可以认为，一个国家对于世界发展建设或其他国家发展建设的贡献，明显的不在于它的国力是不是最强大的，而在于它所奉行的认识、理念、价值观、世界观是否具有普遍的可资借鉴的参考性，以及可以直接取用的操作性。

独立主权是一个国家的外交基础。独立主权，也因此成为国家内政外交中维护的首要因素。在中国与非洲取得独立主权之后展开的外交关系中，独立主权利益的维护成为重中之重。

---

① 李育民：《"五四"与中国近代的废约反帝运动》，《中共党史研究》2009年第6期，第22页。

② 何正芳、张月明、金子强、徐启亚：《中华人民共和国简史》，云南大学出版社1992年版，第2页。

③ 和春超主编：《国际关系史（一九四五——九八零年）》（第二版），法律出版社2002年版，第149页。

④ ［法］让－巴蒂斯特·迪罗塞尔：《外交史（1919—1984年）》下册，汪绍麟等译，上海译文出版社1982年版，第257页。

客观地，独立主权的获得不仅意味着领土完整，而且也意味着一定的价值理念、文化体制、行为机制及意识形态等方面独立性的维护。其中，意识形态作为一个重要的内容，其能够极大地影响着一个国家的外交政策的条件与过程。独立主权国家之所以能够自行决定外交战略，就一定意义地取决于其意识形态具有的价值及作用力。

自 1949 年中华人民共和国成立之日起，独立自主的"和平共处五项原则"一直是新中国首要的外交基调。"一九四九年十月一日中华人民共和国建立的第一天，中华人民共和国政府就向全世界宣布：中华人民共和国愿意同遵守平等互利及互相尊重领土主权的任何外国政府建立外交关系。"① "亚非会议"则是推动这一认识转换为实际的内容行动的关键平台。"亚非会议是第二次世界大战结束后民族独立运动蓬勃发展的结果。尽管参加会议的国家政治状况、社会制度、宗教信仰各不相同，但会议引发起来的热烈气氛，却烘托出'世界历史的新起点'和'亚洲与非洲复兴新象征'。"② 其中，维护作为最高政治目标的独立主权，显然是本次会议的重要议题。在会议上，周恩来在主题演讲中强调："我们亚非各国人民争取自由和独立的过程是不同的；但是，我们争取和巩固各自的自由和独立的意志是一致的。不管我们每一个国家的具体情况如何不同，我们大多数国家都需要克服殖民主义统治所造成的落后状况，我们都应该在不受外来干涉的情况下按照我们各国人民的意志，使我们各自的国家获得独立的发展"③，"应该说，反对种族歧视、要求基本人权，反对殖民主义、要求民族独立，坚决维护自己国家的主权和领土完整，已经是觉醒了的亚非国家和人民的共同要求。埃及人民收复苏伊士运河地区的主权和伊朗收复石油主权而进行的斗争……获得了亚非地区许多国家的同情。同样，中国解放自己领土台湾的要求也获得了亚非地区一切具有正义感的人民的支持。这证明我们亚非各国人民

---

① 和春超主编：《国际关系史（一九四五——一九八零年）》（第二版），法律出版社 2002 年版，第 121 页。

② 彭军、陈晓蕾、周慧玲编著：《中国领导人在外演讲纪要》，湖南人民出版社 2001 年版，第 21 页。

③ 同上书，第 25 页。

是互相了解、互相同情和互相关切的"①。在实际行动中，中国政府也做到了"尊重非洲国家人民根据本国传统和特点，选择自己的政治制度和发展模式，坚决支持广大非洲国家反对外来干涉、维护民族独立和国家主权的斗争"②。在此，独立主权的获得，既是中非国家在当代社会发展进程中的现实出路，也是双方国家身份及角色塑造的重要支撑性平台，更是中非关系进一步拓展的坚实基石。中非双方对独立主权的共同诉求，揭示出国际关系进程中超越国界的某种统一性，展示出了外交战略中不存在任何至高无上外部权威的历史事实，而不过是平等主体共生并存的客观现实。

总之，中国与非洲对独立主权的共同诉求，不仅改写了人类历史的进程，而且造成了深刻的政治影响。作为国家免于外来干涉的主权地位，不仅是中国与非洲摆脱殖民主义奴役和改变历史遭遇的首要诉求，而且也是中国与非洲整合行为、达成共识、取得认同的核心要素，甚至是中国与非洲振兴发展、走向复兴、实现梦想的关键力量。独立主权地位的获得，其对中国与非洲的价值不言而喻。以至于很长时间以来，"作为新生的民族独立国家，中国与非洲国家都十分重视来之不易的主权独立，都奉行独立自主的外交政策，致力于加强中非在政治、经济和文化方面的合作与交流"③。

三　政权建设：中非对国家整合的诉求

20 世纪，亚非拉民族国家的建立，使得世界政治格局步入到一个崭新的阶段。由西方之外的其他国家塑造的国际关系新模式逐渐确立。

独立主权的获得，在理论上确保了国际体系中没有更高的权力（统治）机构，政府之上没有政府，国家由此可自行决定如何应对内外问题，及明确当务之急，甚至规划未来蓝图。中国与非洲独立主权的获

---

① 彭军、陈晓蕾、周慧玲编著：《中国领导人在外演讲纪要》，湖南人民出版社 2001 年版，第 28 页。

② 中华人民共和国外交部外交史编辑室编：《中国外交概览：1992》，世界知识出版社 1992 年版，第 156 页。

③ 《中非教育合作与交流》编写组：《中国与非洲国家教育合作与交流》，北京大学出版社 2005 年版，第 1 页。

得，保证了双方能够根据自身意志巩固国家地位和推进国家整合。而政权建设就是其中的一个重要焦点。

主权地位的获得，保障了政权建设的开展。主权、政权一并成为界定国际政治认同及国家身份地位的标志所在。这是国际政治上的崭新现象，也是民族国家建设的必然趋势。

独立后的中非国家，面临着政权建设及国家建设的重要任务。中国与非洲在摆脱殖民奴役后，面临着保卫国家主权和领土安全、建设和发展国家政权、推动国家与社会整合的艰巨任务。这不仅需要系列具体的基础建设做保证，同时，还赖于无穷多精神力量建设的支撑。

1949 年新中国成立以后，党和人民政府开始着手于政权建设。组建国体和政体，构建人民政权及发展相应的教育思想文化等，就是重大内容。从 1953 年到 1956 年，新中国基本上完成了对生产资料私有制的社会主义改造，实现了由新民主主义社会向社会主义社会的过渡，最终建立起了社会主义社会制度。从 1956 年开始，党和人民政府着手于改革社会主义经济体制与完善社会主义政治体制。这一系列战略举措极大地明确了中国在独立主权获得后，国家建设任务的侧重点和方向性。这是独立主权国家的应然选择，也是第三世界国家的必然趋势，其旨在推动国家与社会、文化与政治、经济与科技等方面"合众为一"的整合性发展。总体上，新中国成立之后，在中国共产党的领导下，新中国展开了轰轰烈烈的国家建设运动，政权建设就是其中的一项重要内容。

作为处于世界另一端的非洲，在取得独立自主权后，同样面临着国家建设的艰巨任务。独立自主权的获得，使得"非洲自过去五百年以来第一次有了掌握自己命运的黄金机会"[①]。非洲具备了决定该做什么，以及怎么做的权力及能力。中国的一些现成做法为其提供了有益的参考。

---

① Edited by Adebayo Adedeji, *Comprehending and Mastering African Conflicts the Search for Sustainable Peace and Good Governance*, Distributed in the USA exclusively by St Martin's Press, Room 400, 175 Fith Avenue, New York, NY 10010, USA. 1988, p. 20.

非洲国家在获得独立自主权后，最"需要什么，也许比其他需要更为突出的是通常意义上的变革"①，而这种变革首先就体现在政权上。虽然非洲各国在具体方式方法上侧重点各不相同，但是，所面临的大同小异的困境却并没法抹杀掉它们之间对政权建设的共同呼吁及诉求。比如，赤道几内亚的情况就很有代表性。赤道几内亚总统奥比昂在其回忆录中指出：非洲在摆脱殖民主义统治后，"必须建立新的国家机构并设计新的模式。我们给自己提出了如下问题：怎么办？如何着手组织？同谁一起工作？等等。首先，把所有的文职官员和军职人员召集起来，不管是现职还是退役的，同他们一起商讨和确定一种使人民满意的政府模式。……关于新政府的名称提出了几种方案，如'拯救政府'、'自救政府'、'重建政府'和'道义政府'等等"②。除了对政权模式展开极力探索外，非洲各国还在其他领域展开探索研究。各种复兴运动的发起，就是最能囊括这种动向的重要方面。各种复兴运动将非洲对民族国家统一的诉求提上了重要日程。显然，"文化复兴是坚持和维护自我统一性的斗争的一部分，这种斗争首先是坚持和维护作为非洲人的同一性，然后才是作为特定文化民族成员的一部分"③。由此，非洲的"国家整合"就可"被解释为是以更为广泛的区域或大陆实体为基础而建立起来的持久性国家主权"。④

在具体实践过程中，非洲国家是以组成"共同阵线"的方式，加强团结和合作，以统一非洲的目的来推动国家政权建设的。综合起来看，"实现'非洲统一'，不仅是非洲人民的理想，也是非洲国家独立后现实斗争的迫切需要"⑤。1963 年 5 月 25 日签署的《非洲统一组织宪

---

① George B. N. Ayittey, *African in Chaos*, St., Martin's Press New York, 1998, p. 20.

② ［赤道几内亚］特奥多罗·奥比昂·恩圭马·姆巴索戈：《我为人民而生——赤道几内亚总统奥比昂回忆录》，许昌财译，世界知识出版社 2003 年版，第 73 页。

③ ［加纳］A. 阿杜·博亨主编：《非洲通史》第 7 卷，中国对外翻译出版公司、联合国教科文组织出版办公室 1991 年版，第 460 页。

④ Edited by Toyin Falola, *African Politics in Postimperial Times the Essays of Tichard L. Sklar*, Africa World Press, Inc., p. 119. (National integration has also been interpreted to contemplate the establishment of durable national sovereignties at the expense of wider regional or continental unties.)

⑤ 张宏毅编著：《现代国际关系发展史（1917 年至 2000 年）》，北京师范大学出版社 2002 年版，第 227 页。

章》，标志着"非洲统一组织"的正式成立。非洲统一组织作为一股真正的政治力量，在非洲各国的政权建设上产生着重大的影响。其在"调停摩洛哥和阿尔及利亚的纷争，努力维持前比属刚果的独立，同南罗德西亚白人主权和种族隔离进行斗争，反对分割尼日利亚，反对以色列运动逐渐有了进展"① 方面，成效斐然，功不可没。

尽管中国在政权建设上始终处于摸索探究之中，但是，这并不妨碍与非洲在国家政权建设上产生共鸣。中非国家政权建设显然跨越了多元民族及多元文化边界。而这样的跨越，在本质上不是要取消双方之间的差异，而是要在差异的基础上提炼出共识，最终推动中非在政权建设上趋向一致性。本质地看，中非双方在具体建设层面上确实有所侧重，但是，相互之间的互助、支持及理解，彰显出了双方在政权建设上具有的战略结合点。一直以来，"在……国家建设中，中国与非洲国家始终休戚与共，加强合作。1971 年，在广大非洲国家的积极支持下，中国恢复了在联合国的合法席位，中国的国际地位日益提高。中国不仅支持非洲国家和人民反帝反殖的民族独立与解放，而且积极帮助非洲国家发展经济、教育和文化事业"②。中国与非洲由此演化成为一定意义上的"发展共同体"，双方之间形成的"共同体"行动在国际舞台上引起了强烈的反响。这种强烈的反响，反过来又推进了中非关系的进一步深化。

由上，中国与非洲在获得独立自主权后，国家建设，尤其是政权建设始终是双方寻找战略结合点的核心。如何推动国家政权建设，为社会稳定发展奠定基础，一直是中国与非洲在摆脱殖民主义统治后的焦点性任务。中非双方因此不仅形成了认同，而且还因此结下了战略关系。这种战略关系，很大程度的就是中非在内外环境压力下，为维护所坚持的原则及所选择的道路，而进行持续交流互构的结果。总之，中国与非洲在政权建设上达成的共识，说明双方的行为整合正在超越传统战略目标的范畴，而朝着共享的世界观及价值观上不断持续迈进。

---

① ［法］让－巴蒂斯特·迪罗塞尔：《外交史（1919—1984 年）》下册，汪绍麟等译，上海译文出版社 1982 年版，第 330 页。

② 《中非教育合作与交流》编写组：《中国与非洲国家教育合作与交流》，北京大学出版社 2005 年版，第 2 页。

四　经济发展：中非对社会稳定的诉求

人类历史发展已表明，国家的民主进步、民族的和谐稳定极大地取决于经济发展水平的高低。

进入近现代，经济发展已成为直接关系到一个国家或民族在国际社会中的形象、地位及权力的重要因素。推动经济发展，已成为不可逆的时代潮流。

自从20世纪下半叶以来，尽管国家间的政治关系（即国际政治）依旧是国际舞台上的重要内容，但是，发展经济已成为推动国际政治走向发展和突破的关键环节。设若没有经济的发展，国际政治的发展和突破不过是一纸空文而不着边际的。当前的国际政治，已经从传统的军事化民族国家时代，进入到一个重视和突出经济发展价值的民族国家时代。

在国家之间为摄取权力、扩大影响、争取地位的竞争中，经济手段和经济价值变成了重要的条件。发挥经济的结构性因素所具有的作用，以及充分调动经济具有的力量，以增进国家权力及其影响力，日益成为一种价值不菲的有效途径。经济，以及与经济有关的因素，无疑正在成为推动国家兑现战略利益及实现国际影响力的关键所在。

国家行为体之间的交往关系也正在不可避免地衍生出经济属性。政治经济化，经济政治化，正在成为颠扑不破的时代主调。国家在政治诉求中无疑正在增进着对经济及经济要素的强烈诉求。这一切，显然能够充分表明国家行为正在呈现出一种多元性要素并置的发展态势。当前的局势已折射出："国家行为的增加是一股强劲而又惊人一致的国际趋势。……国内政治由各异的、具有特定功能的单元构成，而国际政治则由同类的、重复彼此行为的单元构成。"①

当中国与非洲获得独立自主权，以及取得相应的政权建设成效之后，发展经济的共同诉求，再次促使中国与非洲将国际与国内要素结合起来。淡化各自的意识形态色彩，突出经济发展在双方关系建构上具有

---

① ［美］肯尼迪·华尔兹：《国际政治理论》，信强译，上海人民出版社2003年版，第129页。

的价值及意义，日益成为中非双方之间战略关系建构的重要基石。进入新的历史时空中，中国与非洲正在通过开放市场、经济合作、技术援助、信息交流等，塑造着双边关系。中非之间的合作，尤其是经济合作，正在颠覆着传统国际关系由其他行为体塑造的既定模式，双方国家之间对共享发展、共享经济的诉求也因之变得日趋显著。

由中非参与建构的多元化国际政治经济格局，正在改变着西方霸权主义主导下的单一国际关系模式。这种情势，既符合世界新增长中心的民族发展观的发展趋势，也符合人类在日渐巩固的物质基础上而增进的多元诉求并置的客观现实，更符合世界历史进程建立于理性民族文化传统基础上的逻辑机制。

进入新的时空条件下，时代再次赋予了中非新的战略机遇。合理的发展导向，再次将双方置入到崭新的时代命题之中。1971 年 1 月底，联合国大会六界特别会议的召开具有典型意义。这次会议的召开，昭示着中国、非洲等第三世界国家政治经济自主性的萌生，表达了中国、非洲等国家团结抗击资本主义政治经济霸权、反对不公正不平等国际政治经济秩序的决心，以及对建立一种更为公正、合理的国际政治经济秩序，维持多样化整合发展状态的呼吁。这次会议的目的在于：促进各个民族和各行为主体遵照社会内部规范和某些普遍性的价值规律进行对话及合作。在本质上，其则是对国际关系经济体系走向新常态的一种表达，是国家经济发展自主性及自觉性的时代先声，也是"国家维持秩序……并寻求连续性"[1]，尤其是主权连续性的方式及策略。

自新中国成立以来，经济建设一直是党和人民政府探索的重要内容。中国在经济建设上做出了符合本国国情的实践行动，取得了一定的成效，赢得了国际社会的高度赞赏。同时，中国所取得的成就也为非洲提供了借鉴价值及参考意义。1974 年 9 月，钱其琛在会见几内亚

---

[1] David J. Dunn, From Power Politics to Conflict Resolution the Work of John W. Burton, Palgrave Macmillan Houndmills Basingstoke, Hampshire RG21 6XS and 175 Fifth Avenue, New York, 2004, p. 147. (states are concerned with the attainment of order and, having attained it, seeking its continuation.)

比绍国家元首路易斯·卡布拉尔时，卡布拉尔就指出："在我们进行解放斗争的过程中，吸取了中国的经验，使我们战胜了敌人。在战争结束后，我们要依靠人民的力量恢复我国的经济，也需要吸取中国的经验。"①

进入 20 世纪 80 年代以后，随着中国"'国家的工作重点开始转移到经济建设上来，强调国防建设服从于经济大局'，展现了与国际社会多数成员增信释疑、携手共进的基本态度"②。中国的生产力得到巨大提高，经济实力显著增强，社会和谐繁荣，人民幸福安康。中国所取得的这些成就，更加坚定了非洲国家向中国学习的信念。尤其是进入 21 世纪以后，非洲始终"将目光转向中国。他们看到了中国坚持独立自主和改革开放政策的准确性，力图借助中国的力量……发展民族经济。这使得中国发展与非洲各国的关系有了新的意义和内涵"③。

中国与非洲在经济发展上始终相互支持。1989 年"8 月 21 日，索马里革命社会主义党助理总书记阿卜杜勒·卡迪尔在听取中国驻索马里大使施承训介绍中国国内情况后……说，中国的开放政策是正确的，中国坚持马克思列宁主义、毛泽东思想是对的，人们至今仍可从马克思主义和中国实际相结合的毛泽东思想中得到许多有益的东西"④。1990 年 10 月 22—26 日，"萨利姆高度赞扬中国同非洲国家之间的友好关系，认为中国是非洲人民的好朋友，表示将进一步加强非洲国家同中国之间的合作"⑤。其中，经济合作就是重要的事项之一。中国亦积极支持非洲的经济发展。一直以来，"中国政府关切撒哈拉以南非洲地区持续严峻的经济形势……支持它们为振兴经济进行不懈的努力，高度评价非统组织成员国一致签署《建立非洲经济共同体条约》……中国支持非洲国家为改变不公正和不平等的国家经济秩序而进行的斗争，支持非洲国

---

① 钱其琛：《外交十记》，世界知识出版社 2003 年版，第 249—250 页。

② 王逸舟：《中国外交新高地》，中国社会科学出版社 2008 年版，第 5 页。

③ 钱其琛：《外交十记》，世界知识出版社 2003 年版，第 257 页。

④ 中华人民共和国外交部外交史编辑室编：《中国外交概览：1990》，世界知识出版社 1990 年版，第 146 页。

⑤ 中华人民共和国外交部外交史编辑室编：《中国外交概览：1991》，世界知识出版社 1991 年版，第 445 页。

家在解决外债、资金、环境保护和改善国际贸易条件等方面提出的正当要求和合理主张"①。1991 年 6 月 3—6 日,非洲统一组织第 27 届国家元首和政府首脑会议在尼日利亚新都阿布贾举行。李鹏总理致贺电并指出,"非洲国家面对日益恶化的国际经济环境、沉重的债务负担和严重的自然灾害,继续探索适合本国情况的发展战略和经济政策,并且发扬集体自力更生精神,积极创建非洲经济共同体,以实现非洲经济一体化的宏伟目标"②。

中国与非洲在经贸合作上取得了一系列的丰硕成果。进入"20 世纪 90 年代,中国继续贯彻 60 年代周恩来提出的中非关系五项原则和中国对外援助八项原则;认真执行 1983 年中国提出的同非洲国家开展经济技术合作的四项原则;……1992 年 7 月,中国国家主席杨尚昆访问非洲时,在科特迪瓦发表了中国继续发展同非洲国家关系的六条原则,强调中国尊重非洲各国根据各自国情选择其政治制度和发展道路,中国愿在和平共处五项原则基础上,发展同非洲各国的友好往来和经贸合作"③。2004 年,国家主席胡锦涛率团出访非洲,在访问加蓬时胡锦涛主席发表了题为"'巩固中非传统友谊,深化中非全面合作'的演讲,提出了新时期发展中非关系的三点倡议,即'坚持传统友好,推动中非关系新发展;坚持互利互助,促进共同繁荣;坚持密切合作,维护发展中国家的权益'"④。在这一系列建设性方针政策的指导下,中国与非洲在经贸合作上实现了双赢。

进入 21 世纪,中国与非洲各国的合作发展得到进一步加强。仅就撒哈拉以南非洲地区来说,截至 2004 年,46 个国家中就有 39 个国家与中国进一步巩固、充实和深化了友好合作关系。⑤ 中非在经贸合作上呈现出迅猛的发展势头。其中,在"2000 年,中非贸易额首次突破 100

---

① 中华人民共和国外交部外交史编辑室编:《中国外交概览:1992》,世界知识出版社 1992 年版,第 157 页。

② 同上书,第 461 页。

③ 黄安余:《新中国外交史》,人民出版社 2005 年版,第 348—349 页。

④ 中华人民共和国外交部政策研究司编:《中国外交》,世界知识出版社 2005 年版,第 34 页。

⑤ 同上。

亿美元。到 2005 年，中非贸易额已达到 397.5 亿美元，比 2000 年接近翻了一番，5 年间年均增幅高达 32%。海关统计显示，去年上半年，中非贸易额达到 256 亿美元，同比增长了 41%。其中中国对非出口 110 亿美元，从非进口 146 亿美元，分别较上年同期增长 30%、51%"①。可见，在中非国家建设的进程中，共同的经济发展诉求不仅是再次将双方连接起来的重要桥梁，而且还成为减少国际社会动荡、消除贫困落后的有利因素。同时，共同的经济发展诉求，不仅实现了双方经济的增长，而且丰富了国家之间相互认同的构成内容，更为重要的是，还平衡了长期以来国际政治经济主体在发展中国家与发达国家之间分配不平衡的局面，甚至为发展中国家在国际舞台上争取到更多的权利及话语权树立了典范。

随着中国与非洲经贸关系的日益加强，双方既是政治经济发展的受益者，同时，也是政治经济建设的践行者和捍卫者。中国与非洲，长期以来，"始终同舟共济，在维护国家主权独立和领土完整、维护世界和平以及加快建立国际政治经济新秩序等方面作出了应有的贡献。也正是这些共同的任务和立场，巩固了中国和非洲国家之间的友好合作关系，也为彼此在国际环境中的长期支持与合作打下了坚实的基础"②。

总之，中国与非洲在主权独立、政权建设、经济发展上形成的具有道德凝聚力的认同，在根本上保护和盘活了当代民族国家的作用和价值，说明在当今世界，国际关系的形成和相互作用更具文化性。同时也说明，第三世界国家正在朝着追求同国际体系本身一样广泛的普遍利益的方向迈进，并越来越体现出拥有某种由其能力和意志维系的国际政治权力能力。在这一进程中，保存和发扬各自的文化优势，追求物质和精神原则的和谐统一，始终是中非双边关系持续推进的价值主轴。当前，中国与非洲所形成的跨国性结构，正逐渐化约为人类社会的普遍公理，人们的忠诚亦从限于民族国家本身上而延伸到国际社会层面上。中国与

---

① 《中非贸易研究（1）》，2010 年 6 月 20 日（http：//www. reader8. cn/data/20100224/231019. html）。

② 楚树龙、金威主编：《中国外交战略和政策》，时事出版社 2008 年版，第 267 页。

非洲所塑造的"共同体"结构，使得五百多年来所形成的由西方文化和权力塑造的、被当作纯粹榜样的传统国际关系面临寿终正寝。西方通过限制或束缚非西方而阻止实质性国际局势发生变化的动机，亦愈来愈沦为旧务陈说。

第四节　发展阵痛

在变化速度成指数级增长的今天，中国逐渐驶入全球经济一体化发展的快车道，与世界各国的联系变得日趋紧密。进入 21 世纪后，尤其是与非洲的交往合作，变得尤为紧密。双方之间的交往合作成为了全球化进程中的新亮点，双方所形成的"共同体"格局或模式愈来愈成为塑造现代历史的动力。

然而，在这一充满各种机遇的现代化历史进程中，某些难以回避的问题却转换成为了双方关系发展的潜在威胁。全球化在给中国及中国人走向非洲创造机遇的同时，也带来了不少挑战。随着中国与非洲交往合作的日益密切，某些难以回避的问题，日益成为中国与非洲持续推进战略关系的潜在威胁。中国人在非洲的生命财产安全就是典型例证。从特点和性质上看，这些问题是社会化发展进程中不可避免地会出现的症候。而全球化，则是导致这一现象发生的一个重大因素，全球化也是克服这一困境的一个关键出路。

鉴于此，在彼此依赖性，尤其是经济依赖性不断增强的同时，如何对问题达到有效治理，将是中国与非洲拓展更大发展空间的核心课题。从公共问题与全球共同体的角度，来认识和处理中国人在非洲遭遇到的生命财产安全威胁，不仅能够从中洞察到犯罪行为体的时代特点及社会属性，同时，还能够突破物质权力在应对及解决问题上的传统权威性，而使得具有人文精神的共有观念及"共同体"结构在问题应对及解决上具有的功效被彻底激发或释放出来。

一　全球化背景下中国人走向非洲的可能及面临的威胁

全球化作为一股不可逆转的时代潮流，使得世界各国为满足生存发展需要而爆发出了强烈的相互依赖性。在当今的国际化进程中，超越国家界限的某些利益诉求和目标愿景的出现，以及共同的价值观和社会内聚力的簇拥，已成为当代历史发展的必然趋势。与此同时，世界各国之间日益萌发出由共享的成员身份和情感纽带维系的"共同体"意识及行动。在合作发展结构上，国家之间日益彰显出对资源、市场和信息等无国界性诉求的强烈倾向。

进入新的时空中，各国除依靠本国国内实力推动生产力发展外，同时，也不失时机地借助境外因素及条件拓展着发展空间。尤其是进入20世纪后半期以后，这一情形变得越发显著。

中国与非洲作为国际体系中的重要构成内容，同样应和了全球化的大势，践履了全球化背景下的发展逻辑机制。作为发展中国家，中国离不开与其他国家，尤其是与自身历史命运和社会模式差不多的非洲国家，开展行为整合及发展合作的现实需要。当代的中非关系诚然是过去几个世纪以来全球互动关系的继续延伸，其中货币、贸易、移民等构成了双方持久性往来的跨国性纽带。

进入新的历史时空中，中国与非洲通过互通有无的策略推动着双边关系的持续建构，不仅使得双方各自获得了物质经济的发展，而且还使得彼此间的全球"共同体"意识和相互依赖性得到前所未有的激发和突出。非洲在国家建设的探索历程中发现了中国。中国所赢得的各种机遇条件以及所取得的发展成就，也为迟发展中的非洲提供了富有价值的参照及借鉴。中国人走向非洲，以及非洲人来到中国，已是时代向前推进的必然之势。全球化，则是推动这一趋势产生和发展的重大情境性因素。

全球化，在促使各国相互靠近的同时，也导致了负面因素的持续滋生。一切诚如基欧汉分析的那样："国际相互依赖可以传递坏的影响……就像它也能导致好的影响一样。"[①] 全球化犹如一柄双刃剑，在促使人们享有积极效果的同时，也衍生出了消极负面的影响。由于全球化浪潮的席卷，一些问题随之涌现，并上升到公共性层面，而转换成为

---

① ［美］罗伯特·基欧汉：《霸权之后》，苏长和、信强、何曜译，上海人民出版社2001年版，第4页。

了公害问题。这样的问题，使得世界上任何一个国家都难以逃避，最终遭遇着不可避免地卷入其间的现实。可以说，全球化导致阵痛的无国界化。

客观地看，某些具体犯罪在时空与性质上呈现出普遍性特质。原先局限在某一区域的犯罪，当随波逐流地蔓延到世界各地之后，无疑爆发出了一定的普遍性及国际性的趋势和特点。以至于在现如今，绑架、勒索、恐怖主义等案件在很多国家都呈现出普遍性的高发态势。对此，不得不从某种程度上说明，这正是由于全球化牵动而所致的结局。

中国，作为一个以践行"和为贵"理念及认知为重的国家，无论在历史上还是现实中，均不存在因剥夺和威胁他国的生存发展而遭到国际社会非礼的经历。即便对于当下泛滥成灾的国际恐怖主义而言，在客观实际上也并不存在轻易地对中国人采取报复性攻击的做法。从这点上来看，中国人是安全的，在非洲的中国人也应是安全的。但是，由于全球化造成的流动性发展，难免使得人们的身份遭到误解（比如将中国人误认为是日本人或者亚洲其他国家的人），难免使得人们无辜地受到极端势力的无端发难（比如东突分子、"藏独"分子），难免使得人们成为不法分子诈取钱财的无助对象……，以至于最终造成令人难以挽回的尴尬局面。总体上，随着中非关系日益由单一援助向多元合作形式的转变，中国人在非洲的生命财产安全遭遇着威胁，已是难以回避的不争事实。

可以说，全球化在缔造机遇及生机的同时，也不可避免地滋生出了阵痛。中国与非洲在全球化进程中实现了关系互构，但同时也遭遇着不确定性因素的挑战。确实，全球化导致的"交往不时地会带来摩擦和冲突，但同时它也引发了一种全球意识，即人们应该通过跨国行动（transnational initiatives）来努力确保世界各族人民和平交往"①。

总体上，全球化催生出的世界依赖性，既体现在对共同利益的维护上，同时，也体现在对共同问题的处理中。当下，借助全球化的理性分

① ［美］入江昭：《全体共同体：国际组织在当代世界形成中的角色》，刘青、颜子龙、李静阁译，社会科学文献出版社 2009 年版，第 15 页。

析架构，有利于确保现代化发展逻辑被导向正确的方向和目标，从而更好地推动全球"共同体"利益的兑现。

二　中国人在非洲生命财产面临威胁的特点

中国与非洲国家获得独立主权后，现代国际关系意义上的中非关系由此启动。随着全球化进程的不断加快，中非关系逐渐突破传统内涵，获得了崭新的生命力。政府部门不再是中国与非洲双方之间关系维护的唯一行为主体，民间团体、组织或个人已在中非关系推进上日益发挥着积极的作用。越来越多的民间团体、组织或个人不断走向非洲，寻求发展突破。

随着大量的中国人与非洲接触机会的日渐增多以及交往频率的不断增大，中国人在非洲的危险系数亦由之升高。当前，在非洲的中国人"已不再像以前那样被认为是'最安全的外族人'"[1]，也"不再是我们通常想象中的'最安全的外国人'"。[2] 中国人在非洲遭遇到的生命财产安全威胁呈现出以下几个特点：

时间密集性。进入 21 世纪以后，中国人在非洲生命财产安全面临威胁的一个突出特点是时间密集性。在最近的时间里，几乎每一年都有中国人遭遇着不同程度的生命财产安全威胁。例如，"从 2000 年至今，华人在南非遇难的消息接连不断"[3]。2001 年 8 月 23 日，福州永丰远洋渔业有限公司的 226 号渔船在索马里遭劫持。[4] 2003 年全南非有 20多名华人非正常死亡，遭抢劫被杀的占 2/3。[5] 2005 年 6 月 29 日凌晨，我国援助多哥医疗队洛美驻地遭到一伙身份不明的武装匪徒入室抢劫。[6] 2005 年 9 月 24 日津巴布韦首都哈拉雷发生一起武装歹徒闯入中

---

① 李凌：《面对歹徒袭击，海外侨胞应怎么办?》，《人民日报》（海外版）2008 年 11 月 20 日第 6 版。

② 王鑫：《中国公民及华人华侨要学好海外"防身术"》，《工人日报》2006 年 12 月 30 日第 008 版。

③ 万晓宏：《南非华人现状分析》，《八桂侨刊》2007 年第 1 期第 31 页。

④ 赵丹鹰：《揭秘一年四百余起海盗案》，《光明日报》2001 年 11 月 2 日第 C01 版。

⑤ 万晓宏：《南非华人现状分析》，《八桂侨刊》2007 年第 1 期。

⑥ 《非洲多哥局势动荡　中国使馆医疗队和商人遭抢劫》，2017 年 9 月 20 日（http://www.cnhubei.com/200503/ca802577.htm）。

国公民住处抢劫事件。① 整个 2005 年仅南非就有 8 名中国公民不幸遇害。② 2006 年 2 月 4 日，青岛市青年男子陈敬敏在南非最大城市约翰内斯堡北郊米德兰的工厂遭到武装抢劫，不幸中弹身亡。③ 2006 年 2 月 4 日到 5 日，两天内有 3 名中国公民在南非不幸遇难。④ "2007 年 1 月，在尼日利亚发生两起中国员工被当地武装人员劫持、绑架案件。"⑤ 2007 年 "1 月到 3 月，尼日利亚先后发生 3 起中国公民海外遇袭事件等等"⑥。2007 年 4 月中原油田勘探局设在埃塞俄比亚东南部地区的项目组遭武装分子袭击并抢劫。⑦ 2007 年 7 月 1 名中国公民在尼日尔被绑架。⑧ 2008 年 3 月 25 日，在赤道几内亚，400 多名中国劳工为维护自身的权益罢工后与当地警察发生冲突，中国劳工 2 死 4 伤。⑨ 2008 年 5 月 6 日，在尼日利亚一中资公司中三名工程人员遭不明身份武装分子绑架。⑩ 2008 年 9 月 17 日，中国香港货轮被索马里海盗劫持⑪。2008 年 10 月中石油公司 9 名员工在苏丹西南部一施工现场被武装分子绑架⑫。2008 年 11 月 13 日中国渔船"天裕 8 号"被索马里海盗劫持。⑬ 2009

---

① 高士兴：《我国一公民在津遭抢劫不幸遇难》，《人民日报》2005 年 9 月 27 日第 003 版。

② 李锋：《南非我同胞被害案告破》，《人民日报》2006 年 2 月 11 日第 003 版。

③ 陈铭：《我一公民在南非遭劫身亡》，《人民日报》2006 年 2 月 6 日第 003 版。

④ 李锋：《南非我同胞被害案告破》，《人民日报》2006 年 2 月 11 日第 003 版。

⑤ 《2007，让我们记住》，《晚霞》（下半月月刊）2008 年第 2 期，第 32 页。

⑥ 谢柳：《中国公民海外安全保险市场潜力大》，《中国保险报》2007 年 9 月 3 日，第 005 版。

⑦ 《关注经济危机中的海外中国公民安全》，《第一财经日报》2009 年 2 月 10 日第 A02 版。

⑧ 谢柳：《中国公民海外安全保险市场潜力大》，《中国保险报》2007 年 9 月 3 日第 005 版。

⑨ 李玉明：《中国政府重拳出击维护海外劳工合法权益》，《中华建筑报》2008 年 6 月 24 日第 006 版。

⑩ 《在尼日利亚被绑架中资人员安全获释》，《人民日报》2008 年 5 月 11 日第 004 版。

⑪ 田源：《索马里海盗严重威胁中国航运权益》，《解放军报》2008 年 12 月 26 日第 004 版。

⑫ 李凌：《面对歹徒袭击，海外侨胞应怎么办？》，《人民日报》（海外版）2008 年 11 月 20 日第 006 版。

⑬ 田源：《索马里海盗严重威胁中国航运权益》，《解放军报》2008 年 12 月 26 日第 004 版。

年 11 月 17 日，一艘在香港注册的货船 The Delight 号在索马里附近海域被海盗劫持。[①] 2009 年从 11 月 1 日至 21 日短短 21 天，中国远洋集团所属的船舶就有 20 艘遭到海盗的袭扰。[②] 2009 年 8 月 3 日 "一名中国人在赞比亚首都卢萨卡遭歹徒抢劫并被害身亡"[③]。2009 年 10 月 18 日中国籍货轮 "德新海" 号被劫持。[④] 2009 年 10 月 31 日，莱索托中资民营企业 "莱索托石头公司" 中方员工在上班时遭歹徒抢劫。[⑤] 显然，时间密集性是中国人在非洲遭遇到的生命财产威胁的一大特点。

地域集中性。中国人在非洲遭遇的生命财产威胁在地域上比较集中。尼日利亚、索马里、南非是犯罪率比较高的区域（尼日利亚连续出现几起针对中国石油工人的案件，索马里主要是海盗绑架货轮船员，南非多为抢劫商店和个体），其中南非最为严重。"南非每年平均有 1100 多人遭到武装抢劫、谋杀、强奸和绑架，外国人是遭袭的主要对象。"[⑥] "从 2000 年至今，华人在南非遇难的消息接连不断。……2003 年全南非有 20 多名华人非正常死亡，除少部分死于车祸外，遭抢劫被杀者占 2/3。"[⑦] 2004 年 10 月 17 日 "两名在南非司法首都布隆方丹工作的中国人于当地时间 17 日下午遭遇三名歹徒抢劫和枪击，不幸遇难身亡"[⑧]；"11 月 4 日，中国公民一家四口南非遭灭门"[⑨]。2004 年 "共发生 13 起中国公民、华侨被害案件……70 家中资公司和华侨企业被抢"[⑩]，共有

---

① 王磊燕：《索马里海盗猖獗 三艘香港船只遭劫持》，《第一财经日报》，2008 年 11 月 22 日，第 A02 版。

② 田源：《索马里海盗严重威胁中国航运权益》，《解放军报》2008 年 12 月 26 日第 004 版。

③ 《一名中国人在赞比亚首都卢萨卡遭歹徒抢劫并被害身亡》，2017 年 9 月 20 日（http://www. all-africa. net/Get/fzxw/081113365. htm）。

④ 叶秋：《中国全力营救被劫船员》，《中国国防报》2009 年 10 月 27 日第 001 版。

⑤ 《非洲一家中资企业遭抢劫，两名中国人遇害身亡》，（http://enterprise. hld. gov. cn/ShowArticle. asp? ArticleID = 31176）。

⑥ http://www. gotoread. com/vo/5468/page575136. html.

⑦ 万晓宏：《南非华人现状分析》，《八桂侨刊》2007 年第 1 期，第 31 页。

⑧ 葛军：《外交部长特别代表南非行》，《世界知识》2004 年第 21 期，第 56 页。

⑨ 李云清：《外交为民时事报道新视野》，《新闻前哨》2006 年 11 月，第 83 页。

⑩ 葛军：《外交部长特别代表南非行》，《世界知识》2004 年第 21 期，第 56 页。

18 名中国公民遇害。[①] "2005 年 10 月 17 日，两名中国同胞倒在了南非歹徒的枪下。"[②] 2005 年南非"共发生 40 多起针对华侨华人的武装抢劫，造成 8 人遇害"[③]。2006 年，南非发生多起武装抢劫中国公民事件，"1 月 10 日，旅居约翰内斯堡的一名香港同胞在与入室抢劫的歹徒搏斗时惨遭杀害"，"2 月 4 日至 5 日，不到两天的时间里，又有 3 名华人在南非被杀"[④]，"5 月 13 日，在南非出生的华人刘女士在约翰内斯堡的家中遭遇武装抢劫时被歹徒枪杀；21 岁的福建籍中国公民陈美花 21 日在约翰内斯堡遭劫，头部中弹后死亡"[⑤]；"22 日下午，江苏海门的徐瑞冲和妻子在一处十字路口遇红灯停车时遭武装抢劫，徐瑞冲被歹徒用枪击中右肩胛和心脏，当场死亡"[⑥]。2007 年 9 月 21 日，南非一家中资公司"在约翰内斯堡遭遇武装抢劫，2 名中国员工在银行提取现款后不幸遇害"[⑦]。2008 年 2 月 24 日"一对在南非经营酒吧生意的中国夫妻遭遇武装抢劫，不幸中弹身亡"[⑧]。2009 年，"12 月 8 日，南非东开普省伊丽莎白港市发生一起中国公民遭抢劫遇害案。一名中国公民在其经营的超市遇害，其父亲也遭遇歹徒枪击，幸免于难"[⑨]。在此，针对中国人的犯罪在区域上呈现出集中性特点。而这些地区的历史、认知、治安等在犯罪行为的产生上具有不可忽视的影响。

目的经济性。犯罪分子针对中国人的犯罪具有很强的经济性目的。

[①] 夏莉萍：《中国外交的新重点》，《新视野》2005 年第 6 期，第 75 页。

[②] 李云清：《外交为民时事报道新视野》，《新闻前哨》2006 年 11 期，第 83 页。

[③] 陈铭：《我一公民在南非遭劫身亡》，《人民日报》2006 年 2 月 6 日第 003 版。

[④] 王昭、张涵：《华人为何在南非屡遭侵害？》，《人民日报》（海外版）2006 年 2 月 10 日，第 005 版。

[⑤] 王鑫：《中国公民及华侨华人要学好海外"防身术"》，《工人日报》2006 年 12 月 30 日，第 008 版。

[⑥] 同上。

[⑦] 《南非一中资公司 2 中国员工遭武装抢劫身亡》，2017 年 9 月 20 日（http：//news. 163. com/07/0922/10/3P04QKDO0001121M. html）。

[⑧] 《中国夫妻南非遭枪击身亡两非裔犯罪嫌疑人被控制》，2017 年 9 月 20 日（http：//sjzdaily. com. cn/main/2008-02/26/content_ 1300602. htm）。

[⑨] 《南非发生中国公民遭抢劫遇害案致 1 死 1 伤》，2017 年 9 月 20 日（http：//210.72. 21.70/viewthread. php？ tid ＝ 602509&page ＝ 1&styleid ＝ 1&agMode ＝ 1&com. trs. idm. gSessionId ＝ 9CB27EA7A693CC209A07712AE93D7B29#）。

无论偷盗、抢劫或绑架，都是以谋财害命、夺人钱财为目的的。流动性的商人或业务人员便成为袭击重点。从 2004 年到 2006 年在南非遇害的 30 多名中国人中，其中大部分是经商的。① 2005 年 "5 月 23 日凌晨 3 时左右，一伙不明身份的武装匪徒袭击了一名在洛美经商的中国商人住处……抢走了装有数百万西非法郎的保险柜和一些财物。……来自中国江西赣州的商人赖常明位于反对派控制街区的住宅也遭到抢劫。赖常明家里几乎被洗劫一空，损失近 2 万美元。另有 3 家中国商人住处也遭抢劫"②；6 月 29 日凌晨，我国援助多哥医疗队洛美驻地 "遭到一伙身份不明的武装匪徒入室抢劫。……两名中国医生的钱物被匪徒抢走，损失达数千美元。……5 名匪徒先后进入了几间宿舍，强行索要钱财……匪徒们进入一位女大夫的房间后还用枪顶着她，强迫她把钱拿出来。匪徒们洗劫了几个宿舍，抢走了一批贵重财物后乘车逃离了现场"③；7 月底至 8 月初，来自中国南方某省的代表团遭遇劫匪，钱财被抢劫一空。④ 2006 年 2 月 4 日，"来自福建省的女子陈建青在约翰内斯堡东南斯普林斯镇经营的商店里遭到两名匪徒抢劫中弹身亡。歹徒当场抢走 5 万多兰特（约合 8200 美元）现金和首饰后逃跑"⑤。2007 年 1 月 5 日，"一伙武装人员在尼南部河流州的埃莫华地区绑架了中国某电讯公司的 5 名工人，并抢走价值数千美元的财物"⑥；9 月 "21 日上午，南非一家中资公司的两名中国员工在约翰内斯堡遭遇武装抢劫，不幸身亡。两人携带的约 70 万兰特（约合 10 万美元）被抢走"⑦。2008 年 10 月 27 日，"中

---

① 王昭、张涵：《华人为何在南非屡遭侵害？》，《人民日报》（海外版）2006 年 2 月 10 日第 005 版。

② 《非洲多哥局势动荡 中国使馆医疗队和商人遭抢劫》，2017 年 9 月 20 日（http：//www. cnhubei. com/200503/ca802577. htm）。

③ 同上。

④ 王昭、张涵：《华人为何在南非屡遭侵害？》，《人民日报》（海外版）2006 年 2 月 10 日第 005 版。

⑤ 同上。

⑥ 戴阿弟、梁尚刚：《尼日利亚警方承诺 尽快查明被绑架中国工人下落》，《人民日报》2007 年 1 月 7 日第 003 版。

⑦ 《南非一中资公司 2 中国员工遭武装抢劫身亡》，2017 年 9 月 20 日（http：//news. 163. com/07/0922/10/3P04QKDO0001121M. html）。

国籍货轮'德新海'号被劫持事件已进入第 9 天……各方认为，接下来的几天，绑匪将向船东提出赎金要求"①。因为"索马里海盗很典型的一个做法是以勒索钱财为条件，将船只、货物和有关人员交换"②，"劫船后通常提出巨额赎金要求"③，"勒索金额通常在 100 万美元到 300 万美元之间"④。勒索已是近年来中国人在非洲遭遇到的生命财产威胁的新形式。2009 年 10 月，据英国知名保险公司希思可（HISCOX）披露的一项研究报告显示，"最近 10 年间全球绑票案翻了三倍以上，而海外遭绑架最多的是中国人、法国人和德国人。……在'国籍排名'中，中国人在全球'遭绑架人次'排名中居首位"⑤。这跟中国的崛起具有很大的关联。中国经济的发展和中国人的日渐富庶，使得坐享其成的犯罪分子将中国人当作了诈取钱财的主要对象。

行为有意性。不法分子针对中国人的犯罪，在方式上，主要涉及抢劫、偷盗、绑架等方面。前两者是人类历史进程中难以回避的普遍现象，而后者却是全球化空前加剧的结果的体现。进入新的时空中，针对中国人的绑架事件突破了已有的历史纪录，创下了历年以来的新高。这毫无疑问地与中国人同国际社会交往日益密切的现实紧密地关联着。从概念意义上看，这三种犯罪在前后关系上，存在着由无意识到有意识转变的倾向。当不法分子实施前两种犯罪，即抢劫、偷盗时，并非总要明确被袭击对象的身份，而有无钱财才是他们关注的焦点。为获取更多的钱财，不法分子将目光锁定在了其认为有钱财的人的身上。比如，"2008 年 3 月 21 日，发生在马普托市的偷盗、抢劫案例并非仅对中国人，而是针对所有有钱的亚洲人、欧洲人及非洲人"⑥。在此，获取钱

---

① 叶秋：《中国全力营救被劫船员》，《中国国防报》2009 年 10 月 27 日第 001 版。

② 杨林：《怡安：海盗推涨绑架勒索保险费率》，《中国保险报》2009 年 4 月 15 日第 005 版。

③ 叶秋：《中国全力营救被劫船员》，《中国国防报》2009 年 10 月 27 日第 001 版。

④ 杨林：《怡安：海盗推涨绑架勒索保险费率》，《中国保险报》2009 年 4 月 15 日第 005 版。

⑤ 《为什么海外遭绑多是中国人》，2017 年 9 月 20 日（http：//global. mplife. com/news/091022/26110643401. shtml）。

⑥ 《最后的金矿——无限商机在非洲》连载之十八，2017 年 9 月 20 日（http：//www. hbfzsh. cn/news/news_ temp. asp？id＝191）。

财显然是"抢劫""偷盗"行为的主要动机及目的。很显然的是，经济目的性凌驾于对象的身份特性上。也就是说，作为某国人的身份并不会因此而具有危险性。在这种情况下，中国人是安全的。然而，这种情形最近几年来有所改变。随着中国的日益崛起和中国经济的不断发展，中国人的身份面临着潜在的威胁。不法分子目睹了中国的发展，他们相信中国人是有钱的。于是，不法分子采取的犯罪行为，便转变成为了一种有意识性的行为。据了解，在非洲，经常有人伸手向中国人乞讨："我需要援助。"（意思是需要给钱）此举无疑从中折射出了"乞讨者"们对中国发展现实及中国人物质经济状况的一定认可。近年来，针对中国人的勒索绑架案例的出现，更展示出了不法分子对这种认识及理解的进一步加深。针对中国人的犯罪，亦就相应地转换成为了一种有意识性选择的必然行动。在此，犯罪概念及行为，由此带有了很强的意识性、针对性及目的性。其中，就"绑架"而言，从抽象层面上看，"所谓'绑架'，是指任何人、组织违背另一人的意志故意且非法对其实施劫持，使被劫持者置身于劫持者的控制之下"[1]。绑架无疑是一种有意识地达到索取某种物质或达到某种目的的预谋性犯罪。总之，中国的发展及随之而来的中国人的"走出去"与针对中国人的有意识犯罪之间，日益呈现出正态分布的趋势和格局。尼日利亚工人被绑架、索马里海盗遭勒索等案例，能够充分说明不法分子在犯罪对象及犯罪方式的选择上都是带有很强意识性及目的性的。

由上可见，中国人在非洲遭遇到的生命财产安全威胁呈现出时间密集性、地域集中性、目的经济性、行为有意性的特点。这些特点与全球化发展进程及区域社会发展状况有着密切的关联性和相依性。

三 中国人在非洲生命财产威胁的性质

通过对中国人在非洲生命财产安全威胁的特点展开分析，可排除政治性因素或民族主义因素在其中的作用。这有利于超越问题本身来洞察潜藏其间的价值规范、发展逻辑与现实困境之间的关系，从而形成合理的视角和分析架构。中国人在非洲遭遇到的生命财产安全威胁是个体理

---

① 瞿唯佳主编：《人质危机与解救》，国防大学出版社2004年版，第2页。

性与集体理性矛盾、显性与隐性价值规范体系冲突、内在成因与外在诱因共谋的结果。

个体理性与集体理性的矛盾。中国人在非洲遭遇到的生命财产安全威胁是个体理性与集体理性矛盾的结果。对不法分子而言，每个个体都可能成为其寻求物质及钱财的对象。利益最大化是不法分子行动的直接驱动力。非法性掠夺钱财或祸害他人则是重要手段。不法分子所实施的一切，并非是将其行为整合到人类、国家、社会所代表的集体理性逻辑之中以达到追求公平、公正、合理、效率的效果。这样，作为不法分子的个体理性与作为人类、国家、社会的集体理性之间，无疑是相互背离而冲突的。所以，不法分子不顾道义、不择手段地非法剥夺在非洲的中国人的权利及利益显然在所难免。

显性价值规范体系与隐性价值规范体系的冲突。显性价值规范体系是官方或国际社会认可的、主流的、法定的规范性体系。而隐性价值规范体系，则是能够内化为个人的良心道德甚至是心理认知结构的规范性体系。当隐性价值规范体系没有被导向正确的方向时，就会转换成为个体滋生不合法行为的土壤。中国人在非洲遭遇到的生命财产安全威胁，在根本上，是犯罪分子秉持的隐性价值规范体系同官方或国际社会认可的主流价值规范体系，即，显性价值规范体系发生冲突的结果的体现。可以认为，正是因为显性价值规范体系与隐性价值规范体系之间的对垒与矛盾，才最终导致了犯罪行为不可避免地滋生。

内在成因与外在诱因的共谋。导致中国人在非洲遭遇到的生命财产安全威胁的另一种因素是内在成因与外在诱因的共谋。不法分子的行动，是具有目的性、功利性甚至职业性特点的，而目的则是追求自我满足与物质利益的非法获得，具有内在性诉求的倾向。但是，事物发展的辩证逻辑印证了内外因素在事物发展进程中的共谋性作用。外在诱因在促使不法分子非法剥夺他人物质钱财上，同样具有一定的作用力及助推效应。比如，在其他地方出现的犯罪行动，尤其是像绑架勒索这类利润丰厚的犯罪行动，很容易给其他不法分子提供借鉴及模仿的机会。另外，人类社会的发展现实也同样能够给不法分子提供一定的参照，当今社会的人们都极大地以追求金钱和物质上的富足为美为荣，受此感染和鼓动，不法分子便萌生出不甘心的愿望，寄希望于华丽转身为物质金钱上富足的人，于是，他们便会伺机以劫人钱财、图财害命的非法方式掠夺他人物质钱财等。最后，传媒技术也是诱发犯罪高发点的潜在因子。比如，通过视频、影像、影片，尤其是来自欧美的一些科幻片，不法分子很容易从中获得启发，并模仿其间的做法。影片中的一些场景本是为了达到艺术渲染的效果，但是，经过犯罪分子演绎后便切换成为了真实的体验及具体的伤害。在此，不法分子针对在非洲的中国人所做出的伤害，显然是由内在成因与外在诱因共谋作用的结果的体现。

总之，中国人在非洲遭遇到的生命财产安全威胁在本质上是人类社会在发展进程中不可回避的二元性结构矛盾冲突的结果，是新时代中无法回避的人性弱点及发展困境。对此，需要上升到人类社会转型及所面临的全球化进程的高度来认识和理解。

四　治理思路：公共问题与全球共同体

一般而言，借助于问题的特征与性质，就能够找到问题解决的思路和方法。鉴于此，全球化是引发中国人在非洲遭遇到生命财产安全威胁的源头，那么，对这一安全威胁的处理，同样需要回归到全球化进程中来获得解决。毕竟，"解铃还须系铃人"。这样做，既能够避免直观、直接处理问题的方式，而导致激化国家间矛盾的结局的产生，同时，还能够在人类相互依赖性加强的基础上，提供一个思考人类普遍性问题的综合性框架。全球化使得人们之间传统的距离感被深刻地改变了，本土与外界之间的关系也因此而变得含混模糊。鉴于理想中的人类总体接近是一个由统一联合体而组织成为的"共同体"格局，那么，解决人类共同面临的困境，无疑需要找到一套没有特定政府色彩而能为所有国家共享的治理办法。在此，公共问题思路和全球"共同体"原则，就是两个关键性的出路。

从公共问题思路的角度出发。人类是基于什么意义，或以怎样的方式来解决或克服不同的问题，取决于这种问题的特点与性质。通过对中国人在非洲的生命财产安全威胁做出透视，可发现这是社会化、现代化发展进程中的必然困境与普遍性结局，是一个典型的公开的公共性问题。公共问题处理的结果，既能够公益，也可以公害。这一双重性特质体现在解决问题的过程与结果上。为达到公益，"需要各国之间加强协调与合作，而合作的一个本质问题，就是集体行动是否以及如何可能的问题。因此，相互依赖的世界提出了一个根本性的问题，即各国如何通过合作的集体行动，来管理和治理日趋增多的全球公共问题"①。反之，如果缺乏合作，缺乏共同的治理行动，则必然地走向公害。当下，合作应对公共问题已是必然的历史趋势。"正如在过去反复经历并成功地应对了种种挑战一样，人类也正在应对今天的挑战。"② 可以说，将中国人在非洲遭遇到的生命财产安全威胁问题上升到公共问题层面来处理，可催生出共同的问题意识，同时能够集中力量、整合资源、集结智慧以避免将问题做政治化及民族主义化的简单处理，最终达到推动问题解决的效果。

从全球"共同体"原则的角度出发。随着科学技术的发展进步，人类进入到能够智慧地改变现实、优化生存的时代。借助于科技散发出的"光"和"热"，以至于"21 世纪既不是乌托邦，也不是地狱，而是一个拥有各种可能性的世纪"。③ 人类整合成为全球"共同体"，便是其中的可能之一。全球"共同体"是一个包含着多种希望和能量的智力丛。作为具有共同利益和目标的全球"共同体"，在处理和解决公共问题时，能够发挥集中、统一、齐心、协力的作用及效果。制度于其间扮演了重要的角色。相互依赖是制度运行的情境，"制度是对相互依赖做出的一个反应"④。本质上，"制度提供行动途径，建立标准，塑造他者对恰当行为的认知，影响对其他国家如何行动的预期"⑤。制度能够在全球"共同体"中形成一种约束力及整合效应，同时，还能够避免政治权威、专制手段造成的支配或武断。同样，全球"共同体"中也存在着一些非制度性的因素，其在公共问题的处理和解决上，同样具有

① 苏长和：《全球公共问题与国际合作：一种制度的分析》，上海人民出版社 2000 年版，序章第 8—9 页。

② ［美］斯塔夫里阿诺斯：《全球通史：从史前史到 21 世纪（第 7 版修订本）》上册，吴象婴等译，北京大学出版社 2005 年版，致读者第 12 页。

③ 同上书，第 13 页。

④ ［美］罗·基欧汉：《局部全球化世界中的自由主义、权力与治理》，门洪华译，北京大学出版社 2004 年版，导言第 12 页。

⑤ 同上书，导言第 4 页。

不可忽视的价值和作用。比如，全球"共同体"在具体实践行动中塑造出的共同价值体系、认知模式和行为理念等，就能够极大程度地避免"共同体"内部滋生出罅隙及分歧的可能。因此，无论是制度因素，抑或是非制度因素，显然都能够在公共问题的处理和解决上发挥积极的作用。"因为它们都建立在这样一个前提之上，即文化和社会问题是无国界的，并且需要在国际框架内加以解决。"① 正如"公用地悲剧"，其不是落实产权制度就可解决的问题，而是更需要一套非制度性的逻辑因素来发挥作用以达到解决。另外，全球"共同体"内部的成员本身还具备共同的社会觉悟，能够营造出团结意识，消除意见分歧，彰显成员意志，形成统一的意识流，从而能够较大层面地形成应对公共问题的合力。最终以利于社会水平状秩序结构或非中心化权力格局的形成。从形式上看，全球"共同体"中的每个国家，是组成成员、构成部分，而非权威中心或专制角色。总之，全球"共同体"，作为一个异趣于主权国家或民族社会的行动主体，在问题处理上，其能够提供资源整合，同时，还能够避免刻板而专断地处理问题的方式的出现。因为，"共同体"内部成员能够集中表达民意，并能够使其民意体现出集体决策的科学效应。

可见，公共问题思路与全球"共同体"原则，这两个维度是相辅相成的。问题的公共性能够使不同国家产生共同的问题意识，能够在利益既定的前提下推动彼此间的合作。全球"共同体"则是在确保问题解决上形成合力的关键。

综上，全球化在为中国人走向世界创造机遇及畅通渠道的同时，也带来了不少挑战和风险。中国人在非洲遭遇到的生命财产安全威胁，无可争辩的确实是国际化发展进程中不可回避的症候。鉴于此，对这一问题的处理及解决，需要树立起一种超出问题本身的宏观视野来达到相应的效果。全球化是促使中国人走向非洲并遭遇挑战的一个重要因素，全球化也是中国及其他国家解决类似中国人所面临问题的一个出路。公共问题思路与全球"共同体"原则，在公共问题的应对及解决上具有去

① ［美］入江昭：《全体共同体：国际组织在当代世界形成中的角色》，刘青、颜子龙、李静阁译，社会科学文献出版社2009年版，第28页。

政治化、去民族主义化的科学性价值和意义。这既是时代精髓的体现，也是人类处理及解决现实公共问题的必然选择。

由上，鉴于中国与非洲关系的持续推进，以及相随其间的挑战与风险并存的现实，中国有必要在中非相互了解、支持和合作的基础上，来寻求并建立起有利于问题解决的突破性机制。当前，加强对非洲进行社会科学或人文学科的探索研究，无疑能够为中非之间进一步地了解、支持和合作开辟出一条崭新的通道，从而避免影响双边合作关系建构的不良因素的发生或扩大化。人类学作为一门具有独到关怀的人文学科，诚然能够为这一目标及愿景的兑现，做出价值观及方法论上的有益贡献。在新的历史时空中，从人类学的角度来探索及审视非洲，同样能够降低中国与非洲在交往过程中可能会出现的一些不确定性的风险，以避免造成不必要的损失。在当前及今后的很长时间里，中国的非洲人类学，以怎样的价值关怀做研究，具体研究品质如何，研究成果是否能够产生效力，等等，都将一定意义地影响着中国与非洲交往合作关系建构和推进的程度、广度及深度。

参考文献

1. 《邓小平文选》第 2 卷，人民出版社 1983 年版。

2. 《邓小平文选》第 3 卷，人民出版社 1993 年版。

3. 刘鸿武：《黑非洲文化研究》，华东师范大学出版社 1997 年版。

4. 刘鸿武：《人文科学引论》，中国社会科学出版社 2002 年版。

5. 刘鸿武：《从部落社会到民族国家：尼日利亚国家发展史纲》，云南大学出版社 2000 年版。

6. 刘鸿武、李新烽：《全球视野下的达尔富尔问题研究》，世界知识出版社 2008 年版。

7. 刘鸿武、姜恒昆：《列国志（苏丹）》，社会科学文献出版社 2008 年版。

8. 刘鸿武、暴明莹：《蔚蓝色的非洲——东非斯瓦希里文化研究》，云南大学出版社 2008 年版。

9. 刘鸿武：《"非洲个性"或"黑人性"——20 世纪非洲复兴统一的神话与现实》，《思想战线》2002 年第 4 期。

10. 刘鸿武：《跨越大洋的遥远呼应——中非两大文明之历史认知与现实合作》，《国际政治研究》2006 年第 4 期。

11. 王铭铭：《非我与我》，福建教育出版社 2000 年版。

12. 王铭铭：《人类学是什么》，北京大学出版社 2002 年版。

13. 王铭铭：《走在乡土上——历史人类学札记》，中国人民大学出版社 2003 年版。

14. 王铭铭：《西方人类学名著提要》，江西人民出版社 2004 年版。

15. 王铭铭：《西学"中国化"的历史困境》，广西师范大学出版社

2005 年版。

16. 王铭铭：《从"没有统治者的部落"到"剧场国家"》，《西北民族研究》2010 年第 3 期。

17. 汪宁生：《文化人类学调查——正确认识社会的方法》，文物出版社1996 年版。

18. 于沛：《全球化和全球史》，社会科学文献出版社 2007 年版。

19. 刘新成：《全球史评论》第 2 辑，中国社会科学出版社 2009 年版。

20. 贾东海、孙振玉：《世界民族学史》，宁夏人民出版社 1995 年版。

21. 葛佶：《简明非洲百科全书》，中国社会科学出版社 2000 年版。

22. 黄剑波：《文化人类学散论》，民族出版社 2007 年版。

23. 葛公尚、曹枫：《非洲民族概况》，中国社会科学院民族研究所世界民族室亚非组，1980 年 11 月。

24. 中国社会科学杂志社编：《人类学的趋势》，社会科学文献出版社2000 年版。

25. 吴世旭：《〈天真的人类学家〉读后》，《博览群书》2004 第 2 期。

26. 罗建波：《非洲一体化与中非关系》，社会科学文献出版社 2006年版。

27. 艾周昌：《非洲黑人文明》，中国社会科学出版社 1999 年版。

28. 宁骚：《非洲黑人文化》，浙江人民出版社 1993 年版。

29. 田克勤：《中国共产党与二十世纪中国社会的变革》，中国党史出版社 2004 年版。

30. 王岷：《美国音乐史》，上海音乐出版社 2005 年版。

31. 何芳川、宁骚主编：《非洲通史》古代卷，华东师范大学出版 1995年版。

32. 陶文昭：《拒绝霸权：与 2049 年的中国对话》，中国经济出版社1998 年版。

33. 王逸舟：《中国对外关系转型 30 年》，社会科学文献出版社 2008年版。

34. 王逸舟：《磨合中的建构：中国与国际组织关系的多视角透视》，中国发展出版社 2003 年版。

35. 李玉、陆庭恩：《中国与周边及"9·11"后的国际局势》，中国社会科学出版社 2002 年版。

36. 丁诗传：《新世纪初期中国的国际战略环境》，四川人民出版社 2001 年版。

37. 中华人民共和国外交部政策研究司：《中国外交》，世界知识出版社 2004 年版。

38. 中华人民共和国外交部政策研究司：《中国外交》，世界知识出版社 2005 年版。

39. 谢益显：《中国当代外交史（1949—2001）》，中国青年出版社 1997 年版。

40. 中央档案馆编：《中共中央文件选集（一九二一——一九二五）》第 1 册，中共中央党校出版社 1989 年版。

41. 胡之信：《中国共产党统一战线史（1921—1987）》，华夏出版社 1988 年版。

42. 中共中央文献室：《毛泽东外交文选》，世界知识出版社 1994 年版。

43. 卫林：《第二次世界大战后国际关系大事记（1945—1986）》（增订本），中国社会科学出版社 1991 年版。

44. 许明：《关键时刻——当代中国亟待解决的 27 个问题》，今日中国出版社 1997 年版。

45. 叶自成：《中国大战略：中国成为世界大国的主要问题及战略选择》，中国社会科学出版社 2003 年版。

46. 李同成：《中外建交秘闻》，山西人民出版社 2003 年版。

47. 徐学初：《世纪档案：影响 20 世纪世界历史进程的 100 篇文献》，中国文史出版社 1996 年版。

48. 崔奇：《周恩来政论选》下册，人民日报出版社 1993 年版。

49. 冯文彬：《中国特色的社会主义理论宝库》，海天出版社 1993 年版。

50. 丛凤辉：《邓小平国际战略思想》，当代世界出版社 1996 年版。

51. 李世华、张士清：《邓小平外交战略思想研究》，吉林大学出版社 1996 年版。

52. 王逸舟：《全球政治与国际关系经典导读》，北京大学出版社 2009 年版。

53. 王逸舟：《中国外交新高地》，中国社会科学出版社 2008 年版。

54. 沙勇忠、刘亚军：《大国之道——2005 年中国政治年报》，兰州大学出版社 2005 年版。

55. 黄安余：《新中国外交史》，人民出版社 2005 年版。

56. 楚树龙、金威：《中国外交战略和政策》，时事出版社 2008 年版。

57. 苏长和：《全球公共问题与国际合作：一种制度的分析》，上海人民出版社 2000 年版。

58. 陈佩尧、夏立平：《国际战略纵横》第 1 辑，时事出版社 2005 年版。

59. 杨人楩：《非洲通史简编——从远古至一九一八年》，人民出版社 1984 年版。

60. 彭坤元：《清代人眼中的非洲》，《西亚非洲》2000 年第 1 期。

61. 谢益显：《当代外交史》，中国青年出版社 1997 年版。

62. 林耀华：《民族学通论》，中央民族大学出版社 1997 年版。

63. 何正芳、张月明、金子强、徐启亚：《中华人民共和国简史》，云南大学出版社 1992 年版。

64. 和春超：《国际关系史（一九四五——一九八零年）（第二版）》，法律出版社 2002 年版。

65. 彭军、陈晓蕾、周慧玲：《中国领导人在外演讲纪要》，湖南人民出版社 2001 年版。

66. 李若谷：《中非经济改革与发展战略高级研讨会文件汇编》，中国金融出版社 2005 年版。

67. 张宏毅：《现代国际关系发展史（1917 年至 2000 年）》，北京师范大学出版社 2002 年版。

68. 陈刚：《发展人类学视野中的文化生态旅游开发—— 以云南泸沽湖为例》，《广西民族研究》2009 年第 3 期。

69. 宋擎擎、李少晖：《黑色的光明：非洲文化的面貌与精神》，中国水利水电出版社 2006 年版。

70. 中国社会科学文献信息中心国外文化人类学课题组：《国外文化人类学新论——碰撞与交融》，社会科学文献出版社 1996 年版。

71. 中华人们共和国外交部政策研究室编：《中国外交概览：1994》，世界知识出版社 1994 年版。

72. 中华人们共和国外交部政策研究室编:《中国外交概览:1995》,世界知识出版社 1995 年版。

73. 中国国际问题研究所:《国际形势和中国外交蓝皮书（2008/2009)》,世界知识出版社 2009 年版。

74. 中华人民共和国外交部外交史编辑室编:《中国外交概览:1992》,世界知识出版社 1992 年版。

75. 《中非教育合作与交流》编写组:《中国与非洲国家教育合作与交流》,北京大学出版社 2005 年版。

76. 钱其琛:《外交十记》,世界知识出版社 2003 年版。

77. 中华人民共和国外交部外交史编辑室编:《中国外交概览:1990》,世界知识出版社 1990 年版。

78. 中华人民共和国外交部外交史编辑室编:《中国外交概览:1991》,世界知识出版社 1991 年版。

79. 中华人民共和国外交部外交史编辑室编:《中国外交概览:1992》,世界知识出版社 1992 年版。

80. 中华人民共和国外交部政策研究司编:《中国外交》,世界知识出版社 2005 年版。

81. 中国非洲史研究会《非洲通史》编写组编:《非洲通史》,北京师范大学出版社 1984 年版。

82. ［美］罗伯特·F. 莫菲:《文化和社会人类学》,吕瑞兰译,中国文联出版公司 1988 年版。

83. ［美］克拉克·威斯勒:《人与文化》,钱岗南、傅志强译,商务印书馆 2004 年版。

84. ［美］维克多·特纳:《戏剧、场景及隐喻:人类社会的象征性行为》,刘珩、石毅译,民族出版社 2007 年版。

85. ［美］古塔、弗格森编著:《人类学定位:田野科学的界限与基础》,骆建建等译,华夏出版社 2005 年版。

86. ［美］埃尔曼·R. 瑟维斯:《人类学百年争论:1860—1960》,贺志雄译,云南大学出版社 1997 年版。

87. ［美］鲁思·本尼迪克特:《菊花与刀:日本文化的诸模式》,九州出版社 2005 年版。

88. ［美］保罗·拉比诺：《摩洛哥田野作业反思》，高丙中、康敏译，商务印书馆 2008 年版。

89. ［美］詹姆斯·C. 斯科特：《国家的视角》，王晓毅译，社会科学出版社 2004 年版。

90. ［美］弗兰兹·博厄斯：《原始人的心智》，王星译，国际文化出版公司 1989 年版。

91. ［美］布朗：《非洲：辉煌的历史遗产》，史松宁译，华夏出版社、广西人民出版社 2002 年版。

92. ［美］海登·怀特：《形式的内容：叙事话语与历史再现》，董立河译，浙江人民出版社 2005 年版。

93. ［美］托马斯·哈定：《文化与进化》，韩建军、商戈令译，1987 年版。

94. ［美］威廉·A. 哈维兰：《当代人类学》，王铭铭等译，上海人民出版社 1987 年版。

95. ［美］露丝·本尼迪克特：《文化模式》，何锡章、黄欢译，华夏出版社 1987 年版。

96. ［美］艾尔·巴比：《社会研究方法（第 10 版）》，邱泽奇译，华夏出版社 2005 年版。

97. ［美］乔治·E. 马尔库斯、［美］米开尔·M. J. 费彻尔：《作为文化批评的人类学：一个人文学科的实验时代》，王铭铭、蓝达居译，生活·读书·新知三联书店 1998 年版。

98. ［美］路易斯·亨利·摩尔根：《古代社会》（新译本），杨东纯、马雍、马巨译，中央编译出版社 2007 年版。

99. ［美］本尼迪克特·安德森：《想象的共同体》，吴叡人译，上海人民出版社 2005 年版。

100. ［美］罗伯特·C. 尤林：《理解文化：从人类学和社会理论视角》，何国强译，北京大学出版社 2005 年版。

101. ［美］马文·哈里斯：《文化的起源》，黄晴译，华夏出版社 1988 年版。

102. ［美］赖特·米尔斯：《社会学的想象力》，陈强、张永强译，生活·读书·新知三联书店 2001 年版。

103. ［美］迈克尔·赫茨菲尔德：《人类学——文化和社会领域中的理论实践》，刘珩、石毅、李昌银译，华夏出版社 2009 年版。

104. ［美］克利福德·吉尔兹：《地方性知识：阐释人类学论文集》，王海龙、张家瑄译，中央编译出版社 2004 年版。

105. ［美］伊曼纽尔·沃勒斯坦：《美国实力的衰落》，谭荣根译，社会科学文献出版社 2007 年版。

106. ［美］斯蒂芬·沃尔特：《联盟的起源》，北京大学出版社 2007 年版。

107. ［美］马歇尔·萨林斯：《"土著"如何思考——以库克船长为例》，张宏民译，上海人民出版社 2003 年版。

108. ［美］肯尼迪·华尔兹：《国际政治理论》，信强译，上海人民出版社 2003 年版。

109. ［美］罗伯特·基欧汉：《霸权之后》，苏长和、信强、何曜译，上海人民出版社 2001 年版。

110. ［美］入江昭：《全体共同体：国际组织在当代世界形成中的角色》，刘青、颜子龙、李静阁译，社会科学文献出版社 2009 年版。

111. ［美］托马斯·P. M. 巴尼特：《大视野大战略——缩小断层带的新思维》，孙学峰等译，世界知识出版社 2009 年版。

112. ［美］杜赞奇：《从民族国家拯救历史：民族主义话语与中国现代史研究》，王宪明译，社会科学文献出版社 2003 年版。

113. 美国国家情报委员会编：《全球趋势 2025：转型的世界》，中国现代国际关系研究院美国研究会译，时事出版社 2009 年版。

114. ［美］斯蒂芬·D. 克莱斯勒：《结构冲突：第三世界对抗全球自由主义》，李小华译，浙江人民出版社 2001 年版。

115. ［美］斯塔夫里阿诺斯：《全球通史：从史前史到 21 世纪（第 7 版修订本）》上册，北京大学出版社 2005 年版。

116. ［美］罗·基欧汉：《局部全球化世界中的自由主义、权力与治理》，门洪华译，北京大学出版社 2004 年版。

117. ［美］费正清：《中国：传统与变迁》，张沛译，世界知识出版社 2002 年版。

118. ［美］亚历山大·温特：《国际政治的社会理论》，秦亚青译，上海人民出版社 2000 年版。

119. ［美］布鲁斯·拉西特、哈维·斯塔尔：《世界政治》，华夏出版社 2001 年版。

120. ［美］古塔、弗格森编著：《人类学定位：田野科学的界限与基础》，华夏出版社 2005 年版。

121. ［美］克利福德·吉尔兹：《地方性知识》，王海龙、张家瑄译，中央编译出版社 2000 年版。

122. ［美］乔尔·科尔顿：《二十世纪》，中国言实出版社 2005 年版。

123. ［美］温都卡尔·库芭科娃、尼古拉斯·奥鲁夫、保罗·科维特：《建构世界中的国际关系》，肖锋译，北京大学出版社 2006 年版。

124. ［美］西达·斯考切波：《国家与社会革命：对法国、俄国和中国的比较分析》，何俊志、王学东译，上海世纪出版集团 2007 年版。

125. ［英］雷蒙德·弗思：《人文类型》，费孝通译，华夏出版社 2002 年版。

126. ［英］杰弗里·托马斯：《政治哲学导论》，顾肃、刘雪梅译，中国人民大学出版社 2006 年版。

127. ［英］巴兹尔·戴维逊：《现代非洲史：对一个新社会的探索》，中国社会科学出版社 1989 年版。

128. ［英］拉德克利夫－布朗：《社会人类学方法》，夏建中译，华夏出版社 2002 年版。

129. ［英］拉德克里夫－布朗：《原始社会的结构与功能》，潘蛟、王贤海、刘文远、知寒译，中央民族大学出版社 1999 年版。

130. ［英］爱德华·B. 泰勒：《人类学：人及其文化研究》，连树声译，广西师范大学出版社 2004 年版。

131. ［英］爱德华·泰勒：《原始文化：神话、哲学、宗教、艺术和习俗发展之研究》（重译本），连树声译，广西师范大学出版社 2005 年版。

132. ［英］马林诺夫斯基：《科学的文化理论》，黄建波等译，中央民族大学出版社 1999 年版。

133. ［英］埃文斯·普理查德：《努尔人——对尼罗河畔一个人群的生活方式和政治制度的描述》，储建芳、阎书昌、赵旭东译，华夏出版社 2002 年版。

134. ［英］埃文斯·普理查德：《阿赞德人的巫术、神谕和魔法》，覃俐俐译，商务印书馆 2006 年版。

135. ［英］乔纳森·希尔：《兴奋时代的欧洲：1600—1800 年》，李红译，北京大学出版社 2007 年版。

136. ［英］维克托·基尔南：《人类的主人：欧洲帝国时期对其他文化的态度》，陈正国译，商务印书馆 2006 年版。

137. ［英］维克多·特纳：《象征之林——恩登布人仪式散论》，商务印书馆 2006 年版。

142. ［英］G. R. 埃尔顿：《历史学的实践》，刘耀辉译，北京大学出版社 2008 年版。

138. ［英］汤因比等：《历史的话语：现代西方历史哲学译文集》，张文杰编，广西师范大学出版社 2002 年版。

139. ［英］艾伦·斯温杰伍德：《社会学思想简史》，陈玮、冯克利译，社会科学文献出版社 1988 年版。

140. ［英］J. G. 弗雷泽：《魔鬼的律师——为迷信辩护》，阎云祥、龚小夏译，东方出版社 1988 年版。

141. ［英］菲利普·沃尔夫：《欧洲的觉醒》，郑宇建、顾犇译，商务印书馆 1990 年版。

142. ［英］奈杰尔·巴利：《天真的人类学家——小泥屋笔记》，何颖怡译，世纪出版集团 2003 年版。

143. ［英］阿兰·巴纳德：《人类学历史与理论》，王建民、刘源、许丹译，华夏出版社 2006 年版。

144. ［英］沃尔什：《历史哲学——导论》，何兆武、张文杰译，广西师范大学出版社 2001 年版。

145. ［英］奈杰尔·拉波特、乔安娜·奥弗林：《社会文化人类学的关键概念》，鲍雯妍、张亚辉译，华夏出版社 2005 年版。

146. ［法］艾黎·福尔：《世界艺术史》上，张译乾、张延风译，长江文艺出版社 2004 年版。

147. ［法］让 - 巴蒂斯特·迪罗塞尔：《外交史（1919—1984 年)》下册，汪绍麟等译，上海译文出版社 1982 年版。

148. 〔法〕让－克里斯蒂安·珀蒂菲斯:《十九世纪乌托邦共同体的生活》,梁志斐、周铁山译,世纪出版集团上海人民出版社 2007 年版。

149. 〔法〕勒内·吉拉尔:《替罪羊》,冯寿农译,东方出版社 2002 年版。

150. 〔法〕皮埃尔·布迪厄、〔美〕华康德:《实践与反思:反思社会学导刊》,李猛、李康译,中国编译出版社 2004 年版。

151. 〔法〕德拉诺瓦:《民族与民族主义:理论基础与历史经验》,郑文彬等译,生活·读书·新知三联书店 2005 年版。

152. 〔法〕马塞尔·莫斯:《人类学与社会学五讲》,林林宗锦译,广西师范大学出版社 2008 年版。

153. 〔德〕马克斯·韦伯:《学术与政治》,冯克利译,生活·读书·新知三联书店 1998 年版。

154. 〔德〕齐美尔:《社会是如何可能的》,林荣远编译,广西师范大学出版社 2002 年版。

155. 〔德〕黑格尔:《小逻辑》,贺麟译,商务印书馆 1980 年版。

156. 〔德〕卡尔·施米特:《政治的概念》,刘宗坤等译,上海人民出版社 2003 年版。

157. 〔德〕哈拉尔德·韦尔策编:《社会记忆:历史、回忆、传承》,季斌、王立君、白锡堃译,北京大学出版社 2007 年版。

158. 〔挪威〕托马斯·许兰德·埃里克森:《小地方,大论题——社会文化人类学导论》,董薇译,商务印书馆 2008 年版。

159. 〔挪威〕弗雷德里克·巴特等:《人类学的四大传统——英国、德国、法国和美国的人类学》,高丙中等译,商务印书馆 2008 年版。

160. 〔丹麦〕克斯汀·海斯翠普编:《他者的历史——社会人类学与历史制作》,贾士蘅译,中国人民大学出版社 2010 年版。

161. 〔荷兰〕罗尔·范德·维恩 (Roel van der Veen):《非洲怎么了——解读一个富饶而贫困的大陆》,赵自勇、张庆梅译,广东人民出版社 2009 年版。

162. 〔芬兰〕E. A. 维斯特马克:《人类婚姻史》第 1—3 卷,李彬等译,商务印书馆 2002 年版。

163. ［澳大利亚］林恩·休谟、简·穆拉克编：《人类学家在田野：参与观察中的案例分析》，龙菲、徐大慰译，上海译文出版社 2010 年版。

164. ［赤道几内亚］特奥多罗·奥比昂·恩圭马·姆巴索戈：《我为人民而生——赤道几内亚总统奥比昂回忆录》，许昌财译，世界知识出版社 2003 年版。

165. ［日］绫部恒雄编：《文化人类学的十五种理论》，中国社科院日本研究所社会文化室译，国际文化出版公司 1988 年版。

166. ［瑞士］吉贝尔·李斯特：《发展的迷思——一个西方信仰的历史》，陆象淦译，社会科学出版社 2011 年版。

167. ［塞内加尔］阿卜杜勒耶·瓦德：《非洲之命运》，丁喜刚译，新华出版社 2008 年版。

168. ［上沃尔特］J. 基－泽博：《非洲通史》第 1 卷，中国对外翻译出版公司、联合国教科文组织出版办公室 1984 年版。

169. ［芬兰］冯·赖特：《知识之树》，陈波译，生活·读书·新知三联书店 2003 年版。

170. ［英］凯蒂·加德纳、大卫·刘易斯：《人类学、发展与后现代挑战》，张有春译，中国人民大学出版社 2008 年版。

171. ［尼日利亚］J. F. 阿德·阿贾伊主编：《非洲通史》第 6 卷，中国对外翻译出版公司、联合国教科文组织出版办公室 1998 年版。

172. ［英］G. 埃利奥特·史密斯：《人类史》，李申等译，社会科学文献出版社 2002 年版。

173. ［埃及］G. 莫赫塔尔主编：《非洲通史》第 2 卷，中国对外翻译出版公司、联合国教科文组织出版办公室 1984 年版。

174. ［鲁内加尔］D. T. 尼昂主编：《非洲通史》第 4 卷，中国对外翻译出版公司、联合国教科文组织出版办公室 1992 年版。

175. ［肯尼亚］A. A. 马兹鲁伊斯兰主编：《非洲通史》第 8 卷，中国对外翻译出版公司、联合国教科文组织出版办公室 2003 年版。

176. ［加纳］A. 阿杜·博亨主编：《非洲通史》第 7 卷，中国对外翻译出版公司、联合国教科文组织出版办公室 1991 年版。

177. Michael O. Anda, *International Relations in Contemporary Africa*, Uni-

versity Press of America, Inc., Lanham · New York · Oxford, 1984。

178. Victor Turner, "The Anthropology of Performance", 1987, New York PAJ Publication, *Africa and Peoples*: *Africa*, *Grolier Incorporated*, 1985, Volume 1, Africaan Introduction.

179. *Godfrey Mwakikagile Africa and The West*, Nova Science Publishers, Inc., Huntington, N. Y., 2000.

180. *Sola Akinrinade and Amadu Sesay Africa in the Post-Cold War International System*, Pinter London and Washington, 1998.

181. Conrad Phillip Kottak, *Anthropology The Explotantion of Human Diversity*, Tenth Edition, New York The McGraw-Hill Companies, 2003.

182. Conrad Phillip Kottak, *Cultural Anthropology*, Eleventh Edition, Newyork: McGraw-Hill, 2004.

183. Conarad Phillip Kottak, *Cultural Ultural Anthropology*, Eleventh Edition, The McGraW. Hill Companies, 2006.

184. William A. Haviland, *Anthropology*, Fivth Edition, US The Dryden Press, 1989.

185. Washinton A. J. Okumu, *The African Renaissance History*, *Significance and Strategy*, Africa World Press, Inc., 2002.

186. Anthony Esler, *The Human Venture the Globe Encompassed—A World History since* 1500, Prentice-Hall, Inc., Englewood Cliffs, New Jersey, 1986.

187. Godfrey Mwakikagile, *Africa and The West*, Nova Science Publishers, Inc., Huntington, N. Y., 2000, Introduction.

188. Martyn Hammersley and Paul Atkinson, *EthnographyPrinciples in Practice*, London and New York, 1993.

189. Michael H. Agar, *The Professional Stranger An Informal Introduction to Ethnography*, Academic Press, Printed in The United States of Amrica, 1996.

190. Jacob U. Gordon, Editor, *African Studies For The 21st Century*, Nova Science Publishers, Inc., New York, 2004.

191. Robert J. Gordon, *The Bushman Myth The Making of a Namibian Under-*

class, Westview Press, Boulder · San Francisco · Oxford, 1992.

192. Jeremiah I. Dibua, *Moderation and the Crisis of Development in Africa*, Printed and Bound by Athenaeum Press Ltd., Gateshead, Tyne & Wear, 1960.

193. Lyn Graybill, Kenneth W. Thompson, *Africa's Second Wave of Freedom-Development*, *Democracy*, *and Rights*, University Press of Amrica, Lanham · New York · Oxford, 1998.

194. George W. Stocking, Jr., *Delimiting Anthropology Occasional Essays and Reflections*, The University of Wisconsin Press, 2001.

195. Anthony Esler, *The Human Venture the Globe Encompassed— A World History since* 1500, Prentice-Hall, Inc., Englewood Cliffs, New Jersey 07632, 1986.

196. Michael H. Agar, *The Professional Stranger An Informal Introduction to Ethnography*, Academic Press, Printed in The United States of Amrica, 1996.

197. Godfrey Mwakikagile, *Africa and The West*, Nova Science Publishers, Inc., Huntington, N. Y., 2000.

198. Kevin C. Dunn、Timothy M. Shaw, *Africa's Challenge to International Relations Theory*, Plagrave, 2001.

199. Michael O. Anda, *International Relations in Contemporary Africa*, University Press of America, Inc., Lanham · New York · Oxford, 1984.

200. Edited by Adebayo Adedeji, *Comprehending and Mastering African Conflicts the Search for Sustainable Peace and Good Governance*, Distributed in the USA exclusively by St Martin's Press, Room 400, 175 Fith Avenue, New York, NY 10010, USA. 1988.

201. George B. N. Ayittey, *African in Chaos*, St. Martin's Press New York, 1998.

202. Edited by Toyin Falola, *African Politics in Postimperial Times The Essays of Tichard L. Sklar*, Africa World Press., Inc., 1999.

203. Edited by Robert H. Taylor, *The Idea of Freedom in Asia and Africa*, Stanford University Press Stanford, California, 2002.

204. Cheryl B. Mwaria, *Silvia Federici, and Joseph McLaren*, *Africa Vision-literary Images*, Poltitical Change, and Social Struggle in Contemporary Africa, Green Wood Press, Westport, Connecticut · London, 1984.

205. Edited by Sola Akinrinade and Amadu Sesay, *Africa in the Post-Cold War International System*, Pinter London and Washington.

206. David J. Dunn, From Power Politics to Conflict Resolution the Work of John W. Burton, Palgrave Macmillan Houndmills Basingstoke, Hampshire RG21 6XS and 175 Fifth Avenue, New York, 2004.

207. Mathurin C. Houngnikpo, *Determinants of Democratization in Africaa Comparative Study of Benin and Togo*, University Press of America, Inc. , Lanham · New York · Oxford, 2001.

208. Richard Joseph, *State, Conflict, and Democracy in Africa*, Lynne Rienner Publisher, Inc. , 1999.

209. Robert M. , *The New Africa Dispatches from a Changing Continent*, Photographs by Betty Press, 1999.

210. Mathurin C. Houngnikpo, *Determinants of Democratization in Africaa Comparative Study of Benin and Togo*, University Press of America, Inc. , Lanham · New York · Oxford, 2001.

211. Maha M. Abdelrahman, *Civil Society Exposed the Politics of NGOs in E-gypt*, Tauris Academic Studies, London · New York, 2004.

212. Toyin Falola, *African Politics in Postimperial Timesthe Essays of Richard L Sklar*, Africa World Press, Inc. , Introduction, 2002.

213. Marvin Harris, *Cultural Anthropology*, Third Edition, Harper Collins Publishers Inc. , 1991.

214. William A. Havilland, *Anthropology*, Thenth Edition, Thomson Learning, Inc. , 2003.

215. Toyin Falola, *African Politics in Postimperial Timesthe Essays of Richard L · Sklar*, Africa World Press, Inc. , Introduction, 2002.

216. Maha M. Abdelrahman, *Civil Society Exposed the Politics of NGOs in Egypt*, Tauris Academic Studies, London · New York, 2004.

217. Richley · H. Crapo, *Cultural Anthropology Understanding Ourselves &*

Others, 2nd Edition, The Dushkin Publishing Group, Inc. , 1990.

218. Daniel G. Bates, *Fred Plog*, *Cultural Anthropology* (Third Edition), McGraw-Hill Publishing Company.

219. Janet W. McGrath, Charles B. Rwabukwali, Debra A. Schumann, Jonnie Pearson-Marks, Sylvia Nakayiwa, Barbara Namande, Lucy Nakyobe, Rebecca Mukasa, "Anthropology and Aids the Cultural Context of Sexual Risk Behavior among Urban Baganda Women in Kampala, Uganda", *Social Science & Medicine*, Volume 36, Issue 4, February 1993.